国家出版基金项目
NATIONAL PUBLICATION FOUNDATION

"十二五"国家重点图书出版规划项目

绿色经济与绿色发展丛书 / 刘思华·主编

绿色医药与医院

GREEN MEDICINE AND HOSPITAL

杨善发　江启成　周　典　黄　雅　编著

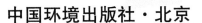

中国环境出版社·北京

图书在版编目（CIP）数据

绿色医药与医院/杨善发等编著. —北京：中国环境出版
社，2016.8
（绿色经济与绿色发展丛书/刘思华主编）
ISBN 978-7-5111-2819-5

Ⅰ．①绿…　Ⅱ．①杨…　Ⅲ．①医院—管理—研究
②医院—建筑设计—研究　Ⅳ．①R197.32②TU246.1

中国版本图书馆 CIP 数据核字（2016）第 111529 号

出 版 人	王新程	
策　　划	沈　建　陈金华	
责任编辑	陈金华　宾银平	
责任校对	尹　芳	
封面设计	耀午设计　彭　杉	

出版发行　中国环境出版社
　　　　　（100062　北京市东城区广渠门内大街 16 号）
　　　　　网　　址：http://www.cesp.com.cn
　　　　　电子邮箱：bjgl@cesp.com.cn
　　　　　联系电话：010-67112765（编辑管理部）
　　　　　　　　　　010-67113412（教材图书出版中心）
　　　　　发行热线：010-67125803，010-67113405（传真）
印　　刷　北京中科印刷有限公司
经　　销　各地新华书店
版　　次　2016 年 9 月第 1 版
印　　次　2016 年 9 月第 1 次印刷
开　　本　787×960　1/16
印　　张　18.25
字　　数　315 千字
定　　价　52.00 元

总　序

迈向生态文明绿色经济发展新时代

　　在党的十七大提出的"建设生态文明"的基础上，党的十八大进一步确立了社会主义生态文明的创新理论，构建了建设社会主义生态文明的宏伟蓝图，制定了社会主义生态文明建设的基本任务、战略目标、总体要求、着力点和行动方案；并向全党全国人民发出了"努力走向社会主义生态文明新时代"的伟大号召。按照生态马克思主义经济学观点，走向社会主义生态文明新时代，就是迈向生态文明与绿色经济发展新时代。这既是中华文明演进和中国特色社会主义经济社会发展规律与演化逻辑的必然走向和内在要求，又是人类文明演进和世界经济社会发展规律与演化逻辑的必然走向和内在要求。因此，绿色经济与绿色发展是 21 世纪人类文明演进与世界经济社会发展的大趋势、大方向，集中表达了当今人类努力超越工业文明黑色经济发展的旧时代而迈进生态文明绿色经济发展新时代的意愿和价值期盼，已成为人类文明演进和世界经济社会发展的必然选择和时代潮流。据此，建设绿色文明、发展绿色经济、实现绿色发展，是全人类的共同道路、共同战略、共同目标，是生态文明绿色经济及新时代赋予我们的神圣使命与历史任务。毫无疑问，当今世界和当代中国一个生态文明绿色经济发展时代正在到来。为了响应党的十八大提出的"努力走向社会主义生态文明新时代"的伟大号召，迎接生态文明绿色经济发展新时代的来临，中国环境出版社特意推出"十二五"国家重点图书出版规划项目"绿色经济与绿色发展丛书"（以下简称"丛书"）。笔者作为"丛书"主编，并鉴于目前"半绿色经济论""伪绿色经济发展论"日渐盛行，故就"中国智慧"创立的绿色经济理论与绿色发展学说的几个重大问题添列数语，是为序。

一、关于绿色经济的理论本质问题

绿色经济的本质属性即理论本质：不是环境经济学的范畴，而是生态经济学与可持续发展经济学的范畴。西方绿色思想史表明，"绿色经济"这个词汇最早见于英国环境经济学家大卫·皮尔斯 1989 年出版的第一本小册子《绿色经济的蓝图》（后称"蓝图 1"）的书名中。其后"蓝图 2"的第二章的第一节两次使用了"绿色经济"这个名词，直到 1995 年出版"蓝图 4"，也没有对绿色经济作出界定，这就是说 4 本小册子都没有明确定义绿色经济及诠释其本质内涵。对此，方时姣教授从世界绿色经济思想发展史的视角进行了全面评述：[①]"蓝图 1"主要介绍英国的环境问题和环境政策制定，正如作者指出的"我们的整个讨论都是环境政策的问题，尤其是英国的环境政策"。"蓝图 2"1991 年出版，是把"蓝图 1"的环境政策思想拓展到世界及全球性环境问题和环境政策。"蓝图 3"1993 年出版，又回到"蓝图 1"的主题，即英国的环境经济与可持续发展问题的综合。"蓝图 4"则又回到"蓝图 2"讨论的主题，正如作者在前言中所指出的"绿色经济的蓝图从环境的角度，阐述了环境保护及改善问题"。因此，从"蓝图 1"到"蓝图 4"，对绿色经济的新概念、新思想、新理论，没有作任何诠释的论述，仅仅只是借用了绿色经济这个名词，来表达过去的 25 年环境经济学流派发展的新综合，确实是"有关环境问题的严肃书籍"。

皮尔斯等人在当今世界率先使用"绿色经济"这一词汇并得到了广泛传播，但基本上只是提及了这个概念，没有深入研究，尤其是理论研究。因此，在西方世界的整个 20 世纪 90 年代至 2008 年爆发国际金融危机的这一时期，仍然主要是环境经济学界的学者使用绿色经济概念，从环境经济学的视角阐述环境保护、治理与改善等绿色议题，其核心问题是讨论经济与环境相互作用、相互影响的环境经济政策问题，而关注点集中于环境污染治理的经济手段。在我国首先使用皮尔斯等人的绿色经济概念的是环境污染与保护工作者，并对其进行界定。例如，原国家环境保护局首任局长曲格平先生在 1992 年出版的《中国的环境与发展》一书中指出："绿色经济是指以环境保护为基础的经济，主要表现在：一是以治理污染和改善生态为特征的环保产业的兴起；二是因环境保护而引起的工业和农业生产方式的变

---

① 方时姣：《绿色经济思想的历史与现实纵深论》，载《马克思主义研究》2010 年第 6 期，第 55～62 页。

革，从而带动了绿色产业的勃发。"①在这里，十分清楚地表明了曲格平先生同皮尔斯等人一样，是借用绿色经济的概念来诠释环境保护、治理和改善的问题。其后，我国学界有一些学者把绿色经济当作环境经济的代名词，借用绿色经济之名，表达环境经济之实。总之，长期以来，国内外不少学者按照皮尔斯等人的学术路径，对绿色经济作了狭隘的理解而被看作是环境经济学的新概括，把它纳入环境经济学的理论框架之中，成为环境经济学的理论范畴。这就必然遮盖了绿色经济的本来面目，极大地扭曲了它的本质内容与基本特征，不仅产生了一些不良的学术影响，而且会误导人们的生态与经济实践。正如方时姣教授指出的："把绿色经济纳入环境经济学的理论框架来指导实践，最多只能缓解生态环境危机，是不可能从根本上解决生态环境问题的，也不可能克服生态环境危机，也就谈不上实现生态经济可持续发展。"②

20世纪90年代，我国生态经济学界就有学者用绿色经济这一术语概括生态环境建设绿色议题和生态经济协调发展研究的新进展，论述重点是"一切都将围绕改善生态环境而发展，核心问题是要实现人和自然的和谐、经济与生态环境的协调发展。"③为此，笔者针对皮尔斯等国内外学者以环境经济学理论范式来回应绿色经济议题，在1994年出版了《当代中国的绿色道路》一书，以生态经济学新范式来回应绿色经济议题，以生态经济协调发展理论平台在深层次上阐述"发展经济必须与发展生态同时并举，经济建设必须与生态建设同步进行，国民经济现代化必须与国民经济生态化协调发展"的绿色发展道路。这就在国内外首次拉开了从学科属性上把绿色经济从环境经济学理论框架中解放出来的序幕。在此基础上，笔者于2000年1月出版的《绿色经济论——经济发展理论变革与中国经济再造》一书，深刻地论述了一系列重大的绿色经济理论前沿和现实前沿问题，科学地揭示了生态经济与知识经济同可持续发展经济之间的本质联系及其发展规律，破解了三者之间相互渗透、融合发展的绿色经济与绿色发展的内在奥秘，成为中国绿色经济理论与绿色发展学说形成的重要标志。尤其是该书把绿色经济看作是生态经济与可持续经济的新概括与代名词，并从这个新高度的最高层次对绿色经济提出了新命题："绿色经济

---

① 转引自刘学谦、杨多贵、周志强等：《可持续发展前沿问题研究》，北京：科学出版社，2010年版，第126页。
② 方时姣：《绿色经济思想的历史与现实纵深论》，载《马克思主义研究》2010年第6期，第55~62页。
③ 郑明焕：《把握机遇，在大转变中求发展》，1992年3月28日《中国环境报》。

是可持续经济的实现形态和形象概括。它的本质是以生态经济协调发展为核心的可持续发展经济。"①这个界定肯定了绿色经济的生态经济属性,揭示了它的可持续经济的本质特征,从学科属性上把它从环境经济学理论框架中彻底解放出来,真正纳入生态经济学与可持续发展经济学的理论体系,成为生态经济学与可持续发展经济学的理论范畴,恢复了绿色经济的本来面目。虽然这个绿色经济的定义十分抽象,却反映了它的本质属性与科学内涵,得到了多数绿色经济研究者的认同和广泛使用。然而时至今日,在我国学者中仍有少数学者尤其在实际工作中也有不少人还在用环境经济学范畴中的绿色经济理念来指导经济实践,这种现象不能继续下去了。

二、关于绿色经济的文明属性问题

绿色经济的文明属性不是工业文明的经济范畴,而是生态文明的经济范畴。世界绿色经济思想史告诉我们,在学科属性上把绿色经济当作环境经济学的新观念与代名词,纳入环境经济学的理论框架,就必然在文明属性上把它纳入工业文明的基本框架,成为工业文明的经济范畴,即发展工业文明的经济模式。这是因为,环境经济学是调整、修补、缓解人与自然的尖锐对立、环境与经济的互损关系的工业文明时代的产物,是工业文明"先污染后治理"经济发展道路的理论概括与学理表现。自皮尔斯等人指出环境经济学范畴的绿色经济概念以来,国内外一个主流绿色经济观点就是对绿色经济的狭隘的认识与把握,只是把它看成是解决工业文明经济发展过程中出现的生态环境问题的新经济观念,是能够克服工业文明的褐色经济或黑色经济弊端的经济模式。在我国这种观点比较流行。例如,有的学者认为:"绿色经济是以市场为导向、以传统产业经济为基础、以经济与环境的和谐为目标而发展起来的一种新型的经济形式即发展模式","是现代工业化过程中针对经济发展对环境造成负面影响而产生的新经济概念"。时至今日,这种工业文明经济范畴的绿色经济概念仍被人引用来论证自己的绿色经济观念。因此,在此我要再次强调:工业文明经济范畴的绿色经济观念,在本质上仍是人与自然对立的文明观,并没有从根本上消除工业文明及黑色经济反生态和反人性的黑色基因,丢弃了绿色经济是生态经济协调发展的核心内容和超越工业文明黑色经济、铸造生态文明生态经济的本质属性,从而否定了绿色经济是生态文明生态经济形态的理论内涵与实践价值。因此,

---

① 刘思华:《绿色经济论》,北京:中国财政经济出版社,2001年版,第3页。

以工业文明经济范式或理论平台来回应绿色经济议题，是不可能从根本上触动工业文明黑色经济形态的，是难以走出工业文明黑色经济发展道路的；最多是缓解局部自然环境恶化，是不可能解决当今人类面对的生态经济社会全面危机的。因此，决定了我们必须也应当以生态文明新范式或理论平台在深层次回应绿色经济与发展绿色经济议题，才能顺应 21 世纪生态文明与绿色经济时代的历史潮流。

生态马克思主义经济学哲学告诉我们：彻底的生态唯物主义者，不仅要在学科属性上把绿色经济从环境经济学的理论框架中解放出来，成为生态经济与可持续发展经济的理论范畴，而且在文明属性上，要把它从工业文明的基本框架中解放出来，作为生态文明的经济范畴。前面提到的笔者所著的《当代中国的绿色道路》《绿色经济论》这两部著作，是实现绿色经济这两个生态解放的成功探索。早在 1998 年笔者在《发展绿色经济，推进三重转变》一文中就明确提出了发展绿色经济的新的经济文明观，明确指出："人类正在进入生态时代，人类文明形态正在由工业文明向生态文明转变，这是人类发展绿色经济、建设生态文明的一个伟大实践。"①邹进泰、熊维明的《绿色经济》一书中指出：绿色经济发展"是从单一的物质文明目标向物质文明、精神文明和生态文明多元目标的转变。发展绿色经济，尤其要避免'石油工业''石油农业'造成的高消耗、高消费、高生态影响的物质文明，而要造就高效率、低消耗、高活力的生态文明"。②可见"中国智慧"在世界上最早实现绿色经济的两个生态解放、纳入生态文明的基本框架，是人与自然和谐统一、生态与经济协调发展的建设生态文明的必然产物。下面还要作几点说明：

（1）按照人类文明形态演进和经济社会形态演进一致性的历史唯物主义社会历史观的理论思路，生态文明是继原始文明、农业文明、工业文明（包括后工业文明）之后的全新的人类社会文明形态，它不仅延续了它们的历史血脉，而且创新发展了它们尤其是工业文明的经济社会形态，使工业文明从人与自然相互对立、生态与经济相分裂的工业经济社会形态，朝着生态文明以人与自然和谐统一、生态与经济协调发展的生态经济社会形态演进。这是人类文明经济社会的全方位、最深刻的生态变革与绿色经济转型，可以说是人类文明历史发展以来最伟大的生态经济社会变革运动。

---

① 刘思华：《刘思华文集》，武汉：湖北人民出版社，2003 年版，第 403 页。
② 邹进泰、熊维明等：《绿色经济》，太原：山西经济出版社，2003 年版，第 12 页。

（2）我们要深刻认识和正确把握绿色经济的概念属性与本质内涵，正是这个属性和内涵决定了它是生态文明生态经济形态的实现形式与形象概括。世界工业文明发展的历史表明，无论是资本主义工业化，还是社会主义工业化；无论是发达国家工业化，还是发展中国家工业化，都走了一条工业经济黑色化的黑色发展道路，形成了工业文明黑色经济形态。据此，工业文明主导经济形态的工业经济形态的实现形态与形象概括就是黑色经济形态。而生态文明开辟了经济社会发展绿色化即生态化的绿色发展道路，最终形成生态文明绿色经济形态。它是对工业文明及其黑色经济形态的批判、否定和扬弃，是在此基础上的生态变革和绿色创新。这就是说，绿色经济的根本属性与本质内涵是生态经济与可持续发展经济，使它必然在本质上取代工业经济并融合知识经济的一种全新的经济形态，是生态文明新时代的主导经济形态的现实形态。所以，笔者反复指出："绿色经济作为生态文明时代的经济形态，是生态经济形态的现实象征与生动概括。"[1]这不仅肯定了绿色经济是生态经济学与可持续发展经济学的理论范畴，而且界定了绿色经济是生态文明的经济范畴，恢复了绿色经济的本来面目。

（3）绿色经济实现"两个生态解放"之后，就应当对它重新定位。现在我们可以将绿色经济的科学内涵和外延表述为：以生态文明为价值取向，以自然生态健康和人体生态健康为终极目的，以提高经济社会福祉和自然生态福祉为本质特征，以绿色创新为主要驱动力，促进人与自然和谐发展和生态与经济协调发展为根本宗旨，实现生态经济社会发展相统一并取得生态经济社会效益相统一的可持续经济。因此，发展绿色经济是广义的，不仅是指广义的生态产业即绿色产业，而且包括低碳经济、循环经济、清洁能源和可再生能源、碳汇经济以及其他节约能源资源与保护环境、建设生态的经济等。[2]这个新界定正确地揭示了绿色经济的本质属性、科学内涵、概念特征与实践主旨，准确地体现了绿色经济历史趋势与时代潮流；绿色经济观念、理论是人与自然和谐统一、生态与经济协调发展的生态文明新时代的理论概括与学理表现。只有这样认识和把握绿色经济，才能真正符合生态文明与绿色经济发展的客观进程与内在逻辑。

（4）生态文明经济范畴的绿色经济包含两层经济含义：一是它作为理论形态是

---

① 中国社会科学院马克思主义学部：《36位著名学者纵论中国共产党建党90周年》，北京：中国社会科学出版社，2011年版，第409页。

② 刘思华：《生态文明与绿色低碳经济发展总论》，北京：中国财政经济出版社，2001年版，第1页。

生态文明的经济社会形态范畴，是生态文明时代崭新的主导经济，我们称之为绿色经济形态。二是它作为实践形态是生态文明的经济发展模式，是生态文明崭新时代的经济发展模式，我们称之为绿色经济发展模式。这就决定了建设生态文明、发展绿色经济的双重战略任务，既要形成生态和谐、经济和谐、社会和谐一体化的绿色经济形态，又要形成生态效益、经济效益、社会效益最佳统一的绿色经济发展模式。据此，建设生态文明、发展绿色经济应当是经济社会形态和经济社会发展模式的双重绿色创新转型发展过程，这是革工业文明的黑色经济形态和经济发展模式之故、鼎生态文明的绿色经济形态和经济发展模式之新的过程。因此，每个战略任务都是双重绿色使命：一方面背负着克服、消除工业文明的黑色经济形态与发展模式的黑色弊端，对它们进行生态变革、绿色重构与转型，改造成为绿色经济形态与绿色经济发展模式；另一方面担负着创造人类文明发展的新形态，即超越资本主义工业文明（包括高度发达的后工业文明）的社会主义生态文明，构建与生态文明相适应的绿色经济形态和绿色经济发展模式。这是生态文明建设的中心环节，是绿色经济发展的实践指向，因此双重绿色经济就是我们迈向生态文明与绿色经济发展新时代，也是推动人类文明形态和经济社会形态与发展模式同步演进的双重时代使命与实践目标。实现双重时代使命所推动的变革不仅仅是工业文明形态及其黑色经济形态与发展模式本身的变革，而且是超越工业文明的生态文明及其他的经济形态与发展模式的生态变迁与绿色构建。这才符合生态文明与绿色经济的本质属性与实践主旨。

三、关于绿色发展理论与道路的探索问题

自 2002 年以来的 10 多年间，一直流传着联合国开发计划署在《2002 年中国人类发展报告：让绿色发展成为一种选择》中首先提出绿色发展，中国应当选择绿色发展之路。这个"首先"之说不知是何人的说法，是根本不符合绿色发展思想理论发展的历史事实的，是一种学术误传。

1. 我们很有必要对中国绿色发展思想理论发展的历史作简要回顾

如前所述，1994 年笔者在《当代中国的绿色道路》一书中，以生态经济学新范式及生态经济协调发展的新理论平台来回应绿色发展道路议题，阐述了绿色发展的一系列主要理论与实践问题，明确提出中国绿色发展道路的核心问题是"经济发展生态化之路"，"一切都应当围绕着改善生态环境而发展，使市场经济发展建立在

生态环境资源的承载力所允许的牢固基础之上,达到有益于生态环境的经济社会发展。"①1995 年著名学者戴星翼在《走向绿色的发展》一书中首次从"经济学理解绿色发展"的角度,明确使用"绿色发展"这一词汇,诠释可持续发展的一系列主要理论与实践问题,并认为"通往绿色发展之路"的根本途径在于"可持续性的不断增加"。②在这里,绿色发展成为可持续发展的新概括。2012 年著名学者胡鞍钢出版的《中国:创新绿色发展》一书,创新性地提出了绿色发展理念,开创性地系统阐述了绿色发展理论体系,总结了中国绿色发展实践,设计了中国绿色现代化蓝图。所以,笔者认为本书虽有不足之处,但从总体上说,丰富、创新、发展了中国绿色发展学说的理论内涵和实际价值,提出了一条符合生态文明时代特征的新发展道路——绿色发展之路。总之,中国学者探索绿色发展的理念、理论与道路的历史轨迹表明,在此领域"中国智慧"要比"西方智慧"高明,这就在于绿色发展在发展理念、理论、道路上突破了可持续发展的局限性,"将成为可持续发展之后人类发展理论的又一次创新,并将成为 21 世纪促进人类社会发生翻天覆地变革的又一次大创造。"③

2. 21 世纪的绿色经济与绿色发展观

进入 21 世纪以后,绿色经济与绿色发展观念逐步从学界视野走进政界视野,尤其是面对 2008 年国际金融危机催化下世界绿色浪潮的新形势,以胡锦涛为总书记的中央领导集体正确把握当今世界发展绿色低碳转型的新态势、未来世界绿色发展的大趋势,站在与世界各国共建和谐世界与绿色世界的发展前沿上,直面中国特色社会主义的基本国情,提出了绿色经济与绿色发展的一系列新思想、新观点、新理论,揭示了发展绿色经济、推进绿色发展是当今世界发展的时代潮流。正如习近平同志所指出的:"绿色发展和可持续发展是当今世界的时代潮流",其"根本目的是改善人民生活环境和生活水平,推动人的全面发展。"④李克强还指出:"培育壮大绿色经济,着力推动绿色发展","要加快形成有利于绿色发展的体制机制,通过政策激励和制度约束,增强推动绿色发展的自觉性、主动性,抑制不顾资源环境承

---

① 刘思华:《当代中国的绿色道路》,武汉:湖北人民出版社,1994 年版,第 86 页、第 101 页。

② 戴星翼:《走向绿色的发展》,上海:复旦大学出版社,1998 年版,第 1~23 页。

③ 胡鞍钢:《中国:创新绿色发展》,北京:中国人民大学出版社,2012 年版,第 20 页。

④ 习近平:《携手推进亚洲绿色发展和可持续发展》,2010 年 4 月 11 日《光明日报》。

载能力盲目追求增长的短期行为。"①笔者曾发文把以胡锦涛为总书记的中央领导集体的绿色发展理念概括为"四论",即绿色和谐发展论、国策战略绿色论、绿色文明发展道路论、国际绿色合作发展论。②在此我们还要重视的是胡锦涛同志在2003年中央经济工作会议上明确指出:"经济增长不能以浪费资源、破坏环境和牺牲子孙后代利益为代价。"其后,他进一步指出:"我国是社会主义国家,我们的发展不能以牺牲精神文明为代价,不能以牺牲生态环境为代价,更不能以牺牲人的生命为代价。""我们一定要痛定思痛,深刻吸取血的教训。"③胡锦涛提出的不能以"四个牺牲为代价"换取经济发展的绿色原则,反映了改革开放以来,我国经济发展的基本经验和严重教训,这实质上是实现科学发展的四项重要原则,是推进绿色发展的四项重要原则。凡是以"四个牺牲为代价"换取的经济发展就是不和谐的、不可持续的非科学发展,这种发展可以称为黑色发展;凡是没有以"四个牺牲为代价"的经济发展就是和谐的、可持续的科学发展,这种发展可以称为绿色发展。正是在这个意义上说,不能以"四个牺牲为代价"是区分黑色发展和绿色发展的四项绿色原则。

3. 依法治国新政理念:发展绿色经济、推进绿色发展

当下中国执政者对绿色经济与绿色发展的认识与把握,已不只是学界那样把发展绿色经济、推进绿色发展视为全新的思想理论,而是一种崭新的全面依法治国的执政理念、发展道路与发展战略。党的十八大首次把绿色发展(包括循环发展、低碳发展)写入党代会报告,是绿色发展成为具有普遍合法性的中国特色社会主义生态文明发展道路的绿色政治表达,标志着实现中华民族伟大复兴的中国梦所开辟的中国特色社会主义生态文明建设道路是绿色发展与绿色崛起的科学发展道路。这条道路的理论体系就是"中国智慧"创立的绿色经济理论与绿色发展学说。它既是适应世界文明发展进步,更是适应中国特色社会主义文明发展进步需要而产生的科学发展学说,甚至可以说,是一种划时代的全新科学发展学说。对此,近几年来,我多次强调指出:绿色经济理论与绿色发展学说不是引进的西方经济发展思想,而是中国学界和政界马克思主义学人自主创立的科学发展新学说。它是立足中国、面向世界、通向未来的马克思主义发展学说,必将指引着中国特色社会主义沿着绿色发展与绿色崛起的科学发展道路不断前进。

---

① 李克强:《推动绿色发展 促进世界经济健康复苏和可持续发展》,2010年5月9日《光明日报》。
② 刘思华:《科学发展观视域中的绿色发展》,载《当代经济研究》2011年第5期,第65~70页。
③ 中共中央文献研究室:《科学发展观重要论述摘编》,北京:中央文献出版社,2008年版,第34页、第29页。

"中国智慧"不仅从绿色经济的根本属性与本质内涵论证了绿色经济是生态文明的经济范畴，而且从绿色发展的根本属性与本质内涵界定了绿色发展是生态文明的发展范畴。故笔者把绿色发展表述为："以生态和谐为价值取向，以生态承载力为基础，以有益于自然生态健康和人体生态健康为终极目的，以追求人与自然、人与人、人与社会、人与自身和谐发展为根本宗旨，以绿色创新为主要驱动力，以经济社会各个领域和全过程的全面生态化为实践路径，实现代价最小、成效最大的生态经济社会有机整体全面和谐协调可持续发展，因此，绿色发展必将使人类文明进步和经济社会发展更加符合自然生态规律、社会经济规律和人自身的规律，即支配人本身的肉体存在和精神存在的规律（恩格斯语）"①或者说"更加符合三大规律内在统一的"自然、人、社会有机整体和谐协调发展的客观规律。现在我要进一步指出的是，从学理层面上说，绿色发展的理论本质是"生态经济社会有机整体全面和谐协调可持续发展"；从实践层面上看，绿色发展的实践主旨是实现"生态经济社会有机整体全面和谐协调可持续发展"。现在我们完全可以作出一个理论结论：绿色发展是生态经济社会有机整体全面和谐协调可持续发展的形象概括与现实形态。正是在这个意义上说，绿色发展是永恒的经济社会发展。这是客观真理。

4. 绿色发展学说中若干基本理论观点和现实问题

（1）绿色发展的经济学诠释，就是绿色经济与绿色发展内在统一的绿色经济发展。笔者在2002年《发展绿色经济的理论与实践探索》的学术报告中，首次提出了绿色经济发展新观念和构建了绿色经济发展理论的基本框架，明确指出："发展绿色经济是建设生态文明的客观基础和根本问题"，"绿色经济发展是人类文明时代的工业文明时代进入生态文明时代的必然进程"，"是推进现代经济的'绿色转变'走出一条中国特色的绿色经济建设之路"，"必将引起21世纪中国现代经济发展的全方位的深刻变革，是中国经济再造的伟大革命"，还强调指出："只有建立生态市场经济制度才能真正走出一条中国特色的绿色经济发展道路。"②因此，21世纪中国绿色发展道路在经济领域内，就是绿色经济发展道路，这是中国特色社会主义经济发展道路走向未来的必由之路。

（2）20世纪人类文明发展事实表明工业文明发展黑色化是常态，故工业文明确实是黑色文明，其发展是黑色发展，它的一切光辉成就的取得，说到底是以牺牲

① 刘思华：《生态马克思主义经济学原理》（修订版），北京：人民出版社，2014年版，第578～579页。
② 刘思华：《刘思华文集》，武汉：湖北人民出版社，2003年版，第607～612页。

自然生态、社会生态和人体生态为代价，创造着黑色的文明史。因此，生态马克思主义经济学哲学得出一个人类文明时代发展特征的结论："工业文明是黑色发展时代，生态文明是绿色发展时代……'中国智慧'对从工业文明黑色发展向生态文明绿色发展巨大变革的认识，是21世纪中华文明发展头等重要的发现，是科学的最大贡献。"①从工业文明黑色发展走向生态文明绿色发展是生态经济社会有机整体的全方位生态变革与全面绿色创新转变，是人类文明发展史上最伟大的最深刻的生态经济社会革命。它的中心环节是要实现工业文明黑色发展道路向生态文明绿色发展道路的彻底转轨，其关键所在是要实现工业文明黑色发展模式向生态文明绿色发展模式的全面转型。②只有实现这两个"根本转变"，人类文明形态演进和经济社会形态演进才能真正迈向生态文明与绿色经济发展新时代。

(3) 和谐发展和绿色发展是生态文明的根本属性与本质特征的两种体现，是生态文明时代生态经济社会有机整体全面和谐协调可持续发展的两个方面。这是因为：① 生态马克思主义经济学哲学告诉我们，人类文明进步和经济社会发展的实质就是自然、人、社会有机整体价值的协调与和谐统一，是实现人与自然、人与人、人与社会、人与自身的全面和谐协调，成为人类文明进步与经济社会发展的历史趋势和终极价值追求。因此，笔者在《生态马克思主义经济学原理》一书中就指出了狭义与广义生态和谐论，指出"狭义生态和谐"就是人与自然的和谐发展即自然生态和谐，这是狭义生态文明的核心理念。而和谐发展不仅是人与自然的和谐发展，还包括人与人、人与社会及个人的身心和谐发展，于是我把这"四大生态和谐"称之为"广义的生态和谐"的全面和谐发展。这是广义生态文明的根本属性与本质特征，就必然成为生态文明的绿色经济形态与绿色发展模式的根本属性与本质特征。② 生态马克思主义经济学哲学还认为，从自然、人、社会有机整体的四大生态和谐协调发展意义上说，生态和谐协调发展已成为当今中国和谐协调发展的根基。这是绿色发展的核心与灵魂。因此，建设生态文明、发展绿色经济、推进绿色发展，必须贯穿于中国生态经济社会有机整体发展的全过程和各个领域，不断追求和递进实现"四大生态关系"的全面和谐发展，这是绿色发展的真谛。

---

① 刘思华：《生态马克思主义经济学原理》（修订版），北京：人民出版社，2014年版，第579页。
② 胡鞍钢教授在《中国：创新绿色发展》一书中认为："以高消耗、高污染、高排放为基本特征的发展，即黑色发展模式。"我认为应当以高投入、高消耗、高排放、高污染、高代价为基本特征的发展就是工业文明黑色发展模式，而以"五高"黑色发展模式为基本内容与发展思路就是工业文明黑色发展道路。

（4）全面生态化或绿色化是绿色发展的主要内容与基本路径。2011 年夏，中国绿色发展战略研究组课题组撰写的《关于全面实施绿色发展战略向十八大报告的几点建议》一书指出：按照马克思主义生态文明世界观和方法论，生态化应当写入党代会报告，使中国特色社会主义旗帜上彰显着社会主义现代文明的生态化发展理念，这是建设社会主义生态文明的必然逻辑，是发展绿色经济、实现绿色发展的客观要求，是构建社会主义和谐社会的必然选择。这里所说的生态化发展理念，就是绿色发展理念。后者是前者的现实形态与形象概括，在此我们很有必要作进一步论述：

☞　生态化是一个综合科学的概念，是前苏联学者首创的现代生态学的新观念：早在 1973 年苏联哲学家 B. A. 罗西在《哲学问题》杂志上发表的《论现代科学的"生态学化"》一文中，就将生态化称为"生态学化"，其本质含义是"人类实践活动及经济社会运行与发展反映现代生态学真理"。以此观之，生态化主要是指运用现代生态学的世界观和方法论，尤其依据"自然、人、社会"复合生态系统整体性观点考察和理解现实世界，用人与自然和谐协调发展的观点去思考和认识人类社会的全部实践活动，最优地处理人与自然的自然生态关系、人与人的经济生态关系、人与社会的社会生态关系和人与自身的人体生态关系，最终实现生态经济社会有机整体全面和谐协调可持续的绿色发展"。[①]生态化这个术语是国内外学者，尤其在中国新兴、交叉学科的学者广泛使用的新概念，其论著中使用的频率最高，当代中国已经出现新兴、交叉经济学生态化趋势。因此，这个界定从学理上说，我们可以作出一个合乎逻辑的结论：生态化应当是生态文明与绿色发展的重要范畴，甚至是基本范畴。

☞　当今人类生存与发展需要进行一场深刻的生态经济社会革命，走绿色发展新道路，推进人类生存与发展的生产方式和生活方式的生态化转型，实现人类生存方式的全面生态化。它就内在要求人类社会的经济、科技、文教、政治、社会活动等经济社会运行与发展的全面生态化。在当代中国就是使中国特色社会主义生态经济社会体系运行朝着生态

---

① 刘思华：《论新型工业化、城镇化道路的生态化转型发展》，载《毛泽东邓小平理论研究》2013 年第 7 期，第 8～13 页。

化转型的方向发展。这种生态化转型发展就成为生态经济社会运行与发展的内在机制、主要内容、基本路径与绿色结果。这样的当代中国走生态化转型发展之路，是走绿色发展的必由之路与基本走向。可以说，"顺应生态化转型者昌，违背生态化转型者亡。"①这不仅是当今人类文明进步和世界经济社会发展，而且是中国特色社会主义文明进步和当代中国经济社会发展的势不可当的生态化即绿色化发展大趋势。

☞ 生态马克思主义经济学哲学强调生态文明是广义和狭义生态文明的内在统一，②并把广义生态文明称为绿色文明，既然生态化是生态文明的一个重要范畴，那么它就同生态文明，也是广义与狭义生态化的内在统一；这样说，可以把广义生态化称之为绿色化。两者的本质内涵是完全一致的。2015 年 3 月 24 日，中共中央政治局审议通过的《关于加快推进生态文明建设的意见》首次使用了绿色化这一术语，要求在当前和今后一个时期内，协同推进新型工业化、城镇化、信息化、农业现代化和绿色化。如果说绿色发展（包括循环发展和低碳发展）是生态文明建设的基本途径，那么可以说生态化发展是生态文明建设的内在机制和基本内容与途径。这是因为生态文明建设的理论本质是以生态为本，即主要是以增强提高自然生态系统适应现代经济社会发展的生态供给能力（包括资源环境供给能力）为出发点和落脚点，既要构建优化自然生态系统，又要推进社会经济运行与发展的全面生态化，建立起具有生态合理性的绿色创新经济社会发展模式。所以"生态文明建设的实践指向，是谋求生态建设、经济建设、政治建设、文化建设与社会建设相互关联、相互促进，相得益彰、不可分割的统一整体文明建设，用生态理性绿化整个社会文明建设结构，实现物质文明建设、政治文明建设、精神文明建设、和谐社会建设的生态化发展。这是中国特色社会主义生态文明建设的真谛。"③

☞ 笔者借写"丛书"总序之机，代表中国绿色发展战略研究组课题组和"丛书"的作者们向党中央建议：两年后把"绿色化"或"生态化"

---

① 刘本炬：《论实践生态主义》，北京：中国社会科学出版社，2007 年版，第 136 页。
② 刘思华：《生态马克思主义经济学原理》（修订版），北京：人民出版社，2014 年版，第 540～542 页。
③ 刘思华：《生态马克思主义经济学原理》（修订版），北京：人民出版社，2014 年版，第 549 页。

写入党的十九大报告，使它成为中国特色社会主义道路从工业文明黑色发展道路向生态文明绿色发展道路全面转轨的一个象征，成为当今中国社会主义经济社会发展模式从工业文明黑色发展模式向生态文明绿色发展模式全面转型的一个标志，成为中国特色社会主义文明迈向社会主义生态文明与绿色经济发展新时代的一个时代标识。

四、关于迈向生态文明绿色发展的使命与任务问题

自 2008 年国际金融危机以来，绿色经济与绿色发展迅速兴起，是有着深刻的生态、经济和社会历史背景的。应当说，首先是发源于回应工业文明黑色发展道路与模式的负外部效应所积累的全球范围"黑色危机"越来越严重，已经走到历史的巅峰。"物极必反"，工业文明黑色发展道路与模式的历史命运也逃避不了这个历史的辩证法。它在其黑色发展过程中自我否定因素不断生成，形成向绿色经济与绿色发展转型的因素日渐清晰彰显，使我们看到了绿色经济与绿色发展的时代晨光，人类正在迎来生态文明绿色发展的绿色黎明。这是人类实现生态经济社会全面和谐协调可持续发展的历史起点。

1. 我们必须深刻认识和正确把握生态文明的绿色发展道路与模式的时代特征

迈向生态文明绿色经济发展新时代的时代特色应是反正两层含义：一是当今世界仍然处于黑色文明达到了全面异化的巨大危机之中，使当今人类面临着前所未有的工业文明黑色危机的巨大挑战；二是巨大危机是巨大变革的历史起点，开启了绿色文明绿色发展的新格局、新征途，使人类面临着前所未有的绿色发展历史机遇，并给予全面生态变革与绿色转型的强大动力。因此，当今人类正处于工业文明黑色发展衰落向生态文明绿色发展兴起的更替时期。这是危机创新时代，黑色发展危机逼进绿色创新发展，绿色创新发展走出黑色发展危机。毫无疑问，当今世界和当代中国的一个生态文明绿色创新发展时代正在到来。对此，我们必须从工业文明黑色发展危机来认识与把握生态文明绿色发展道路与模式的历史必然性和现实必要性与可能性。

（1）历史和现实已经表明，自 18 世纪资本主义工业革命以来，在工业文明（包括其最高阶段的后工业文明）时代资本主义文明及工业文明成功地按照自身发展的工业文明发展模式塑造全世界，将世界各国都引入工业文明黑色经济与黑色发展道路与模式，形成了全球黑色经济与黑色发展体系。当今中外多学科学者在对工业文

明黑色发展的反思与批判中，有一个共识：黑色文明发展一方面使物质世界日益发展，物质财富不断增加；另一方面使精神世界正在坍塌，自然世界濒临崩溃，人的世界正在衰败。它不仅是自然异化，而且是人的物化、异化和社会的物化、异化。当今世界的南北两极分化加剧，以美国为首的国际垄断资本主义势力为掠夺自然资源不断发动地区战争，没有硝烟的经济战和经济意识形态战频发，恐怖主义嚣张，物质主义、拜金主义、消费主义盛行，道德堕落和精神与理智崩溃，无论是发达国家还是发展中国家内部的贫富悬殊、两极分化正在加剧，各种社会不公正与不平等的社会生态关系恶化加深，已成为当今世界的社会生态黑色发展现实。因此，当今工业文明黑色发展的黑色效应已经全面地、极大地显露出来了，使工业文明黑色发展成为当今世界以及大多数国家和民族发展的现状特征。正是在这个意义上，我们完全可以说，当今人类已经陷入工业文明发展全面异化危机及黑色深渊，使今日之工业文明黑色发展达到了可以自我毁灭的地步，同时也包含着克服、超越工业文明黑色发展险境的绿色发展机遇和种种因素条件，也就预示着黑色发展道路与模式的生态变革与绿色转型是历史的必然。这就是说，如果人类不想自我毁灭的话，就必须自觉地走超越工业文明的生态文明绿色发展的新道路，及构建绿色发展的新模式。这是历史发展的必然道路，是化解当今工业文明黑色发展危机的人类自觉的选择，也是唯一正确的选择。

(2)深刻认识和真正承认开创生态文明绿色发展道路与模式的现实必要性和紧迫性。这首先在于当今世界系统运行是依靠"环境透支""生态赤字"来维持，使自然生态系统的生态赤字仍在扩大，将世界各国都绑在工业文明黑色发展之舟上航行。工业文明发展的一切辉煌成就的取得，都是以自然、人、社会的巨大损害为代价，尤其是以毁灭自然生态环境为代价的，这是西方各学科的进步学者的共识，也是中国有社会良知的学者的共识。在 1961 年人类一年只消耗大约 2/3 的地球年度可再生资源，世界大多数国家还有生态盈余。大约从 1970 年起，人类经济社会活动对自然生态的需求就逐步接近自然生态供给能力的极限值，自 1980 年首次突破极限形成"过冲"以来，人类生活中的大自然的生态赤字不断扩大，到 2012 年已经需要 1.5 个地球才能满足人类正常的生存与发展需要。因此，《增长的极限》一书的第 2 版即 1992 年版译者序就明确指出："人类在许多方面已经超出了地球的承载能力之外，已经超越了极限，世界经济的发展已经处于不可持续的状况。"足见工业文明黑色发展确实是一种征服自然、掠夺自然、不惜以牺牲自然生态来换取经济发展的黑色发展道路，使"今天世界上的每一个自然系统都在走向衰落"。[①]进入21 世纪的 15 年间，生态赤字继续扩大、自然生态危机及黑色发展危机日益加深。对此，《自然》杂志发文说："地球生态系统将很快进入不可逆转的崩溃状态。"[②]联合国环境规划署 2012 年 6 月 6 日在北京发布全球环境展望报告中指出，当今世界仍沿着一条不可持续之路加速前行，用中国学者的话说，就是人类仍在继续沿着工业文明黑色发展道路加速前行。因此，从全球范围来看，"目前还没有一个国家真正迈入了'绿色国家的门槛'"[③]，这是不可否认的客观事实。据报道，今年春季欧洲大面积雾霾污染重返欧洲蓝天，使巴黎咳嗽、伦敦窒息、布鲁塞尔得眼疾……这是今春西欧地区空气污染现状大致勾勒出的一幅形象的画面。这就意味着这些欧洲各城市又重新回到大气危机的黑色轨道上来了，因此，人们发出了西欧"霾害根除"还只是个传说之声。这的确是事实，欧洲遭遇空气污染已经不是新鲜事。2011 年 9 月 7 日英国《卫报》网站曾报道，欧洲空气质量研究报告称空气污染导致欧洲每年有 50 万人提前死亡，全欧用于处理空气污染的费用高达每年 7 900 亿欧元。2014 年 11 月 19 日西班牙《阿贝赛报》报道，欧洲环境署公布的空气质量年度报告显示空气污染问题造成欧洲每年大约 45 万人过早死亡，其中约有 43 万人的死因是生活在充满 $PM_{2.5}$ 的环境中。2014 年 4 月初，英国环境部门监测到伦敦空气污染达 10级，是 1952 年以来最严重的污染，引发全国逾 162 万人哮喘病发[④]。近年来欧洲大面积雾霾污染事件，击碎了英国、法国、比利时等发达国家是"深绿发展水平国家"的神话。

（3）一个国家和民族或地区经济社会运行，从生态盈余走向生态赤字并不断扩大的发展道路，就是工业文明的黑色发展道路，其自然生态环境必然是不断恶化的，没有绿色发展可言。与此相反，从生态赤字逐步减少走向生态盈余的发展道路，就是迈向生态文明的绿色发展道路，其自然生态环境不断朝着和谐协调绿色发展的方向前行。因此，逐步实现生态赤字到生态盈余的根本转变，构成判断是不是绿色发展及一个国家和民族及地区是不是"绿色国家"的一个基础根据与根本标准。据此，抛弃工业文明黑色发展模式，坚定不移走绿色发展道路，其根本的、最终的目标与

---

① 保罗·替肯：《商业生态学》（中译本），上海：上海译文出版社，2001 年版，第 26 页。

② 详见 2012 年 7 月 28 日《参考消息》，第 7 版。

③ 杨多贵、高飞鹏：《绿色发展道路的理论解析》，载《科学管理研究》第 24 卷第 5 期，第 20～23 页。

④ 戴军：《英国："霾害根除"还只是个传说》，2015 年 3 月 22 日《光明日报》。

首要任务就是尽快扭转自然生态环境恶化趋势,实现生态赤字到生态盈余的根本转变,达到生态资本存量保持非减性并有所增殖,这是人类生态生存之基、绿色发展之源。

2. 开创绿色经济发展新时代的绿色使命与历史任务

当今人类发展已经奏响绿色经济与绿色发展的新乐章。发展绿色经济、推进绿色发展是开创绿色经济发展新时代的绿色使命与历史任务,必将成为人类文明演进与经济社会发展的时代潮流。从全球范围来看,迄今为止,世界上还没有一个国家或地区真正是生态文明的绿色国家或绿色地区,中国也不例外。但是当今世界主要发达国家和发展中国家,已经奏响经济社会发展绿色低碳转型的主旋律,开始朝着建设绿色国家或地区,推进绿色发展的方向前行。在此我们要指出的是,发展绿色经济、推进绿色发展是世界各国的共同目标和绿色使命。2010 年美国学者范·琼斯出版的《绿领经济》一书谈到美国兴起的绿色浪潮时说:"不管是蓝色旗帜下的民主党人还是红色旗帜下的共和党人,一夜之间都摇起了绿色的旗帜。"①奥巴马政府实行绿色新政,主打绿色大牌,实施绿色经济发展战略,其战略目标是要促进经济社会发展的绿色低碳转型,再造以美国为中心的国际政治经济秩序。以北欧为代表的部分国家如瑞典、丹麦等在实施绿色能源计划方面走在世界前列。日本推进以向低碳经济转型为核心的绿色发展战略总体规划,力图把日本打造成全球第一个绿色低碳国家。韩国制定和实施低碳绿色增进的经济振兴国家战略,使韩国跻身全球"绿色大国"之列。尤其是在绿色新政席卷全球时,不仅美国而且英、德、法等主要发达国家,都企图引领世界绿色潮流。这些事实充分表明发展绿色经济、推进绿色低碳转型、实现绿色发展,是世界发展的新未来、新道路,已成为 21 世纪人类文明进步和经济社会发展的主旋律即绿色发展主旋律,标志着当今人类发展已经开启了迈向绿色经济发展新时代的新航程。

然而,历史发展不是一条直线,而是螺旋式上升的曲线。当今人类历史仍处在资本主义文明及工业文明占主导地位的时代,主要资本主义国家仍有很强的调整生产关系、分配关系和社会关系的能力和活力。因此,主要资本主义国家尤其是西方发达资本主义国家,在工业文明基本框架内对生态环境与绿色经济的认识,制定和实行生态环境保护、治理与生态建设政策、措施和行动,并发展绿色经济,来调节、

---

① 范·琼斯:《绿领经济》(胡晓姣、罗俏鹃、贾西贝译),北京:中信出版社,2010 年版,第 55 页。

缓解资本主义生态经济社会矛盾，力图走出工业文明发展全面异化危机即黑色发展困境。但是，正如一些学者所指出的，"事实的真相"则是到目前为止，西方发达资本主义国家所实施的绿色经济发展战略和自然生态环境治理与修复的思路与方案，主要是在工业文明基本框架内进行①，仍然没有根本触动工业文明也无法超越现存资本主义文明的黑色经济社会体系。这主要表现在两个方面：一是西方发达资本主义国家对内实行绿色资本主义的发展路线。目前西方发达国家主要是在不根本触动资本主义文明及工业文明黑色经济体系与发展模式的前提下，通过单纯的技术路线来治理、修复、改善自然生态环境，寻求自然生态环境和资本主义协调发展，缓解人与自然的尖锐矛盾，并在对高度现代化的工业文明重新塑造的基础上走有限的"生态化或绿色化转型发展道路"，即绿色发展道路，实践已经论证，这是不可能走出工业文明黑色危机的。今春欧洲大面积雾霾污染重返欧洲蓝天就是有力佐证。二是目前西方发达资本主义国家对外实行生态帝国主义政策，主要有3种形式：资源掠夺、污染输出和生态战争，使发达资本主义大多数踏上了生态帝国主义黑色之路，使西方发达国家的黑色发展道路与模式所付出的高昂生态环境成本即发生巨大黑色成本由发展中国家为他们"买单"。因此，我们从现实中可以看到，绿色资本主义和生态帝国主义的路线与实践不仅可以成功地改善资本主义国家国内的自然生态环境，缓解甚至能够度过"生存危机"，而且可以"在承担着创造后工业文明时代资本主义的'绿色经济增长'和'绿色政治合法性'新机遇的使命。"②

当今人类虽然正在迎来生态文明即绿色文明的黎明，但人类文明发展却是在迂回曲折中前进的。自2008年国际金融危机之后，先是美国实行"再工业化战略"，推进"制造业回归"。随后欧洲发达国家纷纷宣称要"再工业化"，不仅把包括绿色能源战略在内的绿色经济发展战略纳入经济复苏的轨道，而且还针对经济虚拟化、产业空心化，试图通过实施"再工业化战略"和"回归实体经济"，重塑日益衰落的工业文明生态缺位的黑色经济，重新走上工业文明增长的经济发展道路。这是向高度现代化的工业文明发展的回归，阻碍着人类文明发展迈向生态文明绿色经济发展新时代。

按照生态马克思主义经济学哲学观点，在资本主义文明及工业文明框架的范围

---

① 张孝德：《生态文明模式：中国的使命与抉择》，载《人民论坛》2010年第1期，第24～27页。
② 郇庆治：《"包容互鉴"：全球视野下的"社会主义生态文明"》，载《当代世界与社会主义》2013年第2期，第14～22页。

内，是不可能从根本上走出工业文明发展全面异化危机即黑色危机的深渊。对此，连西方学者也认为：在资本主义文明及工业文明的"基本框架内对经济运行方式、政治体制、技术发展和价值观念所作的任何修补和完善，都只能暂时缓解人类的生存压力，而不可能从根本上解决困扰工业文明的生态危机。"①这就是说，绿色资本主义和生态帝国主义的推行会使全球自然生态、社会生态和人类生态的黑色危机越来越严重。这与20世纪90年代以来世界各国在工业文明框架内实施可持续发展一样，其结果是"20多年来的可持续发展，并没有有效遏制全球范围的环境与生态危机，危机反而越来越严重、越来越危及人类安全。"②因此，世界人民有理由把更多的目光集聚到社会主义中国，将开创工业文明黑色发展道路与模式转向生态文明绿色发展道路与模式，这一人类共同的绿色使命与历史任务寄托于中国建设社会主义生态文明。2011年在美国召开的生态文明国际论坛上有位美国学者说道："所有迹象表明，美国政府依然将在错误的道路上越走越远。""所有目光都聚到了中国。放眼全球，只有中国不仅可以，而且愿意在打破旧的发展模式、建立新的发展模式上有所作为。中国政府将生态文明纳入其发展指导原则中，这是实现生态经济所必需的，并使得其实现变为可能，是一个高瞻远瞩的规划。"③

3. 中国在当今世界已经率先拉开超越工业文明的社会主义生态文明绿色经济发展新时代的序幕，引领全人类朝着生态文明绿色经济形态与绿色发展模式的方向发展

我国改革开放以来，始终坚持保护环境和节约资源的基本国策，实施可持续发展战略，一些省市和地区实行"生态立省（市）、环境优先、发展与环境、生态与经济双赢"的战略方针。从发展生态农业、生态工业到建设生态省、生态城市、生态乡村，从坚持走生产发展、生活富裕、生态良好的文明发展道路，建设资源节约型、环境友好型经济社会，到发展绿色经济、循环经济、低碳经济；从大力推进生态文明建设到着力推进绿色发展、循环发展、低碳发展等，都取得了明显进展和积极成效。特别是党的十八大确立了社会主义生态文明科学理论，提出和规定了建设

---

① 转引自杨通进：《现代文明的生态转向》，重庆：重庆出版社，2007年版，总序第4页。
② 胡鞍钢：《中国：创新绿色发展》，北京：中国人民大学出版社，2012年版，第9页。
③ 《第五届生态文明国际论坛会议论文集（中英文）》，April 28-29，2011，Claremont，CA，USA，Fifth International Forum on Ecological Civilization：toward an Ecological Economics.

中国特色社会主义的两个"五位一体"①：建设中国特色社会主义"五位一体"总体目标，使中国特色社会主义道路的基本内涵更加丰富；建设中国特色社会主义"五位一体"总体布局，使中国特色社会主义的基本纲领更加完善。这不仅是奏响我们党"领导人民建设社会主义生态文明"（新党章语）的新乐章，而且标志着全国人民踏上社会主义生态文明绿色发展道路的新征途。因此，党的十八大明确提出"努力建设美丽中国"是社会主义生态文明建设的战略目标，即建设美丽中国首先是建设绿色中国，其中心环节就是走出一条生态文明绿色经济发展道路，构建绿色经济形态与发展模式。据此而言，党的十八大向全党全国人民发出的"努力走向社会主义生态文明新时代"的伟大号召，意味着中国特色社会主义文明发展要努力迈向生态文明绿色经济与绿色发展新时代。为此，《中共中央　国务院关于加快推进生态文明建设的意见》中又提出把经济社会绿色化作为生态文明建设与绿色发展的核心内容与基本途径，从而在当今世界率先开拓了从工业文明黑色发展道路与模式转向生态文明绿色发展道路与模式，使当下中国朝着生态文明绿色经济形态与发展模式的方向发展，努力成为成功走出工业文明的新型工业化道路、真正进入生态文明的绿色化发展道路的榜样国家。

当然，当今中国的客观现实还是一个加速实现工业化的发展中国家，刚走过发达国家100多年所走过的工业文明发展历程，成为以工业文明为主导形态的工业大国。在这几十年间，中国工业化、现代化道路的探索，尽管在一定程度上符合中国国情和实际情况，但仍然走的是工业文明黑色发展与黑色崛起道路，它在本质上是沿袭了西方发达资本主义文明所走过的高碳高熵高代价的工业文明——"先污染后治理、边污染边治理"的黑色发展道路。因此，我们"不得不承认，我们原先走在黑色发展和崛起的征途上，所以尽管我们即使按西方工业文明的标准未达到发展与崛起的程度，但是黑色发展和崛起的一切代价和后果我们都已尝到了。"②历史经验教训值得重视，党的十八大之前的20多年里，我们在没有根本触动刚刚形成的工业文明经济社会形态前提下，换言之，在工业文明基本框架内实施可持续发展战略、生态环境治理与修复，建设生态省市，走文明发展道路以及发展绿色经济等，是不可能有效遏制、克服工业文明黑色发展道路与模式的黑色效应，工业文明发展异化

---

① 刘思华：《生态马克思主义经济学原理》（修订版），北京：人民出版社，2014年版，第561～566页。
② 陈学明：《生态文明论》，重庆：重庆出版社，2008年版，第22页。

危机即黑色危机反而日益严重。它突出体现在 3 个方面[①]：一是当下中国自然生态恶化状况从总体上看，范围在扩大、程度在加深、危害在加重；二是城乡地区差距不断扩大、分配不公与物质财富占有的贫富悬殊已成常态；三是平民百姓生活质量相对变差等社会生态恶化，公众健康相对变差的国民人体生态恶化等，使得生态经济社会矛盾不断积累与日益突出甚至不同程度的激化，已成为建设美丽中国、全面建成小康社会的重大"瓶颈"，是实现绿色中国梦的最大桎梏。因此，我们必须正视当下中国"自然、人、社会"复合生态系统的客观现实，深刻认识与正确把握当今中国从工业文明黑色发展道路向生态文明绿色发展道路的全面转轨，从工业文明黑色发展模式向生态文明绿色发展模式的全面转型的必要性、迫切性、重要性与艰巨性。事实上，近年来，我国学术界有人为了所谓填补研究空白、标新立异，制造一些伪绿色发展论，不仅把西方主要发达国家说成是"深绿色发展国家"，掩盖当今资本主义国家工业文明发展全面恶化危机即黑色危机的客观现实，而且把处于"十面霾伏"的雾霾污染重灾区的京津冀、长三角、珠三角的一些城市界定为"高绿色城镇化"，这完全不符合客观事实的假命题，否定不了当下中国及城市自然生态危机仍在加深的严峻事实，动摇不了我国以壮士断腕的决心和信心，打好大气、水体、土壤污染的攻坚战和持久战。

所谓攻坚战和持久战，就在于当前国内外事实表明，大气、水体、土壤污染治理与修复已成为世界性的难题。而当今中国大气、水体、土壤污染日益严重，应当说是长期中国工业化、城市化黑色发展积累的必然恶果，是中国工业文明黑色发展道路与模式对自然生态损害的直观展示，是对中国过去 GDP 至上主义发展的严厉惩罚及严重警示。改革开放 30 多年，中国经济发展规模迅速扩大，快速成长为工业文明经济大国，这是世所罕见的。然而，它所付出的自然生态环境代价也是世所罕见的。当今世界上很少有国家像中国这样，以如此之高的激情加速折旧自己的生态环境未来，已经是世界头号污染排放大国，正如国内外学者所指出的，中国已经成为世界上最大的"黑猫"，"全球最大的生态'负债国'"[②]。目前中国生态足迹是生物承载力的两倍，生态系统整体生态服务功能不断退化，生态赤字还在扩大。中

---

① 刘思华：《论新型工业化、城镇化道路的生态化转型发展》，载《毛泽东邓小平理论研究》2013 年第 7 期，第 8～13 页。

② 卢映西：《出口导向型发展战略已不可持续——全球经济危机背景下的理论反思》，载《海派经济学》2009 年第 26 辑，第 81 页。

国生态系统的生态负荷已达到临界状态，一些资源与环境容量已达支撑极限，经济社会发展是依靠"环境透支"与"生态赤字"来维持。因而，生态赤字不断扩大，生态（包括资源环境）承载力日益下降，在大中城市尤其是大城市十分突出，如上海市人均生态足迹是人均生态承载力的 46 倍，广州市为 31 倍，北京市为 26 倍。在存在生态赤字的国家中，日本是 8 倍，其他国家均在 2~3 倍，中国大城市特大城市普遍存在巨大的生态赤字，都面临比其他国家更为严峻的自然生态危机①。由此要进一步指出，目前全国 600 多个大中城市，特别是大城市，其高速发展不仅正在遭遇各种环境污染，如水、土、气三大污染之困，而且正在遭遇"垃圾围城"之痛，有 2/3 的城市陷入垃圾的包围之中，有 1/4 的城市已没有适合场所堆放垃圾，从而加剧了城市生态系统的黑色危机。近日有学者发文认为，"中国城镇化离绿色发展要求的内涵、绿色发展的模式相去甚远"，"中国的绿色发展目标尚未实现"②。这就是说，迄今为止，我国还没有一个大中城市真正走入按照社会主义生态文明的本质属性与实践指向所要求的生态文明绿色城市的门槛，这是不容争辩的客观事实。

综上所述，无论当今世界还是今日中国，生态足迹不断增加，生态赤字日益扩大，这是自然生态危机的核心问题与根本表现。而当下中国各类环境污染呈现高发态势，已成民生之患、民心之痛、发展之殇；生态赤字与生态资本短缺仍在加重，使我国进入生态"还债"高发期，良好的自然生态环境已经成为最为短缺的生活要素、生产要素及生存发展要素。这就决定了生态环境问题是严重制约中国生态经济社会有机整体、全面和谐协调可持续发展的最短板，是建设美丽中国、实现绿色中国梦的最大阻碍，是中国绿色发展与绿色崛起面临的最大挑战与绿色压力。因此，我们要直面这一严峻现实，必须也应当摆脱与摒弃过去所走过的工业文明高碳高熵高代价的黑色发展道路，与工业文明黑色发展模式彻底决裂，积极探索生态文明低碳低熵低代价的绿色发展道路及发展模式，使中国特色社会主义文明发展尽早实现从工业文明黑色发展道路与模式向生态文明绿色发展道路与模式的根本转变，成功地建成生态文明绿色强国。

---

① 齐明珠、李月：《北京市城市发展与生态赤字的国内外比较研究》，载《北京社会科学》2013 年第 3 期，第 128~134 页。

② 庄贵阳、谢海生：《破解资源环境约束的城镇化转型路径研究》，载《中国地质大学学报（社科版）》2015 年第 2 期，第 1~10 页。

五、关于 "绿色经济与绿色发展丛书" 的几点说明

"绿色经济与绿色发展丛书" 是目前世界和中国规模最大的绿色社会科学研究与出版工程，覆盖数 10 个社会科学和自然科学，是现代经济理论与发展思想学科群绿色化的开篇，故不得不说明几点：

(1) "丛书" 站在中国特色社会主义文明从工业文明走向生态文明的文明形态创新、经济社会形态创新、经济发展模式及发展方式创新的新高度，不仅探讨了中国社会主义经济的发展道路、发展战略、发展模式和发展体制机制等生态变革与绿色创新转型即生态化、绿色化发展，而且提出了从国民经济各部门、各行业到经济社会发展各领域等方面，都要朝着生态化、绿色化方向发展。为建设社会主义生态文明和美丽中国，实现把我国建成绿色经济富国、绿色发展强国的绿色中国梦，提供新的科学依据、理论基础和实践框架及路径。

(2) "丛书" 力争出版 45 部，涉及学科很多、内容广泛，理论与实践问题研究较多，大致可以归纳为 4 个方面：一是深化生态文明和绿色经济与绿色发展的马克思主义基础理论研究；二是若干重大宏观绿色化问题研究；三是主要领域、重要产业与行业发展绿色化问题研究；四是微观绿色化问题研究。因此，整部 "丛书" 是以建设生态文明为价值取向，以发展绿色经济为主题，以推进绿色发展为主线，比较全面、系统地探讨生态经济社会及各领域、国民经济各部门、各行业与其微观基础的绿色经济与绿色发展理论和实践问题；向世界发出 "中国声音"，展示中国的绿色经济发展理论与实践的双重探索与双重创新。

(3) "丛书" 是新兴、交叉学科群绿色化多卷本著作，必然涉及整个经济理论与发展学说和马克思主义的基本原理与重要的基本理论问题，并涉及众多的非常重要的现实的前沿话题，难度很大，有些认识还只能是理论的假设与推理，而作者和主编的多学科知识和理论水平又很有限，因而 "丛书" 作为学科群绿色化的开篇，很难说是一个十分让人满意的开头，只能是给读者和研究者提供一个学术平台继续深入探讨，共同迎接绿色经济理论与绿色发展学说的繁荣与发展。

(4) "丛书" 把西方世界最早研究生态文明的专家——美国的罗伊·莫里森所著的《生态民主》译成中文出版。《生态民主》一书于 1995 年出版英文版，至今已有 20 年了，中国学界和出版界却无人做这项引进工作，出版中译本。近几年来，在我国研究生态文明的热潮中，很多论文和著作都提到《生态民主》一书，尤其我

国权威媒体记者多次采访莫里森，使这本书在中国有较大影响。然而，众多研究者介绍本书时都没有具体内容，既没有看英文版原版，又无中译本可读，只是相互转抄、添油加醋，就产生了一些学术误传，不利于正确认识世界生态文明思想发展史，更不能正确认识中国马克思主义生态文明理论发展史。因此，笔者下决心请刘仁胜博士译成中文，由中国环境出版社出版，与中国学者见面。在此，我要强调指出的是莫里森先生所写中译本序言和该书一些基本观点，并不代表我作为"丛书"主编的观点，我们出版中译本是表明学术思想的开放性、包容性，为中国学者深入研究生态文明提供思想资料与学术空间，推动社会主义生态文明理论与实践研究不断创新发展。

（5）"丛书"的作者们在梳理前人和他人一些与本领域有关的思想材料、引用观点时，都尽可能将原文在脚注和参考文献中一一列出，也有可能被遗漏，在此深表歉意，请原著者见谅。在此，我们还要指出的是，"丛书"是"十二五"国家重点图书出版规划项目，多数书稿经历了四五年时间才完稿，有的书稿所引用的观点和材料是符合当时实际的。党的十八大后，党和政府对市场经济发展进程中出现的某些经济社会问题，认真地进行治理并有所好转，但在出版时对书稿中过去的材料未作改动，把它作为历史记录保留在书中，特此说明。总之，"丛书"值得商榷之处一定不少，缺点甚至错误在所难免，故热切盼望得到专家指教和广大读者指正。

刘思华

2015 年 7 月

目　录

第 1 章　绪论 1

1.1　绿色医药概论 1

1.2　绿色医院概论 13

1.3　发展绿色医学　破解医改难题 30

第 2 章　绿色医药生产 35

2.1　绿色传统医药生产 35

2.2　现代绿色医药的研发与生产 48

2.3　绿色医药包装 55

2.4　积极发展绿色新医药学 64

第 3 章　绿色医药营销 72

3.1　绿色医药营销的兴起 72

3.2　绿色医药广告 88

3.3　绿色医药供应链 101

第 4 章　绿色医药利用 113

4.1　绿色医药利用状况 114

4.2　特殊场域绿色医药利用 124

4.3　特殊人群绿色药品利用 134

第 5 章　绿色医院建设与发展 ·· 147

　　5.1　绿色医院规划与设计 ·· 147

　　5.2　绿色医院建设 ·· 155

　　5.3　德国绿色医院发展借鉴 ·· 169

第 6 章　绿色医院服务 ·· 184

　　6.1　绿色医院医疗服务 ·· 184

　　6.2　绿色医疗保障服务 ·· 193

　　6.3　绿色医院后勤服务 ·· 198

　　6.4　古巴绿色医疗发展与借鉴 ······································ 204

第 7 章　绿色医院管理 ·· 213

　　7.1　绿色医院管理体制 ·· 213

　　7.2　绿色医院运行机制 ·· 219

　　7.3　安徽医科大学绿色医院管理的创新实践 ·························· 233

第 8 章　马克思主义观点下的绿色医学发展 ······························ 236

　　8.1　医疗危机与绿色医学的发展 ···································· 237

　　8.2　绿色医学发展的马克思主义分析 ································ 239

　　8.3　绿色医学发展展望 ·· 240

　　8.4　结语 ·· 241

参考文献 ·· 247

后　记 ·· 259

Contents

Chapter 1   Introduction.. 1

   1.1   Outline of Green Medicine 1

   1.2   Outline of Green Hospital.. 13

   1.3   Developing Green Medicine and Tackling the Difficult Problem of

       Health Care Reform 30

Chapter 2   Green Pharmaceutical Production 35

   2.1   Production of Green Traditional Medicine 35

   2.2   Modern Green Medicine's Research and Production 48

   2.3   Green Pharmaceutical Packaging.. 55

   2.4   Developing Green and New Medicine Actively 64

Chapter 3   Green Pharmaceutical Marketing 72

   3.1   Rise of Green Pharmaceutical Marketing 72

   3.2   Advertisment of Green Pharmaceuticals... 88

   3.3   Supply Chain of Green Pharmaceuticals....................................... 101

Chapter 4   Green Medicine Utilization 113

   4.1   Development of Green Medicine Utilization.................................. 114

   4.2   Green Medicine Utilization at Special Sites 124

   4.3   Special Groups' Green Medicine Utilization................................. 134

Chapter 5   Green Hospital Environment 147

    5.1   Green Hospital Planning and Design 147

    5.2   Construction of Green Hospitals 155

    5.3   References of the Development of Green Hospitals in German 169

Chapter 6   Green Hospital Service 184

    6.1   Green Hospital Medical Service 184

    6.2   Green Healthcare Insurance Service 193

    6.3   Green Hospital Logistic Service 198

    6.4   Development of Green Medicine in Cuba and Its Implication to China 204

Chapter 7   Green Hospital Management 213

    7.1   Green Hospital Management System 213

    7.2   Green Hospital Operating Mechanism 219

    7.3   Green Hospital Management and Innovation Practice of Anhui
Medical University 233

**Chapter 8   Epilogue：Development of Green Medicine in Perspective of
Marxism** 236

    8.1   Medical Crisis and the Development of Green Medicine 237

    8.2   Marxist Analysis of the Development of Green Medicine 239

    8.3   Prospects of Green Medicine Development 240

    8.4   Conclusions 241

References 247

Postscript 259

第1章

绪 论

　　医药和医院直接关系人民群众的健康。绿色医药的研究与发展，可以使我们更多了解合理用药的知识，更加关注生命健康，更加意识到药品污染的危害性，从而减少药品污染和药品消耗，提高人民群众的健康水平。绿色医院建设是顺应世界绿色发展潮流的必然趋势，也逐渐成为中国医院改革的重要内容。绿色医药与医院的建设与发展，是医药卫生事业与整体生态环境发展的共同需要，是美丽中国和健康中国建设的必然要求，是社会主义和谐社会建设的现实需要，它体现了人类绿色发展指数（human green development index，HGDI）的元素内涵，有助于推进医学的"绿色化"发展。而真正实现医学的"绿色化"发展，要从全面深化医药卫生体制改革和完善国家人口健康治理制度的高度，破解制约绿色医药与医院建设的体制机制障碍，逐步将其纳入法制化、制度化轨道，助推全民健康与全面发展目标的实现。

1.1 绿色医药概论

1.1.1 绿色医药的兴起和发展

　　人人都希望健康，但人人也都可能患病。一旦疾病缠身，人就会陷入痛苦、无

1

助的境地，给自己、家人与社会带来很大的麻烦。从某种意义上说，疾病与人类如影随形，一部人类社会发展史，就是一部人类与疾病的斗争史。人们患了疾病，大多只能以草医、草药或土法、土方勉强应付，甚至向巫医神汉乞求护佑。在偏远的农村地区，人们缺医少药的困境更是雪上加霜，令人苦不堪言。在这一漫长的斗争历程中，尽管世界各族人民创造出各不相同的医药技术与方法，而科学的医学却是如此地姗姗来迟，以至于到 20 世纪 30 年代才开始出现，至今不过七八十年的时间。医学因此被视为"最年轻的科学"。1928 年，英国细菌学家弗莱明发明青霉素，标志着抗生素时代的到来。抗生素的发明，挽救了无数垂危的生命，为人类的健康作出了巨大的贡献。但抗生素的广泛应用在抗菌治病的同时，也给人的机体内环境带来了新的污染和微生态破坏。随着各种各样抗生素的出现，滥用抗生素的现象十分突出。如再不引起各方面的重视，将会出现令人难以想象的被动局面[1]。

2003 年，WHO 公报发表题为 *Potential Impact of Pharmaceuticals on Environmental Health* 的文章，是倡导研究现代医药污染与浪费问题的主要文献。该文指出：有一组种类繁多的化学合成物有严重的潜在危害，却没有像环境污染物那样得到人们应有的关注，制药业引起的环境问题较为严重[2]。

我国已成为全球最大的化学原料药生产国和出口国，同时作为世界第二大 OTC（非处方药）药物生产国，制药业在对我国经济社会发展作出重要贡献的同时，也客观存在着能耗高、污染大、资源浪费严重、结构不尽合理等诸多严重问题。据 2010 年 2 月环境保护部发布的《全国污染源普查公报》，在工业污染源主要水污染物中，医药制造业赫然位居 COD（化学需氧量）排放量最前的 7 个行业之列；制药工业占全国工业总产值的 1.7%，而污水排放量却占到 2%…… 更为严峻的是，氨氮已经成为"十二五"期间继 COD 之后又一个新的严格控制并强制减排的约束性指标，作为氨氮排放大户之一的制药行业已经成为各级环保部门关注与监管的重点、焦点，也是难点。当前，随着我国产业结构转型升级，我国制药行业正面临加快产业转型的机遇与挑战。由各地医药行业协会、近 20 家医药企业发起成立的"全国制药行业绿色企业联盟"在其章程中就指出，"要实现全行业的绿色发展、可持续发展，为我国人民健康和环保事业作出应有贡献"[3]。因此，我国制药行业的绿色发展迫在眉睫[4]。

医药与人民群众的健康密切相关。而被人们随意丢弃到大自然中的过期或剩余药品会污染土壤和水源，其对环境的危害一点也不亚于废旧电池。由于药品的污染性强，它已被明确列入《国家危险废物目录》。当今健康与环保越来越成为时代的关注热点。由过期药品所引起的事故层出不穷，而且药物流入自然环境中，污染土壤和水源，破坏生态系统，对人类的生存健康造成严重的威胁。美国的一项调查显示：43%的美国人有随意将水剂药物倒入排水系统的习惯，导致美国大部分内陆湖泊出现药物污染，生态学家在水中找到镇静剂、避孕药、抗生素等 100 多种药物的成分，许多鱼类出现变性现象，不仅是鱼，环境中的激素类药物污染，也使欧美等国家男性的生殖能力下降了一半。中国人每天向自然环境中排放的药物或许更多，我们也正面临着药物污染的威胁。经调查发现，大部分人对于有关药品的环境危害、过期或剩余药品如何处理，合理、正确用药，定期处理家庭小药箱，药品回收等方面的知识了解其少。因此，如何处理过期或剩余药品，加强相关知识的普及，完善药品回收体制等绿色医药发展措施，已经是刻不容缓。绿色医药可以使我们更多了解合理用药的知识，更加关注生命健康，意识到药品污染的危害性，从而积极致力于减少药品污染的发生。

从药品行业发展本身看，我国药品行业目前存在的主要问题有[5]：

1.1.1.1　结构不合理

（1）药品企业结构不合理。虽然全面实施 GMP（《药品生产质量管理规范》）和 GSP（《药品经营管理规范》）认证，淘汰了一批落后的药品企业，但医药企业多、小、散、乱的问题仍未得到根本解决，具有国际竞争能力的药品企业仍然十分少。2008 年，全国医药工业企业有 4 500 家左右，其中小型企业占 80%以上。从人均产值来衡量，我国大型制药企业人均产值不足 30 万元，远低于先进国家水平。据中国医药商业协会统计，我国 3 152 家医药商业企业中，年销售额 5 000 万元及以上的重点企业仅 500 余家，而亏损企业高达 1 482 家。目前，我国医药龙头企业年销售额维持在百亿元左右，与全球医药巨头 400 亿～500 亿美元的业绩相比，差距甚远。

（2）产品、技术结构不合理。国内药品企业仍集中生产一些比较成熟、技术要求相对较低的仿制药品或传统医疗器械产品，同品种生产企业数量众多，产能过剩，重复生产严重，缺乏品种创新与技术创新，专业化程度较低，协作性也较差，医药产品同质化竞争日益加剧。以市场销售额最高的抗感染药为例，注册生产阿莫西林的企业就多达 300 余家，注册生产头孢他啶、头孢曲松等产品的企业也超百家。截至 2005 年 12 月 26 日，注册生产一类新药加替沙星的企业已达 77 家。维生素 C 等老产品也出现盲目扩大生产规模的问题，产品价格一降再降，甚至处于亏损边缘，影响其可持续发展。

1.1.1.2 创新能力弱

药品企业研发投入偏少、创新能力较弱,一直是困扰我国医药产业深层次发展的关键问题。2005 年,我国整体医药行业研发投入占销售收入比重平均仅为 1.02%,除个别企业在 5%以上外,大部分企业的研发投入比重都处于非常低的水平。

目前,我国医药研发的主体仍然是科研院所和高等院校,大中型企业内部设置研发机构的比重仅为 50%。同时,在以市场为导向的制药企业中,科研人员主要从事的是技术改造工作,由于人才评价机制和激励机制不健全,在经济利益的驱使下,还存在科研人才向经营领域分流的现象,使精心培养的科研人员未能成为新药开发和技术创新的中坚力量,医药技术创新能力不足。

由于缺乏医药研发专业技术人才和科研配套条件,大部分药品企业无法成为医药研发的主体,使一些关键性产业技术长期没有突破,制约了医药产业向高技术、高附加值深加工产品领域延伸;产品更新换代缓慢,无法及时满足市场的需求。由此造成我国的医药产品在国际医药市场分工中处于低端领域,国内市场的高端领域也主要被进口或合资医药产品占据,造成药价趋高和群众看病贵问题。

1.1.1.3 医药卫生体制改革滞后

目前,我国的基本医疗保险制度改革、医疗体制改革和药品流通体制改革尚未形成可操作的协调与持续发展机制,医保无法对医院用药发挥制约作用,致使用药不合理,市场竞争无序;同时,在目前医药不分家、医院处方外放难的情况下,医院药房仍然占据药品消费市场的绝对垄断地位,这也是造成药价趋高和群众看病贵问题的重要根源。

1.1.1.4 缺乏国际认证的医药产品和国际市场运作经验

医药是特殊的产品,各国政府对此类产品的市场准入都有非常严格的规定和管理,但我国的大部分化学原料药产品并没有取得国际市场进入许可证。在药品生产过程管理和质量保证体系方面,我国与发达国家仍有一定的差距,通过国际认证的医药厂家和医药产品寥寥无几。国内医药企业普遍缺乏具有国际药品市场运作经验的专业技术人才,医药产品国际化市场运作能力严重不足。

虽然我国化学原料药的出口份额较大,但通过国际市场注册和认证的产品却不多。2004 年年底,我国取得欧洲 COS(certificate of suitability,药典适用性认证)和美国 DMF(drug master file,药物管理档案)注册认证的产品仅为 60 个和 192

个，仅约占全球总量的 3.6% 和 4.3%，绝大部分产品仍以化工产品形式进入国际市场。例如，我国大量出口到印度的青霉素工业盐，是经过印度进一步深加工后，才以药品的形式进入欧美市场，经济效益较差。而且，由于东西方文化背景、中西医理论体系的差异，我国传统的中医药产品由于缺乏国际通行标准，尚未建立起一整套既符合中药特色，又符合国际规则的质量检测方法和质量控制体系，丰厚的绿色中药资源优势并没有充分地发挥出来。

1.1.1.5 医药行业能耗大、污染严重及资源浪费突出

医药行业是我国环保治理的 12 个重点行业之一，"三废"处理、环境保护的压力，随着我国人民群众对环境问题关注度的日益提高而不断加大。我国大部分化学原料药生产能耗较大、环境污染严重、附加值较低。传统中药资源保护相关法规建设滞后，中药材的种植及生产方式较落后，缺乏必要的组织，也没有形成一定的规模，生产种植过程中缺乏必要的市场引导，致使中药材的开发利用一直处于无序状态。一方面，野生药材资源的过度开采，导致部分药材品种达到濒危的程度，甚至将要灭绝；另一方面，因为盲目种植，导致部分药材品种大量积压，造成巨大的资源浪费。大量的中药材以初级产品的形式并以极低的价格出口，既损害了国家和药农及相关营销人员的利益，又不利于传统中药材行业的持续健康发展。

综上所述，为了促进人们健康水平的提高，我们既要加快医药产业的发展，又不能让医药产业的生产、营销和使用过程及它的产品破坏环境、贻害子孙。这正是当前医药行业所面临的巨大挑战和必须承担的历史责任。21 世纪呼唤绿色文明和绿色消费，绿色医药也要紧跟绿色发展的时代潮流；人们对医药的观念也逐渐发生转变。因此，绿色医药的发展是医药产业生产、营销和使用过程转型升级的迫切需要。

1.1.2 绿色医药的概念与内容

目前，关于"绿色医药"的定义不尽统一。当今世界的医药大体可分为三大类，分别用白、红、绿三种颜色代表。"白色医药"是指以化学药物为主的医药；"红色医药"是指手术、应用血制品等为代表的医药；"绿色医药"是指在传统医药基础上发展起来的自然、无副作用、无污染、无创或微创的医药[6]。"绿色医药"有狭义和广义之分。狭义的"绿色医药"，主要是指绿色制药，其特征是它所考虑的药品生产路线与一般的传统生产路线不同，它把减少污染作为设计、筛选药品生产工

艺的首要条件，研究和发展无害化清洁药品生产工艺，即以低消耗（物耗和水、电、汽、冷的消耗及工耗等）、无污染（至少低污染）、资源可再生、废物综合循环利用及易分离降解等方式实现医药生产，达到"生态"循环和"环境友善"及清洁生产的"绿色"结果[7]。广义的"绿色医药"除了包括绿色制药内涵以外，还包括绿色传统医药、绿色医药利用、绿色医药营销等多方面。理想的绿色医药应通过发展以无污染、合理、充分利用资源为主要特征的绿色原理，以治愈或缓解病痛、环境无害和发展经济为主要目标，并在医药的流通、使用、处理的过程中，做到安全、无害、适宜、无污染，促进人类健康水平提升。

根据以上绿色医药的相关定义，绿色医药的发展包括以下一些主要内容：

1.1.2.1 发展绿色传统医药

在漫漫的历史长河中，在人类与疾病的斗争过程中，由于民族性（文化、宗教、风俗、习惯等）、地域性（民族居住地）的不同，世界不同地区、不同民族都积累了极其丰富、又各有异同的医药应用经验，形成了不同的传统医药体系[8]。

随着经济与生活水平的不断提高，人们防病治病和营养保健的意识也不断增强，人类对传统医药资源、生态和环境的压力越来越大，科学技术的发展又使人类多方位开发利用传统医药资源的能力和范围不断扩大，国内外传统医药需求量逐步增加，生态、环境受工业"三废"污染日趋严重，生物循环的正常结构被打乱，特别是为了传统医药的稳产、高产，广泛使用化肥、农药，不仅污染了大气、水体、土壤，而且直接影响到传统医药的质量安全，带来生物物种多样性减少、传统医药品质下降、生态失衡等一系列严重问题，造成了传统医药资源内在的不可持续性和不稳定性。

目前，我国中医药事业发展和中药现代化、国际化面临的重大难题之一，就是中药材的质量问题。发展绿色中药材，是我国中药现代化、国际化的重要组成部分和重要方向。我们必须认真总结和发掘传统中药农业的技术精华，借鉴现代生态农业的建设经验，积极发展绿色中药材，这不仅有利于保护我国生态、环境、中药资源，发展中医药经济，解决中药安全和人类健康问题，而且有利于促进传统中药向现代中药转化，加快中药市场化、现代化、国际化进程，突破中药贸易国际"绿色壁垒"对我国中医药事业发展的"瓶颈"制约，发挥优质中药材出口创汇的比较优势，最终实现中药资源的可持续发展，实现人口健康水平和经济发展水平的"双赢"。

从国际市场来看，绿色标准已成为我国中药贸易的壁垒。我国中药材要进入国际市场并占有一定的市场份额，着实提高中药材的品质，主动获得有关质量认证，是关键的一步。从国内市场看，中药材市场准入制度已在国内药市逐步推行。今后，中药材要顺利进入国内市场，必须首先通过中药材 GAP 认证这一关。目前，中药的质量安全不仅仅是一个单方面的中药行业本身的问题，而且它直接关系到农民增收和整个中医药事业发展的前途问题。因此，加快绿色中药材生产，为城乡居民提供优质、安全、无污染的药用原料，既是我国新时期经济社会发展的要求，更是中药资源乃至整个中医药事业可持续发展的重要出路。如何解决好中医药事业发展及其相关生态、环境污染问题，实现中药资源可持续发展，成为摆在我们面前亟待解决的难题。绿色中药材产业的兴起和发展，无疑为解决这一难题提供了一种比较成功的模式和发展路径。

绿色传统医药最显著的特点，是能够合理利用自然资源和注重环境保护。发展绿色传统医药，不仅是实现合理利用中药资源和环境保护的需要，而且是协调经济、社会、生态三大效益，实现生态、环境与传统医药资源可持续发展的重要举措和重要保障，是构建传统医药资源可持续发展体系的重要组成部分。我们必须抓住当今世界以生物防治为基本手段的无污染新技术的研究，大力推广应用无公害生产技术，大力传播绿色发展观念，强化相关绿色发展措施，在传统生产过程中有所创新，有所发展，促使传统医药优质高产，做大做强传统医药产业，加快我国中药现代化、国际化的进程，为把我国建设成传统医药强国奠定坚实的基础[9]。

1.1.2.2 促进绿色医药研发与生产

绿色制药工艺是以研究和发展生产 API（药物活性成分，是一种原料药）为目标，并通过发展高效、合理、无污染的绿色化学，推行清洁药品生产达成该目标；以环境和谐、发展经济为目标，创造出环境友好的先进药品生产工艺技术，实现制药工业的"生态"循环和"环境友善"及清洁生产的"绿色"结果。概括而言，现代制药工艺的绿色化，其研究范围主要是围绕原料、化学反应、催化过程、溶剂使用、分离纯化和产品的绿色化来展开的（图1-1）。

为了药品生产工艺的绿色化，药品生产合成路线有时需要重新设计。实现制药工艺的绿色化，主要需要改进以下方面：消除基团的保护和脱保护；不对称催化氧化；生物酶促反应；无金属涉及的手性相转移催化和有机催化等方法和技术[10]。

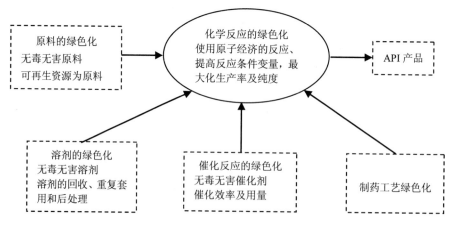

图 1-1　绿色制药工艺研究的范围

1.1.2.3　推进绿色医药营销

在全球以保护人类生态环境为主题的"绿色浪潮"中，广大消费者逐步意识到其生活质量、生活方式正在受到环境恶化的严重影响。因此，人们日益强烈的绿色消费欲望不仅对现代企业生产，同样对现代企业营销提出了巨大的挑战。作为国民经济支柱产业之一的医药保健品行业在追求利润的同时，如何以绿色营销的理念引领医药事业可持续发展步伐，抢抓绿色消费创造的市场商机，成为摆在医药企业面前的一个新课题。

绿色营销，又称环境营销、健康营销，是企业以维护生态平衡、实现环境保护为经营管理前提，以创造绿色消费、满足消费者的健康需求为重要目标，以绿色革命的宗旨对产品和服务进行构思、设计、制造和销售的市场营销行为。绿色营销中实际蕴藏着无限的商机，但绿色营销能否成功实施，在很大程度上取决于绿色营销渠道是否畅通。畅通的绿色渠道，既关系到绿色营销的成本，也关系到绿色产品在消费者心目中的定位。从绿色交通工具的选择、绿色仓库的建立，到绿色装卸、运输、贮存等管理办法的制定与实施，等等，都要做到有章可循，有据可依，这是绿色营销渠道的基本前提，药品生产企业都应认真对待，做好全面质量管理。例如，为避免某些药品中的黄曲霉素超标问题，药品生产企业在采收药材后，必须及时干燥，有条件的要进行冷藏，并保证药材运输和贮存过程中不受潮变质，确保药品质量在运输和贮存过程中不下降。

总之，建立绿色医药营销渠道，有以下几方面的工作值得努力[11]：①选择关心环保、服务社会，在消费者心中具有良好绿色信誉的中间商，以便借助该中间商的绿色理念，及时普及绿色药品知识，打开绿色药品的市场和维护绿色药品的形象。②以回归自然的装饰为标志，设立绿色药品专营机构，或建立绿色药品专柜，推出系列绿色药品，以产生示范引导效应，便于消费者关注、识别和购买。③要合理设置药品供应配送中心和简化药品供应配送系统及环节，尽量采用无铅油料、有污染控制装置以及能耗少的运输工具进行药品供应配送。④建立全面覆盖的绿色药品销售网络，既要注重在国内各大中城市设立窗口，开通绿色通道，不断提高市场占有率；又要注重在国外通过开辟运输航线，设立境外办事机构，通过开办直销窗口等途径，增强绿色药品的市场辐射力和吸引力。⑤在选择药品经销商时，还应注意该经销商所经营的非绿色药品与绿色药品的相互补充性和非排斥、非竞争性，以便药品中间商能产生推销绿色药品的积极主动性。

1.1.2.4　倡导绿色医药利用

我国药品领域大致包括药品研究、药品生产、药品流通、药品使用 4 个环节以及与这 4 个环节紧密配套的管理环节，其中药品使用环节的主体是患者以及各级医院[12]。世界卫生组织提供的一组最新资料显示，全球有近 1/7 病死者的死因，不是自然固有的疾病，而是不合理用药，如儿童用药"成人化"现象严重，特别是抗菌药的不合理应用情况、过度使用静脉输液等问题，则更为严重。这表明，药品质量管理方面所存在的问题越来越突出，由此所引起的后果也越来越严重。近年来，人们对抗菌药物的过分依赖和滥用，使耐药菌株得以迅猛增长，已成为与耐药结核菌、艾滋病病毒相并列的、对人类健康构成威胁的三大病原微生物之一；维生素类药物的不合理使用也变得越来越严重，超量和滥用现象层出不穷；中药制剂和生物合成药物的不合理使用，不但增加了疾病的治疗难度，还给病人增加了沉重的经济负担[13]，与绿色医药利用理念背道而驰。

随着社会经济的发展和人民生活水平的提高，人们的健康需求和法律维权意识显著增强，患者对医疗服务和医疗质量的要求也越来越高，特别是在药品使用和管理方面更是达到了精益求精的地步。另外，用药难、用药贵也一直是困扰广大人民群众看病就医的主要问题之一，医患之间的不信任以及药品行业的潜规则等问题，更加恶化了如今我国日益紧张的医患关系，对医疗行业持续健康发展与社会和谐稳定造成了非常不利的影响。在这样的背景与形势下，大力倡导绿色医药利用，已刻不容缓。目前，虽然这方面的讨论和研究比较多，但真正起到实质性作用的却很少，目前医疗服务质量水平与人民群众健康需求目标仍然存在一定的差距，这是当前医疗卫生服务行业所面临的难点和焦点，也是亟须深化医药卫生体制改革的原因。因此，发展绿色医药，需要重视药品的绿色使用，绿色医药使用有十分重要的现实意义，主要体现在：

（1）体现"以人为本"的现代药物治疗学思想。医药绿色使用的直接目标，是保护患者和药品使用者的切身利益，降低和减少药品费用，在医疗服务环节和终末水平上提高医疗质量，充分发挥医疗卫生资源的作用，降低医疗服务成本，以期达到"低成本、广覆盖"的医疗卫生改革政策目标。

（2）维护新药的"健康生存"。药物是人类防治疾病，维护自身健康，保持世代生生不息的重要物质基础。迄今为止，在对疾病的治疗中，绝大部分疗效是通过药物获得的。为了人类的生存和健康发展，不仅要研制更多、更有效的药物，而且应当注重医药绿色使用，让其发挥应有的生物医学效益、社会效益和经济效益。

（3）缓解药物资源供需矛盾。药物是维护人类身心健康必不可少的宝贵资源。药物在来源上和人均占有量上，一直属于稀缺的物质资源。随着社会的发展，医疗卫生保健水平不断提高，人们对药物的需求量必然激增，无论品种、数量、质量，还是用药水平，社会的总需求都远远超过社会的总供给能力。用药的需求与供给矛盾突出，必然导致药品资源在全社会分配的不平衡，久而久之，必然引发更大的社会矛盾。注重绿色医药利用，是缓解药物资源供需矛盾的有效措施。

（4）保护生态环境。随着人类使用的药物种类和数量不断增加，药物对自然和生态环境的影响已不容忽视。例如，滥用抗生素的后果，是产生大量耐药的致病菌，破坏人体微生态中的正常菌群平衡，人为制造出许多人类的天敌，结核病发病率和死亡率上升，这些都是药物滥用给人们的严重警告。这些影响是潜在但却蕴藏巨大危险的，必须引起我们的高度警惕。至少在医药领域，我们应当把药物资源的绿色利用提高到像保护水源、保护大气层的高度加以切实重视，使药物资源的绿色利用深入实践、深入人心。

绿色医药利用的内容主要分为以下几个方面：

（1）不同场域的绿色医药利用。

☞ 临床绿色用药：临床绿色用药可参考 WHO 合理用药专家委员会在 1985 年就临床合理用药做出的定义：恰当选定用药适应证，个体化确定用药剂量和保证足够用药，用药对患者和社会所产生的经济负担应当最低。由此得出临床合理用药的如下标准：正确选定临床用药的适应证；所用药品对受治患者而言，应具备有效、安全、适当和经济四个要素；个体化确定用药剂量、用法和疗程；受治患者应无所用药品禁忌，力求用药对受治患者引发药品不良反应的可能性最低；药物调制适当，并提供适合患者阅读的有关药品资料；患者对治疗用药应有良好的依从性[14]。

☞ 家庭绿色用药：家庭绿色用药主要包含以下几点：购买药品要到合法的医疗机构和药店，注意区分处方药和非处方药，处方药必须凭执业医师开具的处方购买；阅读药品说明书是正确用药的前提，特别要注意药物的禁忌、慎用、注意事项、不良反应和药物间的相互作用等事项。患者如有疑问，要及时咨询药师或医生；处方药要严格遵循医嘱，切勿擅自使用，特别是抗菌药物和激素类药物，不能自行调整或停用；任何药物都有不良反应，非处方药长期、大量使用，也会导致不良后果，患者用药过程中如有不适，要及时咨询医生或药师；药品存放要科学、妥善，防止因存放不当导致药物变质或失效，慎防儿童及精神异常者接触药物，一旦误服、误用，要立即携带药品及包装就医；接种疫苗是预防一些传染病最有效、最经济的措施，国家免费提供一类疫苗；保健食品不能代替药品。

（2）特殊人群的绿色医药利用。

第一类特殊人群是儿童，儿童用药要特别注重绿色化使用。

儿童是一类特殊的用药人群，其身体正处于生长发育阶段，各器官发育尚未成熟，肝肾的解毒和排毒功能及血脑屏障的作用也不健全，各种调节功能尚不稳定，其大多数的药动学及药效学与成人有着显著的区别，而且在不同的阶段对药物的反应也不一样。同时，儿童对疾病的易感性强、应激能力低，加之对药物反应敏感，儿童不合理用药所带来的危害会更大。因此，必须严格掌握儿童合理用药的原则，以减少药品不良反应（ADR）的发生[15]。儿童绿色用药包括如下原则[16]：

☞ 正确诊断及选择合理药物：正确诊断是合理用药的重要前提。应科学地、有针对性地选择药物，避免药物滥用、错用，以减少儿童 ADR 的发生。例如，通过血常规、细菌培养和药敏试验，确定儿童是细菌感染还是病毒感染，以及是何种细菌或病毒感染，从而有针对性地选择抗感染药物对其进行治疗。

☞ 选择合适药物剂量：药物剂量选择不当是儿童 ADR 发生的主要因素之一。

小儿对药物的分布、吸收和代谢与成人有着显著的区别，其剂量可以根据成人的剂量进行换算，多数仍按年龄、体质量或体表面积来计算小儿用药剂量，这些方法各有其优缺点，临床上可以根据小儿的具体年龄、体质虚弱程度、病程久暂、病势轻重及药物的性质和作用强度等选择不同药物的剂量计算方法。

☞ 选择适当的给药途径：儿童给药途径有吸入、口服、肌肉注射、静脉注射、皮下注射、肛门直肠注入，等等。稍大的儿童一般尽量口服，不能口服的可考虑采用其他途径。由于不同剂型、不同给药途径所起的疗效不尽相同，因此正确的给药途径对确保药物吸收、发挥作用是至关重要的。给药途径应根据儿童患者病情轻重缓急、用药目的及药物本身的性质加以决定，特别不宜滥用静脉注射的方式。

☞ 选择恰当的给药时间：由于疾病的种类、用药的目的、药物的性质和作用等有很大差别，要想取得理想的药效，服药的时间也是很重要的。例如，儿童常用的驱虫药宜在清晨空腹或睡前服，以便使药物迅速入肠，保持较高的浓度，有利于杀灭寄生虫；消化药可在饭时或饭前服用，以使其及时发挥药效；刺激性药物可在饭后 15～30 min 服用，以避免对胃产生刺激。

第二类特殊人群是孕产妇，孕产妇用药也要特别注重绿色化使用。

处于孕产期的妇女，其身体各系统发生了一系列的变化，药物代谢也发生了动力学的变化。此时的合理用药及相关药品的绿色化使用，对母婴的安全至关重要。孕产期妇女用药，不但要保证对孕产妇本身不能有任何的不良反应，而且还得保证子宫内的胚胎、胎儿或者新生儿的健康安全。因此，处于孕产期的妇女用药必须进行充分的用药咨询。用药咨询是药师与医师、患者三者之间交流的主要方式。通过正确的用药咨询，可以有效降低胎儿畸形、先天性死亡、流产等不良后果的发生率，减少新生儿的出生缺陷，提高其身体素质[17]。

第三类特殊人群是老人，老年人用药更要特别注重绿色化使用。

老年人具有特殊的病理、生理特点和药物效应动力学、药物代谢动力学过程，加上老年人用药依从性不佳以及处方中可能存在的诸多问题，开展老年人合理用药评估，主要应包括：制定老年人高风险药品目录，提出高风险药品的风险点和防范措施，建立合理用药评估体系，保证老年患者的用药安全是十分必要的。由于记忆力减退等原因，老年人常不能遵照医嘱按时服药，依从性较差，特别是老年人经常罹患多种疾病，往往需要同时服用多种药物。而多种药物联合服用时，如果不加以充分注意，更易发生问题。因此，老年人用药种类宜尽量减少，尽量避免联合用药，疗程应简单，给药方法一定要交代清楚，以求病人充分理解与记忆，达到遵照医嘱按时按量服药的基本要求。生活不能自理的居家老年病人应在监护人的看护下遵照医嘱按时按量服药。

1.2 绿色医院概论

1.2.1 绿色医院的起源、定义

1.2.1.1 绿色医院的起源

当今世界，能源危机、环境污染日益严重，绿色理念由此已经被国际社会广泛接受。从 20 世纪后半叶起，绿色思潮逐渐成为国际社会思潮的主流，先后召开的人类环境会议、联合国环境与发展大会，唤起了各国政府和社会大众对环境问题的关注，使"绿色"理念、可持续发展思想，由理论变成了各国的行动纲领和相关计划措施。

从国内的"绿色发展"形势来看，我国同世界其他国家一样，正面临着资源能源相对不足、生态环境日益恶化的挑战，我国对于绿色发展的重视程度也在不断提高。在 2011 年的"十二五"规划中，国家不仅首次提出"绿色发展"的概念，而且专门用一篇的内容，即《第六篇 绿色发展 建设资源节约型、环境友好型社会》来单独阐述"绿色发展"问题，这充分显示了政府在坚持科学发展、推动绿色发展方面的决心与信心[18]。党的十八大报告在强调生态文明建设的重要性时指出："建设生态文明，是关系人民福祉、关乎民族未来的长远大计"，这一论断是基于我国面临的"资源约束趋紧、环境污染严重、生态系统退化的严峻形势"而得出的科学结论。因此，在当今世界如何通过绿色发展推进生态文明建设，不仅是我国今后一段时期需要重点研究解决的问题，也是世界各国或者说全人类需要共同应对的一个严峻挑战。

从环境与健康关系的角度来看，全球的医院普遍面临着一个现实的巨大挑战：医院在医疗服务过程会产生一些新的健康问题。医院是治疗疾病的场所，其特殊的

服务救治功能，对环境健康有着更高的要求，而功能的特殊性又增加了医院系统与环境的复杂关联[19]。医院作为资源密集型行业，由于其产生的废弃物影响了周围环境卫生，各种污染反而有可能加重患者面临的危险，从而一定程度上动摇了其在卫生领域的传统角色定位。据报道，英国医院每年的 CO_2 排放量高达 2 100 万 t。1990年至今，英国医疗行业的 CO_2 排放已经增加了 40%。英国全民医疗保险所属的机构每年的 CO_2 排放约为 1 800 万 t，占公共行业总排放的 25%，仅处理报废药物一项每年就会产生 2.2 万 t 的 CO_2 排放。美国医学协会的报告也显示，美国医疗行业的温室气体排放约占美国排放总量的 8%，医疗建筑的能源消耗在商业服务业当中排名第二，单位面积能耗相当于传统办公建筑的两倍，平均每年耗资 85 亿美元用于患者对各类能源的需要。更有甚者，美国的医疗卫生行业还是化学品的最大消耗者，其中许多化学品都是致癌物质。德国 Viamedica 基金会的研究也同样表明，医院每张床位的能耗大致相当于 3 座新建房屋的能源消耗[20]。在我国，虽然目前还没有关于医疗行业 CO_2 排放的准确数据，但国外的专家估计，我国医疗卫生行业每年用于基本建设的资金超过了 100 亿美元，而且以每年 20% 的幅度增长[21]。

根据原卫生部的相关统计资料，截至 2012 年 11 月底，全国医疗卫生机构数达 96.1 万个，其中医院 2.3 万个，与 2011 年 11 月底相比，全国医疗卫生机构增加 13 937 个，其中医院增加 1 229 个。纵观我国过去几年医院的发展趋势，可以发现许多大中型医院在发展过程中都非常重视医院规模的扩大，从医院工作用房的建设，到医院病床数，再到大型医疗设备的配套购进，无不体现着医院规模的不断扩张。不可否认，医院数量与规模的不断扩大，对于解决当前人民群众看病难、住院难的矛盾具有重要的积极意义。但是，在硬件环境改善的同时，医院的运行成本迅速提高，能耗迅速增长，医院所面临的绿色发展形势不容乐观。

面对上述问题，世界各地的医院管理者在减少自身对环境卫生的不良影响方面进行了一些尝试。欧盟的"医院健康促进网络"开发了医院可持续发展的评价标准。世界卫生组织开展了以"绿色经济中的卫生"为主题的活动，重点是减少医疗卫生行业的排放对气候的影响[22]。2003 年 12 月，美国医疗行业提出了世界上第一个针对医疗建筑的可量化的绿色设计与评价标准。在全球绿色发展进程中，我们可以发现，推动"绿色医院"建设，是顺应世界绿色发展潮流的必然趋势，绿色医院的发展已成为中国医院改革的重要一环[23]。因此，将绿色发展思想与医院自身发展相结合的绿色医院发展模式，是医院发展与整体生态环境发展的共同要求，它顺应了绿色发展的要求，是时代发展的必然要求，也是构建和谐社会的需要[24]。

1.2.1.2 绿色医院的定义

目前，国内外对"绿色医院"尚无统一的定义。美国把"绿色医院"定义为已主动采取以下措施的医院：选择一个环保网站，利用可持续和高效的设计，使用绿色建筑材料和产品，施工过程中考虑绿色和保持绿化处理方法，医院设施绿色化，使用可回收、再利用的材料，减少浪费，并保持更清洁的空气构成[25]。Asklepios 医院集团是位于德国、欧洲最大的健康服务联盟和私营连锁医院运营集团之一，Wolfgang Sittel 博士作为 Asklepios 医院集团建筑设计主管和 Asklepios 绿色医院项目的创始者，在一次报告中明确提出，绿色医院包含四个关键领域：绿色医疗、绿色病人、绿色建筑、绿色医疗信息。绿色医院项目不仅仅涉及能源供应、空气污染、疾病预防、绿色建筑、绿色医疗、废物管理等概念，而且还包括医院综合规划和管理工具的绿色整合[26]。

在我国，"绿色医院"的概念是 20 世纪末才开始出现的。国内学者在 1997 年就医院的发展方向问题进行讨论时提出了"绿色医院"的概念，要求医院要注重持续发展、优化环境、平衡生态，遵循当地自然气候、使用天然材料，做到有限增长、提高质效等，但并没有涉及医院规划、建筑、管理与服务方面的绿色发展问题[27]。随后，2003 年中华医院管理学会推出主题为"绿色医疗环境，创百姓放心医院"的全国性活动，提出"高新技术+人文关怀=绿色医院"模式，致力于实现医院环境"零污染"、医患关系"零距离"、医疗保障"零障碍"[28]。此后，吕占秀、李君明等医院管理学者对绿色医院的内涵和评价标准进行了初步、有益的探索和思考。近 10 年来，关于什么是绿色医院，其内涵和外延又是什么，国际上不同国家有不同的评价体系，国内专家也通过不断的探讨，赋予了绿色医院更为宽广、深刻的内涵，但迄今还没有适合我国国情的统一的绿色医院评价标准或评判体系[29]。

实际上，"绿色医院"也有狭义和广义之分。狭义的绿色医院，主要是指医院的硬件设施、日常运转要达到生态节能、减排和人性化的要求。从广义上来讲，绿色医院不仅是指硬件设施和日常运转的绿化，还包括医疗服务模式、诊疗技术和服务举措的绿化，包括绿色医疗的具体内容，即绿色的就诊环境、清洁的医疗、畅通的医疗服务流程、更加注重患者安全、主动减少医源性伤害、共建医患和谐等。对于广义的绿色医院来说，绿色的就诊环境固然重要，但清洁的医疗、畅通的医疗服务流程等对于广大患者更为重要、更为关键。我们在建设绿色医院过程中，应正确认识和处理好广义和狭义绿色医院之间的关系，把人民群众最为关心的绿色医疗作为建设绿色医院的核心内容。

1.2.1.3 绿色医院与传统医院的差别

近年来，随着绿色发展意识的深入人心和绿色发展实践的广泛开展，在"绿色社区""绿色学校""绿色建筑""绿色饭店"等绿色创建大潮之中，"绿色医院"的创建工作也逐渐走入公众视野。我国广西、大连、湖南、江苏等省（区）已将"绿色医院"创建工作列入绿色创建工作的行列，一批"绿色医院"陆续挂牌并开始发挥作用。那么，什么是"绿色医院"？绿色医院和传统医院究竟有哪些区别？

2003 年抗击"非典"疫情之后，创建"绿色医院"已经与医院应对突发公共卫生事件的建设紧密地结合在一起。中华医院管理学会就此曾经明确提出，要在医院中提倡"绿色医疗"，在全国医院提倡优质高效的医疗服务，营造放心的医疗环境，让安全、方便、洁净、优美、无害的医疗服务陪伴患者就医全过程，同时在医疗服务上给予患者更多的人性化关怀。

可以说，"绿色医院"是医院一个必然的发展取向。从 2003 年起，我国有关部门提出了"绿色医院"创建标准。很快，全国多家医院在医院空气的洁净、重点病区的消毒、医院感染的控制，以及医疗垃圾的处理、环保材料的运用、医院内无障碍设施的建设等方面开始进行绿色医院建设。广西南宁市从 2004 年起开展创建绿色环保医院活动，把创建绿色环保医院的最终目标确定为：确立以人为本的"大绿色理念"——绿色的医疗环境、绿色的服务模式和绿色的管理机制。

但是，我们应该认识到，在医疗行业开展绿色创建，实质性推进绿色医院建设，是一项难度较大的工作。2005 年年初，大连市环保局与市卫生局联合开展创建"绿色医院"活动。通过创建绿色医院，把绿色教育、绿色环境、绿色科技、绿色文明的理念渗透到医院的各项工作中。33 项评估标准涵盖了环境保护硬件和软件。一些医院积极开展申报，对照评估标准，找差距，逐项落实。最终，4 家大医院基本达到要求，通过了专家组的验收，成为大连市首批"绿色医院"。

2005 年年底，浙江省卫生厅和浙江省环保局联合公布杭州市第三人民医院、邵逸夫医院等 21 家医院为该省首批"绿色医院"。而评选的硬件标准就是医院绿化率大于 30%、设有残废人无障碍通道，有合格的污水处理设施、规范的医疗废弃物处置系统等。江苏省卫生部门提出，绿色医院是现代文明医院建设的必然取向，是生态环境的一项平衡工程。江苏省创建"绿色医院"的三大标准是，医疗环境的人文化、医疗服务的现代化和垃圾处理的生态化。在建设绿色医院的过程中，该省把软件建设，即医院的人性化服务，医疗技术人才的培养和引进，高新技术的掌握等和硬件建设，即医院的建筑环境、医疗设备、医疗器械的处理、垃圾的处理等结合起来。

从 2000 年起开始建设绿色医院的解放军 302 医院，从理论上把绿色医院的内涵总结为：打造"以人为本"的环保设施，创建"以人为本"的服务模式，建立"以人为本"的管理机制；树立"以人为本"的绿色理论，建立一个理解人、尊重人、关心人的人性化医疗服务模式；体现了绿色就诊流程、个性化治疗路径和人性化的爱心家园；体现了生态化、温馨化、现代化、节约化和无公害化。

事实上，从各地创建"绿色医院"的实践及其经验总结中，我们可以看到"绿色医院"和传统医院的区别，更多地集中在就医环境的"以人为本"上——从医院环境是否绿色环保，到医患关系是否体现人性化的医疗服务等，是目前"绿色医院"创建的显著标志[30]。在建设绿色医院过程中，认识和处理好广义和狭义绿色医院之间的关系，把人民群众最为关心的绿色医疗作为建设绿色医院的核心内容，仍然是一项有待深入并不断创新的工作目标。因此，纠正绿色医院发展中的一些认知上的偏差，是解放思想、更新观念的必然要求。

1.2.1.4 绿色医院发展的认知偏差

在开展绿色医院建设的过程中，有几个片面的认识应当引起医院管理者的深刻反思和高度关注[23]：

（1）对医院运行管理的绿色化重视不够。绿色医院不仅仅是医院房屋建筑和设施设备的绿化，必须确保其安全、高效、节能、环保，还包括绿色医院运行管理的各个方面，医院运行管理各个方面必须科学、规范、精细。也就是说，绿色医院建设既要搞好医院基本建设，也要搞好日常运行管理。医院建设的规划、设计、施工等，当然是创建绿色医院的基础，但在基本建设完成之后，日常运行管理的绿色化，却是绿色医院建设的根本要求。从国外的实践来看，绿色医院的运行管理被作为绿色医院建设的一个重要组成部分，而且它所涉及的范围也十分广泛。美国 2008 年版的《绿色医疗机构指南》就分为"基本建设"和"运行管理"两个部分。因此，注重医院日常运行管理的绿色化，刻不容缓。

（2）对绿色医院建设与医疗质量管理的关系认识不足。将绿色医院建设单纯地理解为绿化、美化和环境的整洁，单纯地理解为环保和节约开支，不能认识到它与医疗质量、医疗安全的关系，与改善医院经营管理、提高医院竞争力的关系，与降低卫生费用、医院可持续发展的关系。

（3）不注重因地制宜、实事求是。一些人片面地认为绿色医院建设需要高科技，而高技术的应用会增加医院运行的成本。实际上，绿色医院的概念源于可持续发展的思想，它强调实事求是和因地制宜。因地制宜应当是我国绿色医院建设的核心理念，我国幅员广阔，气候条件、地理环境、自然资源、城乡发展与经济发展、生活水平与社会习俗等差异巨大，这就要求在技术策略上要考虑医院所处的环境和医院自身的实际情况，不能照搬国外技术或者生硬地采用某种绿色技术。

（4）不注意对采购的管理。要重视对医疗设备和药品采购活动的管理，从源头上对医院的碳排放进行控制。英国全民健康保险调查的结果表明，医疗设备和药品的采购活动是医院碳排放的罪魁祸首。大约60%的碳排放来自采购，20%来自运输，另外20%来自于建筑。

1.2.2　绿色医院的内涵及建设意义

1.2.2.1　绿色医院的内涵

众所周知，"绿色"代表着生态生机，通常是一种良好的自然环境，是一种安全、可靠的象征，绿色医院不仅是环境上的"绿色"，"绿色医院"的内涵还应该包括："以人为本"的综合医疗服务，以良好的医德医风为基础的人文环境，以病人为中心的医疗质量保障体系，以国家法规为准则的环境管理方针等[31]。概括起来，"绿色医院"内涵的本质应是：安全、人性化、节能、环保、合理、高效[32]。

（1）安全性是绿色医院的基本内涵。对于医院来讲，"绿色"首先意味着诊疗行为具有很高的安全性。这里指的安全性，包括两个方面：

☞ 保证患者的安全：患者到医院求医诊治，需要得到安全性保障。主要有4个方面：①患者能够得到及时有效的诊治，特别是紧急情况下，不因人、财、物、时间等问题出现不良后果；②医院要保证良好的就医环境，防止交叉感染，使患者不会受到医院有害环境的危害；③患者不受医疗行为非正常损害，避免院内感染、并发症、副作用等损伤；④治安与生活安全，不受偷盗、斗殴以及饮食、水、电等意外事件的危害。

☞ 也要保障医务人员的安全：要做好医务人员的防护工作，避免因疾病、环境破坏和其他人为因素对医务人员造成的伤害，避免伤医、辱医事件的发生。患者及其家属要认识到，只有保证医务人员心情愉快地工作，才能使他（她）们尽心尽力为病患着想，提高诊疗效果。

（2）人性化的服务是绿色医院的重要内涵。医院对于患者来说，是一个救死扶伤、能够解除病痛困扰的机构，患者需要的是一个优质、安全、舒适、温馨的人性化服务环境。人性化的服务环境可以让病人以轻松、舒适的心情接受治疗。因此，要把打造人性化的服务作为推动绿色医疗的一个重要内容。绿色医院就是要树立"以病人为中心"的服务宗旨，提供人性化的医疗服务，为广大患者提供舒适的医疗环境。

（3）质量是绿色医院的核心内涵。确保医疗质量是绿色医院的核心。及时为患者诊治，这是办医院的宗旨，也是医院存在的意义。所以，医疗质量是病人的生命保障，也是医院的生命线。因此，绿色医院应把不断提高质量作为首要任务。这里所指的质量，不仅指医疗质量，还包括护理、服务、采供、环境卫生、管理等诸多方面。因为，任何一种质量上的偏差和问题，在本质上都有可能动摇安全性，有可能带来危害性，甚至医疗质量安全事故。没有医疗服务全过程的全面质量管理，就谈不上作为核心的医疗质量的不断提高，也谈不上绿色医院的发展。

（4）良好的就医环境是绿色医院的基本要求。医院没有良好的硬件环境，很难想象会有良好的安全性，诊室和病房拥挤、通道混杂、空气不清新，即使消毒等措施再好，也难以保证医疗环境的安全性，甚至使医务人员及患者陷入消杀药物的气味中工作、生活。因此，良好的就医环境是绿色医院的基本硬件条件，也是绿色医院内涵的外在表现形式。

1.2.2.2 绿色医院的建设目标

"绿色医院"建设，就是以确保医疗安全与良好的医疗效果为核心，达到医院规划设计合理、功能布局科学、体现以人为本、运转快捷流畅、生态节能环保、环境绿化美化、高效运行、可持续发展的目标[23]。绿色发展是对"黑色发展"，即"吃祖宗饭、断子孙路，发展自己、贻害他人"的发展思想的深刻批判和根本性决裂，同时继承可持续发展思想，并超越可持续发展。绿色发展并不是简单地与自然环境保持和谐均衡，绿色发展的最终目标是"经济—自然—社会"三大系统的整体绿色。具体来说，即是自然系统从生态赤字逐步转向生态盈余；经济系统从增长最大化逐步转向净福利最大化——扣除各类发展成本（如资源成本、环境成本、社会成本等）

情况下的增长数量与质量的最大化；社会系统逐步由不公平转向公平，由部分人群社会福利最大化转向全体人口社会福利最大化。绿色发展作为"经济、社会、生态"三位一体的新型发展道路，以合理消费、低消耗、低排放、生态资本不断增加为主要特征，以绿色创新为基本途径，以实现人与人、人与自然、人与社会之间的和谐为根本宗旨[33]。

根据上述理论，绿色医院的建设目标是在现有条件下采用有利于解决医院管理运行中的矛盾与问题的方法，努力实现医院内部各子系统的全面绿色转型。医院管理子系统建设的目标是，优化医疗资源配置、扩大医疗服务供给、转变医疗服务模式、合理控制医疗费用和提升医院管理能力；医院环境子系统建设的目标是，为病人与医护人员提供舒适、安全的医疗、居住、生活环境，符合节能、环保和生态的要求；医院服务子系统建设的目标是，强化医院的社会服务功能，实现医疗服务的公益性，提高医疗服务的可及性、公平性以及适宜性。具体来说，绿色医院建设的内涵主要包括：建设绿色医院建筑，医院环境优质适宜、节能环保，提供绿色医疗服务，建设节约环保的医药服务模式，形成和谐的医患关系。

1.2.2.3　绿色医院的特点

"绿色医院"的概念逐步进入人们的视野，并受到越来越多的医院管理者的广泛关注。判断绿色医院的发展概况，就要研究绿色医院的评价指标体系，其前提就是要掌握绿色医院的本质特点。根据相关文献和绿色医院的发展实践，绿色医院的特点可归纳为以下几个方面[35]：

（1）对社会无害化。医院是各类患者的集中地，也是各种疾病的聚焦、集中地，医院医疗垃圾、危险废弃物等排放较为集中，医院作为公益性社会机构，应该比普通社会机构承担更多的社会环保责任。因此，"绿色医院"首先要保证其运行对社会无害，防止其成为病毒细菌的传播地，防止其成为有害垃圾废弃物的源头，成为环保机构的防范与监控对象，从而与医疗机构维护人民健康的宗旨和目标背道而驰。

（2）对人员无害化。"无害化"不仅仅指身体上的无害，还包括精神、心理上的无害化。医务人员冷漠、粗暴的服务态度，不注意保护隐私和保护性医疗措施，都有可能给患者精神、心理上带来不同程度伤害。因此，绿色医院应尽量避免出现这种危害，真正让患者在肉体上和精神上都享受"绿色"。同时，医院对于医务人员来说是提供医疗服务、工作学习的场所。绿色医院要在保证患者安全的同时，还要保证医务人员的职业健康安全，做好医务人员的职业防护，对有可能导致医务人员伤害、疾病、环境破坏的危险因素，也要尽力进行预防和控制[34]。

（3）功能关系扁平化。所谓"扁平化"，就是在医院各部门之间的功能关系上，科学合理布局，优化诊治流程，减少中间层次，增加管理幅度，促进信息的传递与沟通，使医疗服务更加贴近患者，减少垃圾废弃物对院内外环境的污染，满足"以病人为中心"和"生态化"的要求。

（4）科室设置集成化。医疗特色是医院效益的所在。医院只能根据自身实力和区位优势，在科室设置上，摒弃大而全、小而全的结构，集中发展特色科室，打造一批具有核心竞争力的优势学科群体，节省资源，同时使有限的医疗资源配置更加合理，符合"科学发展"的时代要求。

（5）后勤服务虚拟化。医院后勤服务的虚拟化，将是绿色医院的一个发展趋势。医院后勤服务的虚拟化是通过人员、功能和设备的虚拟，将水、电、气以及清洁、配送、餐饮等后勤服务由专业组织或公司承包，有利于节约管理及运行成本，使后勤服务更加规范化，同时也便于医务人员集中精力搞好自身业务，不断提高医疗水平。

1.2.2.4　绿色医院的结构层次

绿色医院的概念虽有广义和狭义之分，但从促进绿色医院健康发展看，广义绿色医院的概念内涵应该受到更多的关注，它不仅包括医院的建筑和环境等硬件建设，同时还包括医院的医疗活动和日常的运行管理等软件建设，并且硬件建设与软件建设的完美结合达到效益最大化，才能发挥绿色医院的最大作用。所以，建设绿色医院主要包括以下三大方面：

（1）绿色医院环境。环境是人类赖以生存的基础，医院作为一个接待特殊人群的医疗服务场所，对环境有更高的要求。而绿色医院的环境应具备更高的标准，它应是有助于患者身心健康的生态环境，为病人提供一个舒适、温馨、优美的就医诊疗条件。绿色医院环境主要包括：绿色医院建筑，室内外环境的空气质量，医疗垃圾、污水污物、放射源、放射性废物等的处理符合环保、预防感染的要求，以及医院绿化美化等综合环境治理。建设好绿色医院的环境主要应抓住几个重点：①规划、设计好医院的建筑；②保持有利于病人健康的室内环境；③以搞好感染控制为重点的外部环境；④以人性化为着眼点的绿化美化环境。

其中，医院建筑是医院环境的基础建设。绿色医院建筑是指在建筑的全寿命周期内，最大限度地节约资源（节能、节地、节水、节材）、保护环境和减少污染，为人们提供健康、适用和高效的使用空间，与自然和谐共生的建筑[36]。绿色医院建筑应突出4个特点：一要科学规划、精心设计；二要全过程把握建筑安全；三要全方位节地、节水、节能、节材；四要注重建筑的环保生态；绿色建筑技术是绿色医院建筑的灵魂，建设绿色医院的核心技术。绿色医院建筑技术是针对以"高消耗、高排放、高污染"为特征的现代建筑技术提出的，是一种以减少污染、降低消耗和改善生态为要素的绿色技术。所谓绿色建筑技术，是指通过应用这一技术，建造出健康、舒适的室内环境，与自然环境融合、共生的建筑，且在其生命周期的每一阶段中，能协调人与自然、建筑与环境之间的关系[37]。由于医院接待的患者是特殊人群，因此对其绿色建筑技术也就提出了更高的要求，必须具有安全性、价值性和创新性等特征[35]。同时，绿色医院的建筑技术还应该具有"健康空间、低能消耗、舒适环境、智能控管"等特点，尤其要注重方便门诊病人就诊，方便住院病人就医、康复和生活。

（2）绿色医疗服务。所谓绿色医疗，是指一种以优质、高效、安全、低耗和低损伤为特征，以正确发挥高新技术作用、合理利用卫生资源为主要原则，充分尊重并主动适应自然规律，有益于维护生命健康、提高生命质量、促进人类健康发展的人性化医疗服务理念。绿色医疗带来的是一种服务理念和服务行为上的变革与创新，它要求我们不仅要提供高品质、高效率、高安全性的诊疗服务，还要尽可能降低资源的消耗和减轻病人的痛苦，以适应社会发展和人类健康的需要[38]。

绿色医疗的核心，就是确保医疗质量。及时为患者解除疾苦，是医院的宗旨，也是医院存在的意义。所以，医疗质量是病人的生命保障，也是医院可持续发展的生命线和竞争力。因此，绿色医疗应把医疗质量作为首要条件，主要是不断提高医务人员良好的医疗技术水平、提高为患者服务的责任心、展现细致的医疗作风并严格遵守医疗规范以及合理、科学使用安全、可靠的医疗器材和做好各项保障。确保医疗安全，是绿色医疗的底线。建设绿色医院应把不发生医疗责任等级事故作为"一票否决权"，把不发生因医疗差错或服务态度等非正常行为引起的医疗纠纷，作为绿色医疗的基本要求。

搞好人性化服务是绿色医疗应具备的必然要求。绿色医疗应采用科学合理的医疗运作模式，运用现代化的科学技术和管理手段，最大限度地为患者提供优质、高效、便捷、满意的人性化的诊疗服务。人性化的诊疗环境，是绿色医疗应达到的重要条件。良好的环境有利于患者健康的恢复；有利于医疗活动的安全；有利于维护医护人员的健康；有利于医院与周边社区的和谐发展；有利于提高医院社会知名度和人们对医院的信任感。

（3）绿色医院管理。绿色医院管理就是将环境保护的观念融入系统的经营管理之中，它涉及系统管理的各个层次、各个领域、各个方面、各个过程，要求在医院系统管理中时时处处考虑环保节能，体现绿色。绿色管理的原则可概括为"5R"原则[39]：

☞ 研究（Research）：将环保节能纳入系统的决策要素中，重视研究系统的环境对策。

☞ 消减（Reduce）：采用新技术、新工艺，减少或消除有害废弃物的排放。

☞ 再利用（Reuse）：合理利用传统设备和产品，变传统为环保，积极采取"绿色标志"。

☞ 循环（Recycle）：对废旧产品进行回收处理，循环利用。

☞ 整治（Rescue）：积极参与环境整治活动，制定环保节能制度，对员工和公众进行绿色宣传，树立绿色形象。

绿色医院运行管理的本质是，低成本高效益，低投入高产出，低排放高效能，充分保障以医疗为中心的各项工作与生活的需求与可持续发展。绿色管理：①加强成本核算，促进高效低耗运行；②要加强科学合理的成本分析；③抓好基础能源计量和分析；④搞好相关设施设备的管理。

1.2.2.5 绿色医院建设的原则

（1）坚持"以人为本"、患者至上的原则。建设绿色医院，要牢固树立"以人为本"的理念，一切以患者为中心。无论是从医院规划的布局、医院环境设施方面，还是从医院的业务流程、医疗服务等，都要做到着眼患者、面向患者、方便患者，最大限度地理解患者、关心患者、尊重患者，把构建和谐医患关系放在医院工作的第一位。

（2）坚持高效节约的原则。绿色医院建设不单要考虑患者的需求，还应以环境保护为基本前提，关注医院建设施工过程和服务运营阶段对环境的影响。应该从建筑的全寿命周期角度，通过合理的资源节约和高效利用的方式来建造低环境负荷下健康、适用和高效的环境空间，实现人、建筑与自然的和谐共生，全面达到"节能、节地、节水、节材和环境保护"的"四节一环保"绿色医院建设目标[40]。

（3）坚持权衡优化的原则。在建设绿色医院的过程中，需要解决的主要矛盾是追求优良的建筑质量与资源消耗、环境保护之间的矛盾。必须在规划与设计上，做好总量控制，从医院的实际出发，权衡优化好它们之间的利弊，通过先进的建筑技术和管理机制来协调解决这一矛盾，确保营造一个舒适、绿色的医院。

（4）坚持因地制宜的原则。绿色医院的新建或改建，都必须符合因地制宜的原则。不同地区的气候条件、地理环境、自然资源以及经济发展和生活水平的差异，绿色医院建筑的形式和要求也不尽相同。这就要求充分考虑医院当地实际情况，充分考虑医院自身的特点，在技术上充分利用当地的有利条件，避免不利因素对"绿色"的阻碍。

（5）坚持持续改进的原则。绿色医院的建设是一个持续性的系统改进工程。为此，应该制定全过程控制、分阶段管理的建设思路，分步骤、分阶段地持续性改进就医环境，同时强化质量管理体系，引入 PDCA（质量管理控制）循环管理模式，对建设绿色医院的过程和结果进行评价和改进，建立起不断改进、循序渐进的绿色医院管理新机制。

1.2.2.6　绿色医院建设的意义

大力推进生态文明建设，是党的十八大提出的明确要求，我们应当坚决贯彻执行。同时，医院管理者应当意识到，推进生态文明、建设绿色医院也是医院自身改革发展的需要，这主要体现在以下几个方面。

（1）医院可持续发展的需要。随着医疗卫生体制改革的不断深化，医院发展的理念也在逐步变化。盲目地扩大规模、扩张床位、扩展业务、购置大型仪器设备、引进高精尖技术等发展模式，已经不是今后的发展方向。越来越多的医院管理者认识到，应当以科学发展观为指导，坚持走内涵发展的道路，在区域卫生规划的范围内，根据居民的需要，合理利用卫生资源，加强医院管理创新，不断提高医疗水平和服务质量，提高医院运行的效率，增强医院核心竞争力，实现医院的可持续发展。因此，推进生态文明、建设绿色医院，正是在科学发展理念的指导下促进医院发展的有力举措，它必将对医院的可持续发展起到积极的推动作用。

（2）医疗安全、感染控制、职业安全的需要。医疗安全、院内感染控制、职业安全是一项系统工程，涉及医院管理的各个方面。除了要严格规范医务人员的行为、避免医疗过失之外，还需要加强对各种有毒、有害物质的管理，加强对设备、设施使用和维护的管理。否则，同样会引发医疗安全、院内感染和职业安全的事件。医学研究表明，人为的污染会造成癌症以及神经系统、生殖系统疾病，引发过敏反应，医院作为治疗疾病的场所，除了要保证患者的安全以外，还应当创造一个良好的就医环境，保证患者、来访者、工作人员以及周边社区居民的健康不受到危害。

（3）提高服务质量，增强医院竞争力的需要。随着医疗卫生体制改革的不断深入，医院正面临着越来越严峻的竞争局面。如何满足患者不断变化的医疗需求，吸引更多的患者来医院就医，是医院管理者普遍关心的问题。社会的发展、经济的繁荣、国民生活水平的提高，使人们对医院的要求早已经超出了治病救人的范畴，服务质量越来越成为决定医院之间竞争成败的重要因素。而在服务质量的诸多影响因素当中，医院环境的安全、环保、舒适、优美所占的权重也在逐步增加，患者不但要享受高水平的医疗服务，还要享受安全、环保、舒适、优美的医院环境，以期最大限度地减少疾病给自己带来的痛苦，尽快地从疾病状态中恢复健康。有研究表明，那些可以看到窗外园林的病人与那些只能看到砖墙的病人相比，康复的速度要快 30%，治疗所需的药品则要少 30%。可见，绿色医院建设，就是提高医院竞争力。

（4）医院经营管理的需要。绿色医院建设最直接的成果之一，就是可以有效地节能、减排、提高效率，降低医院的运营费用。能源的稀缺性、不可再生性使其价值不断提高，价格也在不断上涨。出于环境保护的需要，国家对污染物的排放和处置的管理越来越严格，这无疑会增加医院处理废气、污水和医疗废物的成本。因此，从长远来看，如果医院管理者不能采取有效措施控制医院的能源消耗、减少排放，将会使医院的经营面临越来越大的压力，使医院没有充足的资源用于提高医疗水平，改善服务质量。美国的一项研究显示，医院每节约 1 美元的能源消耗，相当于创造了 20 美元的医疗收入。

（5）促进医患关系和谐的需要。在环保意识日益增强的现代社会，绿色医院的创建，可以使医院的布局更加合理，环境更加整洁，以此为载体的技术水平也会得到相应的提升，有利于医疗服务质量的提高，使患者的诊断更加准确，治疗更加有效，是患者健康、康复的重要保证。同时，绿色医院强调"人文关怀"的服务理念，会使医患关系变得更加和谐，病人在这种环境下接受诊治，治疗效果也会有较大的改善[41]。按照马斯洛需求层次理论，患者在购买医疗服务时，要同时考虑在不同医院得到需求的满足度和服务附加值的高低，而医疗服务的附加值主要体现在就诊环境、人文关怀和后勤服务中[31]。良好的就医环境、和谐的医患关系是绿色医院的重要组成部分，它们可以和医疗技术、医疗设备一样，成为医院核心竞争力的一个重要组成部分。

总之，进入 21 世纪，如何实现可持续发展，保护自然环境越来越成为人类面临的一个严峻挑战。在这一背景下，绿色医院建设逐步成为国内外医院发展建设的新潮流。医院作为救死扶伤、保护健康的场所，不仅应当承担一般社会组织所应承担的环境保护责任，还应当在节能、环保、低碳、生态、智能、安全和人性化等方面走在其他行业的前列。

我国国家"十二五"规划中提出"绿色发展规划"，这标志着中国进入"绿色发展时代"，也是中国发动和参与世界绿色革命的重大历史起点；推进生态文明建设是党的十八大对我们提出的新要求。因此，建设绿色医院是我们贯彻落实党的十八大精神的一个有力抓手，它不仅关系到医院自身的可持续发展，也关系到人民群众的健康，关系到中华民族乃至整个人类的未来。医院管理者应当认识到自己所肩负的重大社会责任，积极投身医药卫生体制改革，加强医院管理，为全面建成小康社会、建设美丽中国作出贡献。

1.2.3　绿色医院评价

国外关于绿色医院的评价主要有两大体系：

（1）绿色建筑评价体系。纵观绿色建筑理念及实践发展过程，到了今天，其成熟的标志性运行模式，就是诸多国家和地区都相应建立了各具特色的绿色医院评估和评价体系或系统。例如，1990 年英国的 BREEAM（building research establishment environmental assessment method），是英国首创的绿色建筑评价体系，开创了"绿色建筑有据"的先河，该体系的构成和运作模式成为许多不同国家和研究机构建立自己的绿色建筑评估体系的一个基本模本[42]。

1995 年，美国绿色建筑协会（US Green Building Council，USGBC）编写了《能源与环境设计先导》（*Leadership in Energy & Environmental Design*，LEED）。在借鉴英国 BREEAM 和加拿大 BEPAC（建筑环境性能评价标准，Building Environment Performance Assessment Criteria）两大绿色建筑评估体系的基础上，形成了 LEED 完备的评价体系，于 2003 年开始推行，在美国部分州和一些国家

已被列为法定强制标准，它的宗旨是在设计中有效地减少环境和住户的负面影响。世界范围内有 120 个国家开展了 LEED 认证，其中包括中国、加拿大、巴西、日本、墨西哥、西班牙、意大利以及印度等，被认为是最完善、最具影响力的绿色建筑评价体系。

1996 年，"绿色建筑挑战"（Green Building Challenge，GBC）由加拿大发起，英、美、法等 14 个国家参加。在两年间，各参与国通过对 35 个项目进行研究和广泛交流，最终确立了一个合理评价建筑物能量及环境特性的方法体系——GBTOOL。该体系的建立是为了使有用的建筑性能信息可以在国家之间交换，最终使不同地区和国家之间的绿色建筑实例具有可比性，为各国各地区绿色生态建筑的评价提供一个较为统一的国际化平台，从而推动国际绿色生态建筑整体的全面发展。

2001 年，由日本学术界、企业界专家、政府三方面力量联合组成的"建筑综合环境评价委员会"开始实施关于建筑综合环境评价方法的研究调查工作，开发了一套与国际接轨的评价方法，即 CASBEE（Comprehensive Assessment System for Building Environment Efficiency），是一个从建筑环境效率 BEE（Building Environmental Efficiency）定义并进行评价的建筑环境综合评估工具，用以评估建筑以及建筑环境的环保性能。

2003 年，由澳大利亚绿色建筑委员会（GBCA）开发并实施的"绿色之星"（Green Star）正式颁布，其评价的是建筑物对环境的潜在影响，另外一个较为广泛使用的评价体系——澳大利亚国家建筑环境评价体系（NABERS）是由澳大利亚环境与遗产保护署于 2003 年颁布实施的，主要评估建筑的能源效率和水的利用率。此外，德国的 DGNB、新加坡的 Green Mark、法国的 ESCALE、挪威的 Eco-profile、意大利的 Protocollo 等很多国家都颁布了各自的绿色建筑评价体系。这些评价体系基本上都涵盖了绿色建筑的三大主题——"四节约""保护环境"和满足人们使用上的要求。相比之下，德国、法国、挪威、意大利等国家的绿色医院建筑评价体系起步较晚，无论是完善程度还是影响力都不及以上几个。世界各个国家和地区评价体系的主要特征及比较见表 1-1。

表 1-1　世界各个国家和地区评价体系的主要特征比较

评价体系	开发时间	开发国家或地区	评价对象	评价内容
BREEAM	1990 年	英国	新建建筑，既有建筑（商业建筑、工业建筑、住宅、商场、超市）	管理，健康与舒适性，能耗，交通，水耗，材料，土地利用，位置的生态价值，污染
LEED	1995 年	美国	新建建筑，既有商业综合建筑	场地可持续性，用水的利用率，耗能与大气，材料与资源保护，室内环境质量，创新与设计和施工
Ecoprofile	1995 年	挪威	已建办公楼，商业建筑，住宅	室外环境，资源，室内环境
HK-BEAM	1996 年	中国香港	新建和已使用办公建筑，住宅	场地，材料，能源，水资源，室内环境质量，创新
GBC	1998 年	加拿大	新建建筑，改建翻新建筑	资源消耗，环境负荷，室内环境，服务设施质量，经济性，管理，出入与交通
台湾绿建筑解说与评价手册	2001 年	中国台湾	各类建筑	绿化指标，基地保水指标，水资源指标，日常节能指标，CO_2 减量指标，废弃物减量指标，污水垃圾减量指标
CASBEE	2002 年	日本	新建建筑，既有建筑，短期使用建筑，改修建筑，热岛现象缓和对策	Q 建筑物的质量（Q1 室内环境、Q2 服务设施质量、Q3 占地内的室外环境），L 环境负荷（L1 能源、L2 资源材料、L3 占地以外的环境），建筑环境效率 Q/L
NABERS	2003 年	澳大利亚	既有建筑（办公建筑、住宅）	生物多样性，主体节能，温室气体排放，室内空气质量，资源节约，场址规划

资料来源：孙佳媚、张玉坤、隋杰礼等：《绿色建筑评价体系在国内外的发展现状》，载《建筑技术》2008 年 39 卷第 1 期，第 63～65 页。

（2）绿色医院评价体系。从 LEED 设立开始，美国对 LEED 认证标准的热情一直都稳定、成指数地增长。然而，该文件/体系从一开始并没有对医疗建筑，尤其是医院，如何应用该体系做出针对性的说明。但是，医院产业需要一个工具，能帮助它们实现在其他类型建筑的实践中看不到的成果和喜悦。2001 年，一些医院和非营利性组织集合在一起,独立地编制了一套文件名为《医疗绿色建筑指南》(Green Guide for Health Care,GGHC)。GGHC 基于 LEED 评估系统,但是为医院量身定制的,并添加了很多新的要点,这些要点是为医疗机构建筑的业主设计的。

GGHC 不论在美国还是世界范围内都非常成功,逐渐地,美国绿色建筑委员会(USGBC)将 GGHC 纳入 LEED 的框架体系中去,专门针对医疗建筑的 LEED 评估体系于 2009 年秋季发行。紧随着 LEED 医疗建筑评估体系的脚步,创造 GGHC 的志愿者们已经重新审视了医院绿色建筑发展的前景,以确定"绿化"医疗建筑的工作是否完整。GGHC 筹划指导委员会已经确定该部分的工作尚未完成,还有更多工作将要进行。今后的工作在很多新的方向上进行,其中一个重要的探索方向是全球视野的扩展。一是要向全世界范围内学习应该应用到美国医疗建筑的内容,二是将 GGHC 的价值推广到世界各地的绿色医院建设中[43]。

国内绿色医院的发展真正开始于 21 世纪初。面对国家发展战略对绿色环保的要求,原卫生部也提出了创建绿色医院的号召。2003 年,中华医院管理学会(现为中国医院协会)在全国推出了"绿色医疗环境,创百姓放心医院"活动,各家医院纷纷走上了创建绿色医院之路,其中解放军 302 医院从 2000 年起率先在全国开始绿色医院行动。

为了推动在我国建立起科学、系统、完善的"绿色医院"标准体系,医院建筑系统研究分会在中国医院协会的领导下,于 2009 年年底展开了研讨论证工作,并先后在北京、深圳、番禺、太原等地区进行了"绿色医院建设"研讨。之后,"绿色医院"工作领导小组多次组织著名专家并邀请了美国、法国"绿色医院"标准编委,共同研讨了"绿色医院"建设标准问题。在此基础上,邀请我国高层面的建筑规划、设计、空调、水暖、净化、感染控制、医疗、管理等方面的专家分别组成编委会,开始编制绿色医院建筑、绿色医疗管理、绿色运行管理相关评价标准[23]。

2010 年 3 月,为引领、规范我国"绿色医院"建设,确立科学可行的"绿色医院"的评价体系,研究符合我国国情的"绿色医院"理论与技术,促进"绿色医院"在全国快速健康发展,中国医院协会及其医院建筑系统研究分会,成立了"绿色医院"工作领导小组。"绿色医院"工作领导小组成立以后,确定了工作的思路和切入点,围绕"绿色医院"的建设,已开展了相关理论探讨和实践调查等一系列工作。

2010 年 6 月 12 日,"绿色医院"建设标准研讨会暨院长高峰论坛在广州市番禺中心医院隆重召开。原卫生部各直属医院，省、自治区、直辖市医院及解放军医院的院领导和基建负责人，以及国内外绿色建筑专家及建设者共 300 余人，围绕《绿色医院建筑评价标准》讨论稿和"绿色医院"建设中存在的问题及发展趋势，进行了热烈、深入的研讨和交流。2010 年 8 月，中国医院协会医院建筑分会与 WHO 在南昌召开会议，确定共同推动我国绿色安全医院建设。部分省市卫生主管部门联合环保部门推出了绿色医院评审活动，许多医疗机构和医院，结合自己的实际，不断研究并出台了相关的标准与要求，开展了创建绿色医院活动。浙江、广西、陕西、太原、深圳、大连等省市提出绿色医院评价的地方标准，评选出了一批"绿色医院"先进典范，推动了绿色理念在整个医疗产业的发展。例如，浙江省提出区县、市、省三级评价标准，它提高了绿色医院的影响力，促进了当地绿色医院的发展。山西省太原市在全国首次审定通过地方标准《太原市绿色医院管理规范》（DB14/T 510—2008），该标准规定了绿色医院的术语和定义、原则、组织管理、医疗环境、急救通道、医疗服务、资源管理、评价与改进，是国内比较系统、全面的地方标准之一。

上述各种标准都相应促进了"绿色医院"的建设与发展，但是在实际工作当中，大家都在积极摸索，也出现了一些偏差，造成了不同程度的影响。而且，我国在国家层面上，还没有"绿色医院"建设标准和评价体系，国内亟须建立一套适合我国国情的绿色医院评价指标体系。因此，对绿色医院的评价指标体系的研究变得更为迫切和重要。

1.3　发展绿色医学　破解医改难题

1.3.1　绿色医学是医学发展的新模式、新阶段

绿色医学是绿色医药和绿色医院的综合，是医学发展的新模式、新阶段。如前所述，目前，绿色医药的定义不尽统一，但其基本含义是指在传统医药基础上发展起来的自然、无副作用、无污染、无创或微创的医药，是未来医药科学发展的一个必然趋向。绿色医院的概念也是近年才开始在我国出现的。国内学者在 1997 年就医院的发展方向提出了"绿色医院"概念，要求医院在注重可持续发展的过程中，优化医院环境，遵循当地自然气候、节约使用医药资源等方面，还涉及医院规划、

管理与服务等方面的绿色发展问题。

改革开放以来,我国医药卫生事业取得了长足进展,特别是医药科技发展迅猛,但也出现了一些亟待解决的问题,如医疗费用急剧上涨、人民群众"看病贵、看病难",抗生素等药物滥用给人的机体内环境带来污染和微生态破坏,制药业污染与浪费等问题,严重影响人民健康水平的提高。随着人们生活水平的不断改善,人们对医院与医药卫生服务的要求也越来越高,人们去医院就医对医院环境和医疗服务也提出了更高的要求。因此,发展绿色医学的呼声随之越来越高,一场医药界的"绿色革命"势在必行。

发展绿色医学,是促进我国经济社会全面协调可持续发展的必然要求,不仅有利于解决医药卫生事业改革发展出现的医疗费用急剧上涨、人民群众"看病贵、看病难"、抗生素等药物滥用、制药业污染与浪费等问题,增强医药卫生服务公平性与正义性,解决因贫富差距过大而造成的医药卫生服务分配不均现象,还有利于解决自然生态恶化问题,减少医药消费,从而有助于扭转社会生态恶化的趋势。

我国著名生态经济学家刘思华教授指出:"按照科学发展观的客观要求,建设生态文明,发展绿色经济,建设和谐社会的伟大实践,是中国特色社会主义实践的基本形式,应该说是21世纪中国发展的主旋律;甚至可以说,它们是21世纪发展中国特色社会主义'三大法宝',是克服和解决当今中国自然生态难题(危机)的'三大法宝'。"[44] 因此,用科学发展观统领绿色医药与绿色医院发展,赋予医药与医院发展方式的生态内涵与绿色导向,加快医药与医院绿色转型步伐,实现医药与医院的"绿色化"发展,不仅是实现绿色崛起与绿色、低碳发展,实现生态和谐、社会和谐的一个重要组成部分,也是我国深化医药卫生体制改革的必然需要。

医药卫生体制改革是一道公认的世界性难题。医药与医疗服务作为一项重大民生问题,推进难度极大,路径至今不甚明朗。而发展绿色医药与绿色医院,可以成为解决医药卫生体制改革这一世界性难题的一个重要路径和方向。有学者指出:"保护环境必须转变单纯依靠技术创新的政策,通过'消费结构改革和绿色科技创新'两条腿走路,构建起政府、市场、社会三元合作的政策网络。"[45]我们认为,发展绿色医药与医院,同样需要"两条腿走路":一是大力加强绿色医药科技创新,促进绿色医药发展;二是从政策上由政府牵头展开医药服务消费结构的变革,从而构建起政府、市场、医药机构三元合作的绿色医药与绿色医院发展网络,使绿色医药在研发、生产、使用、处置和排放过程中都应符合特定的环境保护要求,也使绿色医院建设不仅涉及规划、设计、建筑及新技术、新能源、新设备、新材料等的应用，还涉及医院的管理运行及效果评价，从总体上确立计划，分步实施，有计划、有步骤地推进绿色医药与绿色医院的发展。

当今世界，全球健康由于其复杂性和传染病、疾病负担上升以及全球化等多重威胁，正面临着人类历史上少有的治理挑战，医疗改革正是由此而成为一道"世界性难题"。近年来，在应对国际金融危机过程中，不少国家都把改革完善医药卫生体制作为社会改革的重点，以解决长期积累的社会和经济问题。医药卫生体制改革成为国际软实力竞争的重要内容，成为体现一个国家公信力和执行力的重要标志。

我国政府 2009 年启动新一轮医药卫生体制改革，取得了一定成绩。但在肯定成绩的同时，我们也应看到，我国医改存在的很多问题，如医患矛盾冲突、医疗保障水平低与医疗资源浪费等问题都亟待解决；2003—2010 年，我国国内消费支出虽然受到抑制，但医疗费用负担却在持续上升。我国 GDP 增长了 193%，医疗费用负担却增长了 197%。我国曾就医改进行过许多讨论甚至争论，但却没有过多涉及医疗资源供给增长的空间和合理性问题。然而，这一问题并非不重要。《光明日报》2013 年初曾在头版文章中指出，"舌尖上的浪费"已引起全社会的关注，殊不知，医疗资源的浪费同样触目惊心。据估计，我国医疗资源浪费达医疗总费用的 30% 以上，严重地区可达 40%～50%。专家指出，医疗资源浪费已成为危害我国医疗行业的"恶性肿瘤"。在我国医保制度初步建立、医保水平普遍不高的情况下，潜在的医疗费用危机不能不引起我们的高度重视。

因此，推动绿色医药与医院建设，推动医药与医院实现"绿色化"发展，不仅关系到医院自身的可持续发展，也关系到人民群众的健康，乃至关系到中华民族乃至整个人类的未来。从人民群众健康消费需求的不断提高、医药费用的不断攀升和医改的现实进展情况看，通过绿色医药与医院的建设，推动医药与医院实现"绿色化"发展，是医药卫生事业发展的必由之路，是医药与医院发展的一个新形式和新阶段。因此，发展绿色医药，创建绿色医院是我国深化医药卫生体制改革的客观需要，其重要现实意义和作用是不容置疑的。问题的关键是，广大医院管理者和医务人员都应当认识到自己所肩负的重大社会责任，把绿色医药与医院建设作为深化医药卫生体制改革的一条重要路径加以推进，为全面建成小康社会、建设美丽中国，实现中共提出的"绿色化"发展作出贡献。本书的编写与出版，正是为推动我国"十三五"时期医药卫生事业的"绿色化"发展而作出的努力，以期由此引起广大医院管理者和医务人员对绿色医药与医院建设的关注，深化对绿色医药与医院建设重要意义的认识，并在实际工作中自觉将医疗绿色化作为深化医药卫生体制改革的一条重要途径进行实践和创新。

1.3.2　引领医学"绿色化"发展

中共中央政治局2015年4月审议通过了《关于加快推进生态文明建设的意见》，首次提出"绿色化"这一新的概念，并将其与新型工业化、城镇化、信息化、农业现代化并列，还明确将其定性为"政治任务"，"四化"也由此升级为"五化"。因此，"绿色化"不仅成为新常态下经济发展的一个新任务、推进生态文明建设的一个新要求，更成为我国各行各业全面深化改革的一个新模式和新阶段，"新五化"引起了全社会的广泛关注。

"绿色"与"绿色化"具有不同的内涵。"绿色"一般指环保、低碳、高效、和谐，"化"意指改变、革新、发展、教化。"绿色化"则意味着要从改变自然观和发展观开始，驱动生产方式与生活方式的转变，释放改革创新能力，助推有关生态文明制度体系的确立，培育积极的生态文化，最终影响社会的价值共识，并融入社会主义核心价值体系，以形成一个以观念转变助推制度建设、再由制度建设凝炼价值共识的良性发展路径。简单地说，"绿色化"要求人们的生产方式、生活方式与价值取向进行双重改变，要求制度建设和价值共识彼此推进，要求是社会关系与自然关系和谐共进，要求硬实力与软实力互相结合共进。因此可以说，"绿色化"是我们党在总结国内外发展经验教训的基础上，对生态文明建设和社会生产生活提出的一个全新的要求。"绿色化"既是构建科技含量高、资源消耗低、环境污染少的产业结构和生产方式，也是养成人们勤俭节约、绿色低碳、文明健康的生活方式和消费模式，同时"绿色化"还将纳入社会主义核心价值体系，从而逐步形成人人、事事、时时崇尚生态文明的良好社会风尚和社会新常态。

那么，在这一新的形势下，医学应如何实现"绿色化"发展？根据以上"绿色化"的基本内涵，医学实现"绿色化"发展，就是要在医药卫生服务全过程中坚持把节约优先、保护优先、自然恢复作为医药卫生服务基本方针，把医学绿色发展、循环发展、低碳发展作为深化医改的基本途径，把深化医药卫生体制改革和创新驱动作为基本动力，把培育绿色医药与医院作为重要支撑，把重点突破和整体推进作为工作方式，常抓不懈，并通过相关制度建设，使医学"绿色化"发展理念深入人心，并由此见之于广大医药卫生服务人员的自觉行动。

可以说，医学"绿色化"发展不仅是一个新的理念，医学要实现"绿色化"发展，特别需要有健全的制度作为保障，并有相关具体行动。因此，医学"绿色化"发展问题，现阶段关键是要致力于绿色医药与医院建设，主要是医药发展与医院运行过程和结果要体现绿色化或生态化，实现绿色医药与医院的理念与目标。只有实行最严格的制度、最严密的法制，才能为绿色医药与医院建设提供可靠的保障。因此，医院管理要在医药卫生资源红线管控、资源资产负债表、资源资产离任审计、生态环境损害赔偿和责任追究以及补偿等方面进行多方面的制度创新，从全面深化医药卫生体制改革和完善国家人口健康治理的高度，深化医院管理体制机制改革，着力破解制约绿色医药与医院建设的体制机制障碍，逐步将医学"绿色化"发展纳入法制化、制度化的轨道，为医学"绿色化"发展提供法制保障。

第 **2** 章

绿色医药生产

绿色医药与医院的建设，要从绿色医药生产环节开始着手。随着人们对现代医药局限性的认识深化以及人类疾病谱和医学模式的改变，崇尚天然药物成为一种新的世界潮流，这为绿色传统医药的发展提供了难得的机遇。弘扬、发掘并创新绿色传统医药，已成为人们的共识。创新绿色传统医药，一方面要遵循可持续发展的原则，另一方面要将其与现代医药科技相结合，推进传统医药资源的不断创造性转化。青蒿素是我国传统药物创新研发和创造性转化的典范，它表明推进中西合璧的绿色新医药学的创新发展，是加快医药卫生事业发展、繁荣发展中华传统医药文化的需要，也是推动中医药走向世界、提高人民健康水平的需要。

2.1 绿色传统医药生产

2.1.1 传统医药的种类

人类长期以来缺乏有效的手段对付疾病，在偏远的农村地区，人们缺医少药的困境更是雪上加霜，令人苦不堪言。传统医药就是人类在与疾病进行的漫长斗争中以草医、草药或土法、土方等形式逐渐形成和发展起来的，为人类的医疗保健和生存繁衍作出了重要的贡献。进入 20 世纪后，特别是在 1928 年英国细菌学家弗莱明发明青霉素之后，现代医药借助现代科学技术的发展，因其有效的医疗效果而得以迅猛发展，为人类健康水平的提高作出了突出的贡献。现代医药的不断发明和广泛应用，挽救了无数垂危的生命，为人类的健康作出了巨大的贡献，但也面临越来越多的从理论到临床方面的问题。例如，人类疾病谱已经由过去的以传染性疾病为主转变为以现代身心疾病为主，而且现代疾病对人类更具有威胁性；化学药物对此类疾病多数无能为力，其毒副作用和耐药性也常常难以克服，对于新出现的疾病，诸如艾滋病和其他一些世界疑难病症，化学药物大多显得力不从心；而且随着时代的发展，健康的概念被赋予了新的内涵，第三症状及其危害引起人们的广泛关注，仅仅靠现代化学药物解决现代人类健康问题，还不能满足人们对维护健康的需求。

随着人们对现代医药局限性的认识和了解以及人类疾病谱和医学模式的改变，"回归自然"、崇尚天然药物正成为一种新的、世界性的潮流，这为传统绿色医药的发展提供了前所未有的机遇[1]。实际上，随着人们生活水平的提高，人们对生活质量和长寿的渴望日趋强烈，单纯依靠现代化学药物，已经难以满足人们的这些追求。因此，博大精深的传统医药又越来越受到人们的重视，并且在人类医疗保健事业中发挥着越来越大的作用，大力继承弘扬、积极发掘并发展传统绿色医药，已成为各国人们的共识。

在历史的长河中，在人类与疾病的斗争中，由于民族性（文化、宗教、风俗、习惯等）、地域性（民族居住地域的自然条件、气候类型、植物区系、自然资源等）和传统性（民族的历史、人文条件等）的不同，世界不同地区、不同民族都积累了极其丰富、但又各有异同的传统医药理论与实践经验，形成了不同的传统医药体系。了解世界传统医药体系，对于启发绿色医药发展思路，拓展绿色医药发展视野，掌握国际医药市场新需求，都有积极的现实意义。依据不同地区民族性、地域性和传统性的特点，可以对世界传统医药体系进行如下基本分类[2]。

2.1.1.1 亚洲传统医药体系

亚洲传统医药体系主要包括两大医药体系，即东亚及部分东南亚地区传统医药体系和南亚地区传统医药体系。东亚及部分东南亚地区传统医药体系是以中医学传统理论为指导，其医药理论系统较为完整，其相关历史文化久远、医药理论与实践经验丰富，代表性国家有中国、日本、朝鲜、韩国、越南、新加坡、菲律宾等，大约有草药 10 000 种，大部分为寒温带、温带和亚热带植物，少数为热带植物药。代表性种类有：人参、五味子、甘草、党参、当归、贝母、大黄、何首乌、桂皮、枸杞、红花、麻黄、菊花、黄芪、黄连、山药、牡丹、芍药、桑等。鉴于我国介绍该种传统医药体系的图书文献非常丰富，故这里对该地区传统医药不再详细说明。南亚地区传统医药体系以印度传统医学理论为指导，也具有较为完整的理论系统[以寿命吠陀（Ayurveda）理论为主]和医学体系，其医药理论与实践经验丰富，代表性国家有印度、巴基斯坦、尼泊尔、锡金等，大约有草药 2 500 多种，其大部分为亚热带和热带植物。

2.1.1.2 阿拉伯-伊斯兰传统医药体系

阿拉伯-伊斯兰传统医药体系指北非和中东地区（包括埃及、南欧、希腊）以阿拉伯传统医学为主的传统医学体系。阿拉伯-伊斯兰传统医学体系有比较丰富的医药实践经验，对于亚、欧、北美地区的医学发展都产生过重要的影响。这一地区的气候干燥，土壤贫瘠，大约有草药 1 000 种，大部分为荒漠草原或旱生药用植物。伊朗、土耳其、沙特等中东地区以伊斯兰传统医学体系为主，大约有草药 1 000 种。

2.1.1.3 西非-南非传统医药体系

西非-南非传统医药体系以非洲传统医学为主，其有丰富的民间医学实践，包括东非和西非、南非地区，代表性国家有扎伊尔、坦桑尼亚、南非等。地处热带沙漠、草原，赤道雨林，温带草原地区，植物种类丰富，面积广阔，四周环海，气候多样，植被丰富，有草药约 1 000 种，多为热带植物，如毒扁豆、金合欢、油橄榄等。

2.1.1.4 拉丁美洲传统医药体系

拉丁美洲传统医药体系以拉美传统医学为主，其民间医药有着悠久的历史和独特的优势，代表性国家有巴西、墨西哥、秘鲁、智利等，其种族众多，处于热带地区，自然条件优越，气候潮湿，雨量充足，是植物资源最丰富的地区，有草药 5 000多种，仅墨西哥就有 2 500 多种，大部分为南美热带植物。近代以来，人们从中发现了许多新药，如金鸡纳等。

2.1.1.5 欧美及澳洲传统医药体系

欧美及澳洲传统医药体系以欧洲传统医学为主，习惯上以应用现代医学为多，民间传统医学方式较少，其中澳大利亚原住民有较好的民间传统医学基础，有药用植物 1 500 种，大部分为温带和寒温带植物。

在世界传统医药体系形成与发展的历史过程中，中华传统医药体系是世界医学史上的一颗璀璨的明珠，是中华民族的瑰宝，它为中华民族的繁衍昌盛和人类的文明作出了巨大的贡献。中华传统医药以中医学传统理论为指导，其医药理论系统完整，其相关历史文化久远、医药实践经验丰富，时至今日，它依然在人们的生活实践中担负着重要的角色、发挥着重要的作用。20 世纪 80 年代以来，随着欧美国家的中医热，中医药学开始走向世界。21 世纪，随着全球化进程的不断加快，中华传统医药体系因其所具有的深厚的绿色发展特质和巨大的绿色发展潜力，一定会受到人们越来越多的认同与欢迎。

2.1.2　传统医药开发

世界传统医药的理论与实践经验极其丰富。随着国际交往的日渐增多和医药科研工作的不断深入，世界各个传统医药体系在理论、应用、品种等方面的交流、渗透进一步加强，人们希望从世界传统医药体系中发掘出防治疾病的绿色新药，已经成为新时期医药科研工作的重点和热点。因此，传统药物的开发受到人们广泛的关注。传统医药开发的目的，是依靠先进的科学技术和各种有效措施，最合理和充分地去利用和发展这些宝贵的资源以防治疾病、保障人民身体健康，因而具有发展绿色医药的积极意义。

2.1.2.1　传统医药开发的特点和途径

首先，传统医药开发具有鲜明的实用性。世界各国人们都希望从传统医药资源中开发出高效、无毒或低毒的有效药物，保证药源供应，以取得显著的社会和经济效益。其次，传统医药开发具有高度的综合性，需要依靠包括生物学、地学、化学、医学、药学、农学、工程学、信息科学以及经济管理等范围十分广泛的学科知识和方法手段（图 2-1）。再次，传统医药开发具有高度的创新性，当阐明传统药物的有效成分后，人们便可进行合成、结构改造并应用生物技术方法进行生产，达到不断发展和创新、有效治病救人的目的。

传统医药开发的途径和内容可包括：一级开发、二级开发和三级开发。一级开发主要针对发展药材和原料，其应用手段侧重于农学及生物学方面，目的在于不断扩大传统医药的数量和提高它们的质量；二级开发是针对发展药品和产品的，其应用手段侧重于制药和轻工业方面，目的在于将药材和原料再加工为药品或其他轻工业产品；而三级开发则是针对新药和新制剂的，其应用手段涉及新药开发的一切综合性的方法，其目的在于不断获得防治疾病和保障健康的优良的医药新产品。上述传统医药 3 个开发层次既有相对的层次性，又有紧密联系和相互制约的一面。例如，一个新药的开发成功（三级开发），最终仍以药品和产品的形式出现（二级开发），同时必将大大促进并要求有更多的药材和原料供应（一级开发）（图 2-2）。同时还应指出的是，综合研究的方法手段在传统医药各个层次的开发中均是必不可少的。

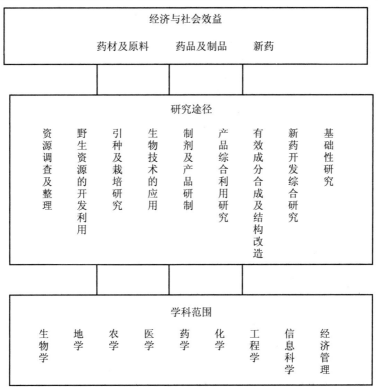

图 2-1　传统医药开发利用系统工程示意图

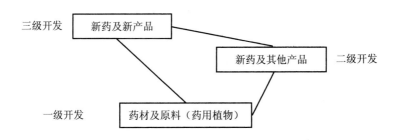

图 2-2　传统药物资源利用三级开发的相互关系

2.1.2.2 传统医药植物的调查和整理

为了合理利用传统医药植物资源，首先应对各地医药植物资源的实际情况有深入、具体的了解，包括医药植物的种类、分布、生态、蕴藏量、生产和利用情况、传统使用经验等。当前，国际上对人类利用天然医药的传统经验及其研究给予了高度重视，并发展了专门的"传统药物学"（Ethnopharmacology，或译为"人种药理学""人文药物学"）新学科，它是人类的各种种族在漫长的演化过程中，不断利用其生存空间的天然产物（动、植、矿物）来和自然及疾病做斗争的长期实践经验总结，即人类传统的采掘或观察有生物活性物质的科学探索，是以植物学、药理学和化学为基础的。其他相关学科如人类学、毒物学和生药学过去在传统医药植物的开发利用过程中也起过并将继续起重要的作用。特别值得一提的是，当今跨学科的生物科学研究对传统药物学的发展来说是非常重要的。发展传统药物学的目的，就在于它可以挽救和整理传统药物这一丰富的文化遗产，并且不带任何偏见地研究和评价这些药物，以找出它们得以现代应用的理论基础。

2.1.2.3 传统医药资源的开发利用

运用多学科协作的方式对传统药用植物进行全面分析研究，与传统药用植物多方位、多层次的综合开发利用，主要体现在以下几个方面[3]：①从药物植物中分别提取有效成分，以制成单方成药，再以单方成药配制复方成药，并对提取有效成分后的药渣进行综合利用，如由红豆杉属植物中提取抗肿瘤成分的紫杉醇制成复方红豆杉胶囊。②从药物植物中开发天然甜味剂、苦味剂、色素及香料等，如利用玫瑰等花制取的芳香油，为高级香料。③从药用植物中开发营养健身食品、饮料、食品添加剂及果蔬保鲜剂，如从鞭打绣球这种天然植物中提取的 NPS 天然果蔬保鲜剂。④利用药物制成饲料添加剂，如用松针叶经快速烘焙、粉碎过筛成为饲料添加剂，富含维生素和微量元素，具有促进动物生长和肥育、增强动物体质、预防疾病、提高禽畜生产性能等作用。⑤从药用植物中开发其他药物制品，如中草药服装、牙膏、美容品、芳香用品和洗涤用品等。

2.1.2.4 医药植物的引种及栽培研究

这是传统医药植物资源开发利用过程中保证资源数量及质量的一项最有效的措施。例如，在野生条件属于濒危种植物如人参、三七、黄连、杜仲等珍贵药材，通过人工栽培及大量繁殖，已能保证医疗上的需要。根据进口药物的生态环境，可在国内合宜地点进行引种及栽培。例如，西洋参，我国每年都有大量进口。从国外引种后，通过对它的生物学和生态学特性、适宜种植地区、不同覆盖物及庇荫程度、耕作方法、施肥、病虫害防治及质量比较等一系列综合研究后，现已能够在我国实现大面积种植，保证国内用药需求，减少进口。

2.1.2.5 医药植物的生物技术开发

随着一场新的世界性技术革命的掀起，生物技术在传统医药资源开发利用过程中日益受到重视。它主要包括用离体培养技术来改良药用植物的品种，对药用植物进行快速繁殖，超低温的种质保存（结合药用植物种质库的建立），植物细胞和组织培养以及植物遗传工程等方面，是传统医药植物开发的重要路径。

2.1.2.6 新药开发

这是传统医药资源开发中的一个重要内容。因为只有通过多学科的综合研究，不断地去发现新的、治疗价值更高的药用植物，才能使此项资源得以不断丰富和充实。我国有极为丰富的中医药传统经验，因此在新药开发方面，可以少走西方流行的广泛筛选的老路，逐步形成从传统药物中开发新药的新路。

2.1.2.7 有效成分合成及结构改造

这是传统药物资源开发利用中比较新但具有广阔前景的领域。过去有将甾体皂甙元合成各种激素药物的成功例子，近 10 年来进行中草药有效成分合成研究的化合物越来越多，而且通过合成方法可将植物中的某一成分改造为所需要的药物。例如：从三尖杉属植物中提出的三尖杉酯碱，具有较为明显的抗癌作用，但在植物体中含量极低，现研究从三尖杉中提出三尖杉碱，再通过合成途径得到三尖杉酯碱的差向异构体混合物。另外，通过有机合成并结合药理和临床，改造植物中某些有效成分的结构，以便获得高效、低毒，或提高其生物利用度等治疗作用更好的药物。

2.1.2.8 传统医药开发基础研究

为了更有效地开发利用传统医药资源，除了应加强传统医药资源相关信息调查及研究，区系调查及分析，种质资源保护和管理、软科学研究等工作外，还应积极开展传统医药开发基础理论方面的研究。传统医药开发基础理论研究工作大都围绕着某个具有药用前途的分类群开展深入的、多学科的研究，已研究过的大致有五加属、大黄属、细辛属等 40 多个分类。

总之，传统药用植物资源作为植物资源的重要组成部分，应注意对它的合理利用和保护。而且由于传统医药资源开发利用涉及范围广泛的多学科、多行业，所以实质上它也是一种系统工程的研究,应该纳入国家经济建设的整体发展规划中加以高度重视。首先,应根据对全国医药植物资源和国内外市场的需求调查,建立传统医药资源的数据库。通过对各项资源的蕴藏量、历史产量、国内外需求量、可供生产量及应发展的数量等软科学的研究,制定统一的发展规划。其次,应根据不同的生态条件,有计划地收集、保存和管理各种药用植物的种质资源,在全国建立几个有代表性的医药植物园,药用植物的生产基地、种子基地以及基因库。再次,应积极引进和发展以生物技术为核心的新技术和新方法,创造出优质、高产的医药植物新品种,缩短医药植物资源更新的周期,发展医药植物的工厂化生产。借助于电子计算机人工智能的研究手段,系统整理人类所长期积累起来的包括传统经验和现代研究使用传统医药的经验和知识,不断创制出疗效更好的新药。因此,传统医药资源开发利用也应该积极贯彻改革与开放的方针,大力发展跨地区、跨行业、跨系统的横向联系,使它为维护人民健康发挥更大的作用。

2.1.3　传统医药生产的现状与趋势

在医药科技与经济迅速发展的当代社会,绿色发展浪潮备受人们的关注。因此,传统医药的研发与生产,必将受到绿色发展浪潮的深刻影响,走绿色发展的道路。

2.1.3.1　我国传统医药生产现状

目前,我国传统医药生产的现状如何?有专家指出,我国中药产品在国际植物药市场中所占份额仅 3%～5%。2000 年,海关"洋中药"进口额已超出同期我国中成药的出口额,我国已经成为中药的"进口国"。更有人指出,日本的中药(汉方制剂)出口占据了世界中药市场的 30%,甚至有人说 70%、80%。对此,中国工程院院士、中国中医科学院院长张伯礼在接受《中国科学报》记者采访时表示,有人说"现在日本和韩国成为全球中医药产业的主导",这是不客观的。他说,我国中医药产业在全球依然处于主导地位,坚持中西并重将成为破解医改难题的中国式出路。

张伯礼院士指出,随着人们生活方式的转变和老龄化社会的到来,人类疾病谱也随之发生了改变。感染性疾病、营养不良等疾病的患病率降低,而慢性、复杂性疾病的发病率上升,这些疾病大多需要长期服药、终身治疗,如缺血性心脏病、中风、肿瘤、糖尿病等。因此,即使是欧美等发达国家和地区,在医疗改革方面也都承受着巨大的压力，也都在探索改革路径。尽管如此，中国面临的形势要严峻得多。例如，美国医疗支出占到 GDP 的 17.7%，而我国医疗卫生投入只占 GDP 的 5%，人均医疗费用约是美国的 1/30。底子薄、基础差、城乡发展不均衡、卫生欠账太多，在有限的资源条件下，要想满足 13 亿人的医疗保障需求，必须走出一条中国式道路。张伯礼表示，我国在医疗保险制度、基本药物制度、三级医疗体系、双向转诊办法等方面与国外的做法基本类似。不过，与其他国家相比，我国实行的是"中西并重、预防为主"的基本卫生方针，这体现了"中国式办法"的基本特征。

张伯礼院士认为，中医学与西医学是两个不同的医学体系，对人体的生理认识和对疾病病因、病机的认识不同，治疗理念、治疗方法也存在明显差异。然而，随着医学发展和科技进步，中西两种医学逐步汇聚的趋势越来越明显。"中医药学虽然古老，但其理念并不落后，符合先进医学的发展方向。现在生命科学研究遇到的诸多困难和挑战，将从中医学里找到解决的思路和方法。"因此，他认为，中医治病和养生理念体现的是更为积极的预防医学思想，许多办法不仅在老百姓的日常生活中用得上，而且基本不需要花钱。同时，在疾病治疗中，中医药简便、灵验等优势也非常突出，如果能使中医的一些适宜技术得到更好的应用，中医的优势会更加突出。据不完全统计，全球天然药产值达 400 多亿美元，加上植物类保健品、日化用品等达到 800 多亿美元，而我国仅中药工业产值就超过 800 亿美元。

可见，我国仍是中药研发、生产、应用、出口大国。但我国中药出口在国际草药市场所占份额确实是不高的，当然这并不是说日本所占的份额就比我们高，实际上，日本远低于我们。我国中药出口近年来在 5 亿美元上下徘徊，其中中成药出口多为 1 亿美元左右；"洋中药"的进口虽有增加趋势，但仍远小于中成药出口。针对我国传统医药生产的发展现状，张伯礼院士强调指出，中国中医药在全球的地位没有改变，依然处于引领、主导位置。当然，在药品质量与工艺水平方面仍需加强。中医药是中华民族的瑰宝，研究好、利用好将极大推动我国医改的成功[3]。

我国的中药产量居世界第一位，但在国际中药市场中却只占很小的份额，且其中 65%以上为原料药和保健品。1998 年，我国的中成药进出口出现了贸易逆差，2001 年这种逆差达 3.9 亿美元。影响我国中药出口的原因很多，其中国际上最常用的是以绿色贸易壁垒来限制对我国中药的进口。所谓绿色贸易壁垒，是指在国际贸易活动中，一国以保护环境为由制定的系列环保贸易措施，它是一种非关税贸易壁垒，通过这种方法使外国的产品无法出口或限制其出口到本国，从而起到保护本国此类产品的市场份额的目的。

众所周知，中药在我国的应用已有几千年的历史，并在独特的中医理论指导下应用，其重要的种植和加工又是在传统的经验模式下摸索和建立起来的。因此，中药的质量没有一个科学的、严格的、可靠的标准来规范约束。虽然中药在国内的应用没有因此受到大的影响，但进入国际市场时，就不可避免地遇到了一个"门槛"问题，即中药材质量不稳定，其有效成分含量不易控制，农药残留量、重金属含量超标，指标成分不明确等问题。

应当指出，我国中药出口一直难以迅速增长的原因有很多，客观上主要是东西方文化差异、西方国家药品法规限制以及西方国家的贸易壁垒阻隔。我们不能因为我国中药出口难以增长，就想仿效西方草药的一些做法。因此，应该看到，近年来，我国中医药因其天然无毒副作用而在国际上越来越受到关注和重视。加入 WTO 后，21 世纪的中医药产业更得到空前的发展，但同时也面临着各种挑战。积极发展绿色中药也就是在这种日益激烈的国际竞争环境中产生的新概念、新思路，也是我国中医药进入国际市场迈出的重要一步[4]。我们要大力宣传中医药文化，让西方国家承认中医药，与我们的系列标准规范接轨，让中医药与西医药成为国际上平起平坐、相互补充而又不能相互取代的人类两大医疗保健体系，共同为维护人类健康服务。

2.1.3.2 注重 GAP 的实施及相关政策

中药材在中药行业属于上游产业，是中成药的基础原料，其本身的质量直接影响了所生产的中成药的质量，可见其对提高中药材质量的重要性。我国已加入WTO，中药的国际贸易将以国际准则进行，虽然目前国际上还没有植物类中药的通行标准，但美国、欧盟及东南亚地区已经制定了对中药中重金属和农药残留量的限量规定，这就使得我国亟须制定一个符合国际标准的绿色中药标准，它是绿色中医药发展的必经之路，也是使中医药走向世界，获得国际认可的基础建设工作。

《中药材生产质量管理规范（试行）》（GAP）、《药用植物及其制剂进出口绿色行业标准》《药用植物及其制剂进出口绿色行业标准实施管理办法》《药用植物及其制剂进出口绿色行业标识管理办法》等的实施，使中药材的质量逐步得到改善，通过对绿色中药标识进行商标注册，同时争取这些绿色标准能在国际上得到普遍认可，从而为中药出口奠定坚实的基础。

另外，新修订的《中华人民共和国药品管理法》中提出今后几年内，国家将逐步对中药材实行批准文号管理，并逐步推广 GAP 种植基地。目前，我国已建立起上百家中药材种植示范基地，部分中药材已经由传统生产模式转向科学化、集约化的专业生产模式，即按照 GAP 的要求，在选择中药材栽培品种、管理种植技术、农药合理应用及质量控制指标方面进行严格的控制，使中药材生产规模化和产业化，推动我国绿色中医药的快速发展。

总之，质量是中药材生产企业的生存之本。绿色中医药的发展犹如一把"双刃剑"，在促进企业发展的同时，也会使达不到绿色标准认可的企业被淘汰，只有通过国家的 GAP 认证，企业才可能有更大的出路。中药材是特殊的商品，价格走向受市场的影响很大，因此应该建立以市场为导向的产业结构，避免盲目生产，造成资源浪费。目前，我国中药材种植和加工的基础性研究比较薄弱，缺乏系统化、理论化的科学依据；中药材的生产与管理涉及许多学科，技术性比较强，如生产、加工技术问题，资金问题、市场问题、开发利用问题等还有待妥善解决；中药绿色标准的宣传力度也还很不够，多数的药农对此还缺乏足够的认识，因而参与这项工作的积极性不高，也就影响了中药绿色标准的建立和推广。因此，要让 GAP 规范深入到每个中医药生产企业、药农等的心中，还需要各界长期共同的努力。鉴于存在以上种种问题，要从根本上改善中药材的质量、保证中药材质量的稳定可控、绿色无污染和安全有效，是一项很艰巨的任务，亟待采取有效措施。

2.1.3.3 绿色传统医药的目标与特点

由于人口老龄化、环境恶化以及资源匮乏等难题，全球对环境的保护和资源的可持续利用给予更大的关注。对传统医药来说，现阶段可持续发展的目标是：以发展绿色医药为目的，建立并完善"传统医药现代化科技产业基地"以及推广实施"药材生产管理规范"方法和措施，持续提供优质、安全、无公害及质量可控的药材[5]，为人民健康服务。绿色传统医药是指经检测符合国家绿色标准，通过专门机构认定并许可使用绿色商标的无污染、安全、优质的传统医药，其主要特点是：

（1）强调 GAP 技术规范。绿色传统医药的种植要符合一定的要求，如绿色中药的种植、养殖必须符合《中药材生产质量管理规范（试行）》的要求。基地的选择符合产地适宜性优化原则，因地制宜，合理布局，生产区域的生态条件与动植物生物学和生态学特性相对应；生产区土壤符合国家土壤质量二级标准；灌溉用水符合国家农田灌溉用水质量标准；药用动物的饮用水符合生活饮用水质量标准；对养殖、栽培或野生采集的药用动植物准确鉴定其物种；建立良种繁育场所，并进行良种选育、配种工作；根据药用动植物生长发育规律，制定相应的种养操作规程；禁止使用城市生活垃圾、工业垃圾、医院垃圾和粪便；综合防治药用植物病虫害；根据药用动物生长习性，确定相适应的养殖方法和方式；药用动物饲料不得添加激素、类激素等添加剂；禁止将中毒、感染疫病及不明死亡的动物加工成药材；保护生态和环境，安全使用农药；确定适宜的采收时间（包括采收期和采收年限）；毒性传统医药、按麻醉药品管理的传统医药使用特殊包装，并有明显标志；生产企业设有质量管理部门，负责传统医药生产全过程的监督管理和质量监控，中药材包装前按国家标准或经审核批准的传统医药标准进行质量检验；传统医药农药残留量、重金属含量、微生物限度等符合国家标准或有关规定；不合格的传统医药不得出场和销售。这些从源头上治理的措施，可以保证传统医药生产质量和产地资源、生态、环境的可永续利用，保证产地可持续生产与发展能力。

（2）对传统医药实行全方位质量控制。绿色传统医药生产应实施从"空气、土地到原料药"的全过程质量控制，而不是简单地对最终产品的有害成分进行检测。通过传统医药生产产前环节的环境监测，产中环节的规范生产，产后环节的加工、包装、仓储、运输、销售等进行全过程质量控制，确保绿色中药材的质量，并不断提高整个中药材生产过程的科技含量及经济、社会效益。

2.1.3.4　发展绿色传统医药的意义

发展绿色传统医药，从保护和改善生态环境入手，以开发利用安全、优质、无污染传统医药为突破口，改革传统医药生产方式和管理手段，实现传统医药事业可持续发展，从而把保护生态环境、发展经济、提高人们健康水平紧密结合起来，促成生态、环境、资源、经济、社会卫生事业发展良性循环。所以，发展绿色传统医药，一方面，遵循了可持续发展的基本原则，既满足当代人的医疗保健需求，又不危及后代人满足其发展的需求；另一方面，为传统医药资源的可持续发展赋予了一些新的内涵，具有重要的现实意义。

（1）有效保护产区周围生态环境，实现人与环境和谐发展。绿色传统医药生产不仅强调产品出自特殊的生态与环境，重视高效利用生态和环境，生产出安全、优质、无污染的传统医药，而且强调对产区生态和环境的保护，更加重视可持续发展的能力。绿色传统医药生产从产区生态与环境入手，既可以保证绿色传统医药的质量，又有利于强化传统医药生产企业、药农的资源节约和环保意识，最终将传统医药资源的发展建立在资源和生态与环境可永续利用的基础之上；此外，在绿色传统医药生产过程中，通过对生产环节的监控，可以有效地减少农药、化肥对产区周围的空气、土壤、水体的污染，保护生态和环境不被破坏，实现人类生产与环境的和谐统一。

（2）促进传统医药产业结构战略性调整。实现传统医药产业结构的战略性调整，首要的是全面调优和提高传统医药产量、质量，而绿色传统医药具有安全、优质、无污染的特征，因此，发展绿色传统医药是实现传统医药产业结构战略性调整的具体行动和重要举措，通过发展绿色传统医药带动整个传统医药产业结构的调整，增加传统医药材附加值，加快传统医药生产现代化进程。

（3）促进医药企业增效，药农增收。为了保证药农按照传统医药生产质量管理规范进行生产，确保传统医药材符合绿色标准。经过不断地探索和发展，我国一些地方传统医药生产企业探索建立了"公司+基地+农户"的管理模式，改变了传统的"一家一户"的生产方式，建起了绿色中药材的"第一生产车间"，要求基地内的农户按照绿色中药材的种植、养殖操作规程，对农药、化肥、良种繁育、采收期等多个环节进行监管，并建立严格的档案资料和监督检查制度，同时绿色中药材生产企业还不定期地组织基地技术人员和药农大力推广有机肥、生物肥、生物农药等符合绿色标准的生产资料，引导药农严格执行操作规程，适时适量科学用肥、用药，对药农采取统一技术培训、技术指导、技术管理、物资供应、产品收购、检查验收等"六统一"措施。这不仅带来了中药材生产方式和管理模式的深刻变革，而且提高了企业效益，增加了药农收入，实现了企业与药农的"双赢"。

（4）提高传统医药品质和竞争力，满足国内外市场需求。大力发展绿色传统医药，可以扩大传统医药出口创汇。从我国市场看，随着人们生活水平的日益提高，对传统医药安全、无毒副作用的选择日趋严格，特别是对中药的安全优质、稳定可控、疗效显著的需求与日俱增；从国际市场看，随着我国加入 WTO，我国将面临前所未有的机遇和挑战，传统医药出口受到行政和技术壁垒的双重障碍。因此，只有发展绿色传统医药，才能提高我国传统医药的品质和国际竞争力。

总之，发展绿色传统医药不仅是实现合理利用传统医药资源和环境保护的物质载体，而且是协调经济、社会、生态三大效益，实现生态、环境与传统医药资源可持续发展的重大举措和重要保障，是构建传统医药资源可持续发展体系的重要组成部分，符合国家传统医药发展战略的宏观构想，有利于加快我国传统医药现代化、国际化的进程。我们必须抓住当今世界以生物防治为基本手段的无污染新技术的研究，大力推广应用无公害生产技术，更新观念，强化措施，在绿色传统医药生产过程中有所创新发展，促使传统医药优质高产，不断推进绿色医药发展进程。

2.2 现代绿色医药的研发与生产

2.2.1 绿色医药的技术研发

2.2.1.1 绿色制药的定义

现代制药业是现代化学工业的一个重要分支和不可分割的组成部分。绿色制药是狭义的绿色医药，是绿色化学的重要子项目。所谓绿色制药，其特征是它所考虑的药品生产路线与一般的传统的生产路线不同，它把减少污染作为设计、筛选药品生产工艺的首要条件，研究和发展无害化清洁工艺，推行清洁生产。即以低消耗（物耗和水、电、汽的消耗及工耗）、无污染（至少是低污染）、资源再生、废物综合利用、分离降解等方式实现制药工业的"生态"循环和"环境友善"及清洁生产的"绿色"结果。理想的绿色制药技术应通过发展高效、合理、无污染利用资源的绿色化学原理，以环境无害、发展经济为目标，创造出环境友好的生产先进工艺技术。如开展有机药物合成中原子经济性反应，在设计合成途径中，应考虑如何经济地利用原子，避免用保护基或离去基团，这样设计的合成方法就不会有废物；利用水溶性均相络合催化，不仅具有催化活性高、选择性好等优点，更重要的是反应以水作为溶剂，安全、方便、易于分离，还可避免在生产过程中大量有机溶剂挥发对环境的污染。研究者指出，绿色制药是一个新兴的多学科交叉的研究领域，涉及知识面广，在制药工业中新的技术层出不穷[6]。因此，促进制药工业绿色技术的不断创新发展，可以使医药绿色化的进程不断向前推进。

2.2.1.2 绿色制药工业设计技术

绿色设计（green design）的概念最初来源于制造业，主要是指目的在于节约资源、缓解世界矿物资源枯竭速度的设计思想，是一个综合面向对象技术、生命周期设计的系统设计方法，是融合产品质量、功能、寿命和环境于一体的设计系统。它是从产品的设计开发阶段就将环境因素和预防污染的措施纳入产品的设计之中，将环境性能作为产品的设计目的和出发点，力求使产品的生产、流通和使用消费系统对环境的影响最小，做到清洁的原辅料、清洁的生产过程、清洁的产品和安全的流通和安全使用，是绿色思维体现于产品的生产、流通和使用过程之中。

制药绿色设计涉及制药理论和工程学及其相关学科，同时还涉及环境科学、材料科学、社会科学等学科，具有较强的多学科交叉、渗透特征，是多种设计方法和设计过程的综合集成，是综合面向对象的技术、并行工程、生命周期设计的一种发展中的系统设计方法，主要研究的是医药产品质量、功能、寿命、环境、成本等因素的综合最优。绿色制药工业设计技术则是产品生产及建设前期设计过程中各种因素的综合最优，绿色的制药工业设计是产品实现清洁生产的重要前提，也是目前我国医药行业实现可持续发展的关键环节。

制药工业设计是集制药工艺及装备、总体规划、土建工程、给排水、供电、空调冷冻、供热、自动控制等专业设计的系统工程，其绿色设计技术主要体现在资源综合利用、清洁生产与环境保护、劳动安全及卫生、节能、节水等方面。制药生产厂房的布局对于工程建设投资，项目整个生命期间的运行费用、生产管理、环境保护等方面均有至关重要的影响。

在我国目前制药工程设计过程中，药品生产工艺已经过研制单位的成功试验，其生产工艺路线也得到药监部门的批准，制药工程工艺绿色设计体现在工艺流程配置最佳化，生产装置的节能、节水、环保等方面。我国制剂设备的设计必须发展先进的隔离技术，建立先进的就地清洗和就地灭菌的洁净灭菌系统。只有不断提高药品研发与生产质量和药品企业竞争力，才能在一个更高的层次上与国际医药工业GMP 标准接轨，在不断动态发展的层次上与国际医药工业 GMP 标准接轨，在达标中稳操胜券并占领新的医药产业制高点。因此，发展绿色医药生产，大力推进绿色医药科技创新是至关重要的战略举措。

2.2.2 绿色医药的科技创新

科技创新是建设生态文明的必然要求和重要力量，但这并不意味着医药科技创新具有天然的"生态偏好"，而具有生态偏好的生态型医药科技创新才是促进生态文明建设和绿色医药发展的有力支撑。因此，大力推进生态导向的医药科技创新是关键举措。为此，必须采取以下一些措施：

2.2.2.1 树立绿色发展新理念

在推动绿色医药科技创新过程中，首先要树立绿色发展新理念，从生态视角加快医药科技创新保障体系建设。医药科技创新具有"双重外部性"——创新的外部性和生态的外部性。但这种双重外部性的实际生成，需要政府在税收减免、资金扶持、人才支持等方面实施倾斜性政策，逐步建立健全生态导向的医药科技创新保障体系，不断增强激励医药科技创新的引领能力。

2.2.2.2 注重医药科技创新的生态效益

与传统的创新活动相比，生态型医药科技创新面临着更多的不确定因素和风险，其技术外部效益及生态外部效益，将由全社会共享，私人收益远小于社会收益，完全由市场机制决定的生态型医药科技创新水平，必然低于社会最优水平。因此，政府要针对生态型医药科技创新的特点，充分考虑其创新的外部性和生态的外部性，制定合理的公共政策，对生态型医药科技创新进行适当的扶持与保护，以彰显和鼓励医药科技创新的生态导向，提高生态型医药科技创新的效率，逐渐让生态型医药科技创新成为主流。

2.2.2.3 发挥供求关系对药品价格的决定性作用

价格是市场经济体制下资源配置的基础，也是调节市场行为的有力杠杆。要在推动绿色医药科技创新过程中实现中共十八届三中全会提出的"市场在资源配置中起决定性作用"，需要推动药品价格的市场化改革，使其客观反映药品资源本身的稀缺性、开发药品带来的环境成本以及药品研发生产本身蕴含的生态价值。唯有如此，医药科技创新的生态性才能获得市场力量的有力激励，从而保证推动绿色医药科技创新过程永不停息。

2.2.2.4 放大医药科技创新的溢出效应

医药科技创新周期长、难度大，需要大量科技投入。在推动绿色医药科技创新过程中，既要注重引进外资，又要注重在引外资的同时引进国外先进绿色技术和环保标准，放大医药科技创新的溢出效应。在引导外商投资逐步从药品一般加工环节向研发、设计等高端价值环节拓展的同时，应更积极引进国外先进绿色医药技术和环保标准，注重开发外资药品企业的先进绿色工艺和低碳生产流程，激励他们提高低碳创新水平以及低碳创新的本地化水平，促进药品低碳生产流程和技术的转移与扩散，放大低碳技术溢出效应。

2.2.2.5 推进医药科技创新生态系统建设

推进医药科技创新生态系统建设，一方面，要注重打造基础研究群落，夯实创新基础。在医药科技创新生态系统中，基础研究群落是最为根本的主体，承担着为整体生态系统提供营养和活力的重任。没有厚实的前瞻性的基础研究，就谈不上医药科技创新。因此，要进一步重视和加大对基础性医药科技创新的投入，为医药科技创新生态的良性运转提供充足的创新源。另一方面，要注重发展医药科技服务业。医药科技服务业在医药科技创新生态系统中发挥着润滑剂和催化剂的重要作用。要站在整个医药科技创新生态良性运转的高度来发展科技服务业，积极发展医药科技服务网络，加快政府、各类创新主体以及市场之间的知识流动、人才流动、信息流动和技术转移，推动医药科技创新成果商业化，促进医药科技创新生态健康发展。

2.2.2.6　推进医药科技创新系统开放搞活

在推动绿色医药科技创新过程中，要推进创新系统开放，激发创新生态活力。医药科技创新生态系统必须充分开放，才有可能与外界进行物质、能量和信息的充分交换，从而加速创新主体的集聚和创新系统的形成。要强化系统的充分开放，优化整合系统内外的创新资源和创新信息，加强系统内部创新主体之间的联络，深化系统内创新主体与系统外创新主体的互动，推进创新系统之间的实质性合作。同时，要注重优化创新环境，提升创新氛围。建设充满活力的医药科技创新生态系统，必须创造良好的医药科技创新生态环境。要大力营造鼓励创新、宽容失败的创新文化和自由探索、敢于争论的创新氛围，尊重人才、尊重创造，为医药科技创新主体提供宽松的创新环境，保证创新之源不断有源头活水的涌现。

总之，大力推进绿色医药科技创新，不仅是现代绿色医药生产的必然要求，也是加快生态文明建设的必然需要。在经济的持续增长已受到地球生态极限制约的情况下，生态型医药科技创新是要促进医药产业从传统的产品生产型向产品服务使用型的转变，是要用优质的医药服务代替药品作为商品来满足消费者的需求。绿色生态型医药科技创新可以通过传统药品生产范式的革新，为生态文明建设和提高人类健康水平创造更美好的前景。

2.2.3　绿色医药生产

我国已成为世界原料药第二大生产国，化学原料药的年总产量达 80 万 t。但同时，我国也是原料药出口大国，2003 年原料药出口额达 37 亿美元。权威统计显示，目前我国有 5 个品种的原料药的生产和出口已经居世界第一：青霉素年产 2.8 万 t，占世界市场份额的 60%；维生素 C 年产 9.8 万 t，出口 5.4 万 t，占世界市场的 50%

以上；土霉素年产 1 万 t，占世界市场的 65%；盐酸多西环素和头孢菌素类产品的产量也位居全球第一。作为世界上利润增长最快的十大行业之一，全球医药产业发展势头不减，年均增幅超过 7%，高于全球经济的增长速度。中国医药行业也取得长足进步，现有 6 700 多家制药企业，跻身世界制药大国之列。但另一方面，我们也应该看到，我国虽然已成为世界制药大国，但还不是制药强国。我国制药业仍存在生产规模与产业集中度低、研发水平低、产品附加值低、新品种少等诸多不足，而且化学原料药在我国医药制品出口额中所占比重最大，大宗化学原料药更是我国医药出口的主力军。目前，我国化学原料药面临的污染严重、产能过剩、恶性竞争等亟待解决的问题。而未来几年专利药的到期，将成为我国化学原料药的机遇[7]。

针对化学原料药出口带来的问题及面临的机遇与挑战，特别是为了解决医药企业产业集中度低、研发水平低、产品附加值低，把大量严重污染环境的"三废"留在国内造成的严重环境问题，制药工业必须实现绿色化，要把绿色制药提升到战略高度来对待。从这个角度看，中国制药业的绿色发展迫在眉睫。从绿色制药的定义我们可以看出，绿色医药生产应做到使自然资源和能源利用合理化，经济效益最大化，对人类和环境的危害最小化。

2.2.3.1 绿色医药生产的基本内容

对于制药企业来说，绿色医药生产意味着通过不断提高生产效益，以最小的原材料和能源消耗，生产尽可能多的医药产品，提供尽可能多的医药服务，降低成本，增加医药产品和服务的附加值，以获取尽可能大的经济效益和社会效益，把医药生产活动和预期的医药产品消费活动对环境的负面影响减至最小。绿色医药生产的基本内容如下[8]：

（1）清洁能源，包括新能源的开发、可再生能源的利用、现有能源的清洁利用以及对常规能源（如煤）采取清洁利用的方法，如城市煤气乡村沼气利用以及各种节能技术等。

（2）清洁原料，少用或不用有毒有害及稀缺的原料进行医药生产。

（3）清洁生产过程，医药生产中产出无毒、无害的中间产品，减少副产品，选用少废、无废工艺和高效设备，减少医药生产过程中的危险因素（如高温、高压、易燃、易爆、强噪声、强振动），合理安排生产进度，培养高素质人才，物料实行再循环，使用简便可靠的操作和控制方法，完善管理等，树立良好的医药企业形象。

（4）清洁产品，节能、节约原料，产品在使用中、使用后不危害人体健康和生态环境，产品包装科学合理，易于回收、复用、再生、处置和降解，使用寿命和使用功能合理。

2.2.3.2 绿色医药生产的实施

实行绿色医药生产，进而达到环境保护的目的，做到可持续发展，是要不断满足人们日益增长的追求健康的需要，使人们享有丰富的精神和物质财富。绿色医药生产与一般工业企业管理和技术改造密切相关，它更多地是采用环保新技术或工艺技术改进。当然，绿色医药生产也是提高医药企业管理水平的重要措施。加强企业管理是推行绿色医药生产的基本手段和保证，良好的企业管理（包括实施良好的生产管理及质量管理规范）可以减少原材料的浪费，降低废弃物的产生，从而在降低生产成本和提高产品质量的同时，减少污染物的排放及对环境的危害。医药企业实现绿色医药生产的另一重要的手段，是企业的技术进步和生产设备的技术改造。同时，绿色医药生产也使技术改造更具针对性，更有利于技术改造的实施，并使研发的绿色医药技术获得更好的经济效益、环境效益和社会效益。

当然，绿色医药生产的实施不单纯是企业的事，也是政府和全社会的事。全面实施绿色医药生产要做好以下几方面的基础性工作：

（1）强化环境保护意识，广泛进行绿色宣传。在全社会进行环境保护、污染防治的广泛宣传教育，特别是法制教育、绿色发展意识教育，树立"保护环境光荣、污染环境可耻"的观念，强化环境保护措施。

（2）建立严格的清洁生产工艺推广使用制度。《中华人民共和国清洁生产促进法》从法制上促进各级政府、有关部门、生产和服务企业推行和实施清洁生产。医药行业关系国计民生，应首当其冲地建立更严格的清洁生产工艺推广使用制度。要加速、加快新型节能降耗环保产品的研制，注重开发和科技转化，坚决关掉、淘汰、改造那些重点污染大户，最大限度地满足人民群众对医药产品的需求。

（3）加强清洁生产的培训。在医药企业推行清洁生产的同时，加强对在岗在职员工的职业技术培训，提高员工熟悉掌握新型技术的知识技能，在清洁生产工艺流程各个工序上，设立层层环保防线，使绿色产品合格率大幅度提高。清洁生产培训可采取短期专业培训的方式，其内容侧重掌握实施清洁生产的具体方法。例如，清洁生产的概念、内容、方法与过程，清洁生产审计，清洁生产的量度与评价，企业清洁生产规划，产品的生态设计、生命周期分析、绿色市场调查与分析等。清洁生产培训分普及型和专业型两类。普及型偏重于清洁生产的一般概念、方法与过程，旨在促进观念转变，提高认识，加强管理，严格操作，培训对象为制药企业的员工及管理人员。专业型培训则着重于清洁生产具体技术和方法的传授，培训对象主要为医药企业工程技术人员、设计开发人员及生产管理人员，以及生产操作人员，被培训对象将直接参与推行清洁生产的实践。对于制药企业来讲，药物化学、药剂学、生物化学、中药工程学等与药品生产有关的专业知识可有重点的选择，此外生物制品生产、微生物学等专业知识也是必不可少的，但必须紧密结合医药企业清洁生产的实际。

（4）严格执行"三同时"制度，坚持实行环保第一审批权。"三同时"制度，是指建设项目中的环境保护设施必须与主体工程同时设计、同时施工、同时投产使用的制度。它是我国环境管理的基本制度之一，也是我国所独创的一项环境法律制度，同时也是控制新污染源产生、实现预防为主原则的一条重要途径。从源头上预防和削减污染，大力推广清洁生产工艺技术，是制药工业贯彻执行《清洁生产促进法》的必要途径。新建的药品生产企业或者制药企业新建车间，必须符合药品 GMP 的要求，必须符合环境保护的要求。

（5）充分发挥医药企业现有治理设备的作用。依法强力推行治理污染工作的开展，保证现有治污设备的正常运行，充分发挥医药企业现有治理设备的作用。我国 GMP（1998 年修订）规定的对青霉素类、头孢菌素类等β-内酰胺结构类药品、激素类、抗肿瘤类化学药品以及避孕药品、生物制品、中成药生产等空气净化系统及吸尘防护设施，实际上是防止污染的措施，不仅防止生产过程对环境的污染，而且也防止生产过程对产品的污染。因此日常生产要加强维护、维修。

（6）充分发挥医药企业环保部门的监督监理作用。医药企业设立环保部门，不仅为清洁生产所需要，也为企业建立健全环境管理体系所需要。应充分发挥企业环保部门的监督监理作用，依法保证企业推行清洁生产、治理污染所必需的资金投入，确保医药企业限期治理和限产、限排目标的实现。

（7）注重医药企业全员参与的环境管理。如同全面质量管理（TQM）一样，医药企业的环境管理也要实行全员参与全过程的全面管理。应充分发挥医药企业员工的主人翁作用，群策群力，集思广益，加强技术改造，加快清洁生产工艺在生产中的推广和使用，用良好的生产环境去改造人、塑造人，用先进的清洁生产工艺去引导人，从而焕发医药企业员工的积极进取精神，最终实现医药企业经济效益和社会效益的双丰收。

（8）遵守与"清洁生产的推行"有关的法律规定。有关清洁生产的推行的法律规定将对企业实施清洁生产起到促进作用。制药企业应当认清国内外清洁生产推行和实施的形势，果断决策，尽快采用药品的清洁生产技术，尽快通过环境管理体系 ISO 14000 标准认证，将企业的产品推向国际医药市场，为人类的健康事业作出更大的贡献。

2.3　绿色医药包装

2.3.1　药品包装现状

药品包装是药品生产过程不可缺少的一个重要环节。药品与人们的生命与健康休戚相关，关系到人的全面发展，它是用于预防、治疗和诊断疾病的特殊商品。药品的特殊性，决定其有别于其他商品的包装，该环节具有十分重要的意义。药品包装通常是指药品的内包装以及内包装所用的与药品产生直接接触的包装材料。药品包装是为了在流通过程中保护产品，方便储运，促进销售，按一定的技术方法所用的容器材料和辅助物等的总体名称；也指为达到上述目的在采用容器材料和辅助物的过程中施加一定技术方法等的操作活动，包装要素有对象材料造型结构及防护技术视觉传达，药品的包装不仅要具有保护产品质量的作用，更应该是一个信息的载体[8]。药品包装有外包装与内包装之分，且各有其重要性。药品包装必须根据其内在的特性，分别采用相应的材料与技术，使其完全符合药品理化性质的要求，且包装容器大小与内装药品相宜，包装费用应与内装药品相吻合。药品的外包装主要是在其流通过程中起到保护、方便运输、促进销售等作用。然而，在实际工作中，我们不难发现，在众多的药品品规中，出现了外包装无序管理或过度包装现象，令人担忧，包装简陋、过度包装、异形包装、包装说明不符合规范、包装缺少用药器具、药品包装规格过大或单一、防伪技术落后等不利于推广和使用的情况，还在医药市场普遍存在。

2.3.1.1　我国药品包装存在的问题

1988 年 9 月 1 日起施行的《药品包装管理办法》对药品的包装管理虽然做出了相关具体规定，但对外包装管理的规定甚少。2006 年 6 月 1 日起实施的《药品说明书和标签管理规定》，对药品商品名和通用名在包装上的字号比例和位置作了一定的限制，但对药品包装空间、材质等问题并没有进行严格限制。这就直接给药品过度包装"开了绿灯"，使其难以受到严格的管束和控制。2010年6月实施的国家标准《限制商品过度包装要求——食品和化妆品》，对食品和化妆品销售包装的层数、空隙率和成本三个指标做出了强制性规定，但对药品这一特殊商品的外包装，依然没有进行相应的规范，使药品包装长期处于无法可依的状态，从而导致过度包装行为的泛滥[9]。当前，我国药品包装面临的问题主要如下：

（1）药品包装材质落后。固体药品包装方面，泡罩包装已普遍应用于固体制剂的包装并逐渐成为最流行的药品包装形式之一，但目前我国泡罩包装广泛使用的PVC（聚氯乙烯）材料面临着换代问题，由于PVC分解后产生的HCl对环境有一定的影响，它的中间体、增塑剂、稳定剂对人体有害，同时PVC在阻湿阻气等方面的性能不够理想，所以国际上已开始淘汰PVC的泡罩包装。据报道，德国药品生产企业已经不再采用PVC作泡罩式包装；日本亦限制PVC制品的生产。目前，普遍采用的PVC片材由PVDC（聚偏二氯乙烯）及其复合材料代替，与相同厚度的材料比较，PVDC对空气中氧的阻隔性能是PVC的1 500倍，是PP（聚丙烯）的100倍，是PET（聚酯）的100倍，其阻隔水蒸气、异味残存等性能优于PVC，而且安全无毒。

液体药品包装方面，PVC输液软袋生产时加入一种邻苯二甲酸酯（DEHP）化学成分作为软化剂。研究结果证实DEHP对人体健康存在着潜在的危险性并建议对PVC输液软袋的使用加以限制。玻璃广泛被应用于水针剂、粉针剂、大输液和液体口服制剂的包装。目前，我国普遍使用的是低硼中性玻璃和经过表面处理的国际Ò类玻璃。国内中性玻璃（即乙级料）承受剧烈温度变化的能力差，盛装强碱性药液时易产生"脱片"现象，在国际上碱性液体药品包装不推荐使用，因此，我国医药行业标准已明确规定五年内要淘汰国内中性玻璃（乙级料），向国际中性Ñ类玻璃发展。

（2）药品包装方式滞后。就粉针剂而言，我国1990年开始强制淘汰非易折安瓿，推行易折安瓿，目的是避免安瓿使用时因锉击所产生的玻璃微粒进入药液而带来的严重后果，以及保护使用者（医护人员），避免注射时发生医护人员被割伤。目前，国产安瓿易折性虽然有所改善，但与国际上的先进产品相比仍有很多不足，如日本产某水针剂，玻璃安瓿外包有纸质外套，折断处标识清楚明显，稍一用力就能完整地折断安瓿，其纸质外套既对药剂有避光保护作用，又标明了品名、批号、有效期等信息，解决了安瓿印字问题，同时也便于医护人员使用，可谓一举多得，虽然包装成本略高，但仍值得借鉴采用。

在大输液包装方面，目前我国仍以玻璃瓶为主，其改进的方向是用复合软包装塑料袋和塑料瓶，现国际上普遍使用的是聚烯烃共挤复合膜软包装袋。目前，我国药品生产选择非 PVC 多层共挤输液软袋的形式有增长趋势。非 PVC 多层共挤输液膜为多层共挤出，不使用黏合剂和增塑剂，对人体安全无毒，在万级（局部百级）的净化条件下生产，确保了使用的洁净要求。良好的透明度保证了药品生产和使用过程中的异物检查。热封性能好，易与多种灌装设备和接口配合。袋抗跌性强，可经受 121℃下灭菌。使用时无需排气，交叉污染少。对水蒸气、氧气和氮气有良好的阻隔性能。不含氧化物，对环境不造成污染。主要用于灌装电解质输液、营养输液和治疗性输液，但其成本较玻璃输液瓶和 PVC 软袋的要高。

而且，药品包装设计缺乏个体化、人性化及民族化。对与人的生命息息相关的药品来说，包装设计应能体现满足患者的心理诉求，除了首当其冲的安全性，良好的包装还应具备个体化、人性化及民族化等设计要素。基于药品的特殊性，有的需要防潮，有的需要避光，有的需要密闭等，设计内包装时应全面充分地考虑诸多因素，以确保药品质量稳定、安全有效，这是药品包装设计的基础。由于材料和工艺等方面的滞后以及用药安全意识薄弱等原因，目前我国的药品包装安全性方面仍落后于发达国家，如药品名称和批号使用不规范，药品标注的用途和质量标准不相符，术语使用不规范，无说明书等。此外，药品包装应具有实用美观、操作方便等特性，从医疗需要和患者使用的角度考虑，做到易于开启、使用方便、剂量合适、便于保存等，充分体现个体化、人性化。

（3）药品包装过度问题。过度包装的问题表现有三种类型：①过于严实。有的药品包装里三层外三层，已失去了包装的基本意义，有的药品以铝塑泡罩包装后，再用复合膜袋包装，再装入精美的纸盒内，甚至在外面再包上一个薄膜，简直密不透气。②盒大量少。许多药品，尤其是口服药品，药品只占盒的 1/10~2/3，或占瓶的 1/3~1/2。③过分独立。不少注射剂存在 1 支 1 个包装、2 支 1 个包装、3 支 1 个包装等过少量药品单位包装，注射剂的使用一般都是在医院医护人员临床观察下使用，无需患者带回家，这样包装没有必要，反而由于体积过大单位包装数量不固定，给护士、药师取药、发药带来很大不便。

据参与制定规划的中国医药包装协会相关负责人介绍：2010 年中国医药包装产值达 350 亿元，保守估计，按外包装成本占总包装费用 10%左右，外包装一年消费可高达 40 亿～50 亿元人民币，形成了一个较大规模的产业。高质量适当的外包装是必要的，这对药品的宣传、促销、运输和贮存的积极作用不言而喻。但是，当今药品外包装存在畸形发展趋势，药品的过度包装现象十分普遍，堪称"有过之而无不及"，过度包装带来的不良影响也是显而易见的，与绿色经济思想是背离的。

（4）药品包装缺乏个性化设计。一些国产药品，同一厂家的不同药品，外包装设计缺乏个性及多变性，外观极相似，易混淆，药师发药时易发生误发现象，辨别外观浪费时间，降低工作效率，而患者则易误服药品而影响健康，甚至危及生命。

2.3.1.2 药品过度包装的危害

药品过度包装只能说明许多生产厂商只停留在低水平的重复生产，没有在新产品的研发和药品质量提高上下工夫，只在包装上做文章，以获取最大利益。过度包装的结果给社会造成很大的影响：资源浪费环境污染、患者就医负担加重[10]。

（1）造成了资源浪费和环境污染。包装工业的原材料如纸张、橡胶、玻璃、钢铁、塑料等，这些都是紧缺资源。在资源与能源短缺、生态环境破坏以及人口增加问题日益突出的今天，过度包装显然不符合绿色环保的基本要求，与我国发展绿色循环经济、构建节约型社会格格不入。很多包装物没有被再次利用，消费者抛弃包装废弃物，造成大量生活垃圾，在浪费资源的同时，又加剧了环境污染。

（2）增加了药品生产成本，加重患者负担，侵犯了消费者合法权益。一些药品企业不是从产品质量、技术等级上下工夫，为消费者提供合适需要的药品，而是以外表的富丽堂皇掩盖其内在的先天不足。由于表面文章做得过大，包装过度，造成了药品成本上升，这一成本并非由企业自行消化，而是被转嫁到病人身上，损害了患者的利益，加大了患者负担，加重群众看病贵的问题。过度包装在药品市场上泛滥，迫使消费者支付额外的巨额包装费，而经营者利用夸大包装、装饰功能的方法从消费者身上取得更多的利润。在短期内，药品企业营利可能会有明显上涨，但从长远来看，是不利于企业可持续发展的[9]。国际上，慢性病用药通常都用 1 个月用量的大包装，也就是 100 片，以糖尿病患者用的口服药中最普通的二甲双胍为例，目前国产药品包装都为 12～24 片，每盒仅能满足患者一周或不足一周的用量，而且以铝塑包装的 1 小包泡罩板装在纸盒内，盒外印刷华丽。从经济学角度考虑，如果将 24 片小包泡罩盒装改为 100 片塑料瓶装，保守估计，其包装成本大约可降低

60%。片剂彩盒包装成本平均占药品成本的 15% 左右，而若采用大包装，则可降低该药总成本的 6%。药品本身的质量和疗效是患者得以恢复健康的保证，绿色包装才更是人类的健康保障[10]。

因此，积极发展绿色医药包装，不仅是发展绿色经济的需要，更是维护患者健康权益的需要，值得认真探讨与积极创新实践。

2.3.2　绿色医药包装

我国药品包装领域出现的上述问题，有企业自身基础差、技术水平和管理水平较低等微观领域的原因，更有低水平重复建设与生产、药品消费模式及行政管理力度不足等宏观方面的原因，宏观管理方面的原因又是导致微观原因存在的最为根本的原因。为有效解决这些问题，应主要采取以下一些对策措施：

（1）加快立法，强制取缔药品过度包装。加快药品包装标准的制定，以及限制商品过度包装方面的立法，是一项基础性工作。药品作为特殊性产品，比饼干、月饼等产品在管理上更加迫切。一方面，要尽快制定药品包装的国家标准，对包装层数、空隙率、材质以及成本，都应有明确的规定；另一方面，要加快《限制商品过度包装条例》《包装物回收利用管理办法》的立法进程，使包括药品在内的所有商品包装，都有明确的法律规范。十一届全国人大常委会第二十五次会议于 2012 年 2 月 29 日表决通过了关于修改《清洁生产促进法》的决定，修改后的法律规定：企业对产品的包装应当合理，包装的材质、结构和成本应当与内装产品的质量、规格和成本相适应，减少包装性废物的产生，不得进行过度包装等。但由于利益驱使等原因，药品生产商通常不会主动放弃过度包装，特定的消费群体也很难彻底摆脱过度包装的药品。因此，通过立法强制取缔过度包装显得十分必要。同时，应当明确地把过度包装列为商业欺诈行为，按照反不正当竞争法和消费者权益保护法等法规予以严厉打击。此外，还应研究制定遏制药品过度包装的价格政策和税收政策，强调包装要无害于生态环境、人体健康并可循环或再生利用。

（2）加强宣传，引导理性消费。加大宣传力度，让消费者认识到药品过度包装带来的危害，增强消费者的自我保护意识、环境意识和社会责任意识，从而自觉抵制药品的过度包装。引导消费者理性和绿色的消费观念，使其更加注重药品质量和服务的好坏，以及药品包装是否注重环保和能否利用回收与再利用等，引导公众改变"包装越好药越好"的消费心理，倡导理性的包装认识观和消费观。

（3）建立包装回收机制。目前，我国现有回收机制还不健全，仅少量的瓦楞纸板、玻璃药瓶等可回收，而大量的包装废弃物如塑料、泡沫等还是被填埋、焚烧等处理，既浪费资源又污染环境。国家应完善包装废弃物的回收机制，为废弃包装材料等资源回收利用提供价格、税收等方面的优惠政策，鼓励企业回收药品、保健食品等包装废弃物。

（4）加强对药企的监督和行业自律。各级药品监管部门要督促企业自觉担负起药品公共福利的社会责任。药品招标机构在药品招标中，对基本药物采购制定相关政策规定，控制外包装占药品的费用比，外包装费用不得超出药品价格的10%，提倡大包装、简约包装，并方便临床使用，确保国家基本药物惠民政策的有效实施。例如，华北制药企业生产的青霉素包装，在医院使用中就大受欢迎。对企业过度包装，其包装成本由企业自行承担，不能转嫁给患者或由国家埋单。

与此同时，应充分发挥行业协会作用，制定适合本行业的药品包装标准。药品生产企业要自觉担当社会责任，对药品外包装要求及成本进行合理核算控制，积极研究创新设计有利于运输仓储保证药品质量，方便使用，又能降低成本的合适外包装，优先选择无毒、无害、易于降解或者便于回收利用的包装材料作为药品的包装制品，在保证药品质量的前提下，生产"简约包装"的药品。

（5）建立医院药品外包装管理约束机制。医疗机构是药品使用的终端环节，占有药品市场70%的份额，在其采购药品时，应对药品制剂豪华外包装说"不"，采购低成本、方便使用、包装简易的药品，避免不必要的浪费，让过度包装药品失去市场。

总之，药品过度包装危害很大，促进绿色医药发展，必须坚决遏制药品过度包装。国家有关部门和社会各界应高度关注药品过度包装问题，药品相关企业要坚持科学、务实的态度，积极规范药品包装行为，保证药品质量，让药品包装真正回归其本位[9]。

2.3.2.1 绿色医药包装的内涵

药品过度包装问题涉及绿色发展问题，它既是经济问题，也是社会问题。解决好这一问题，实行绿色包装不仅是政府、企业的责任，也是全体公民的责任，需要全社会共同努力。

绿色包装的含义是：为了环境保护与生命安全，合理利用资源，具备安全性、经济型、适用性和废弃物可处理与再利用包装。绿色包装的出现，解决了包装废弃物对人体的危害、不能重复使用和再生、对环境的破坏等问题。根据世界工业发达国家的共识，绿色包装应符合"3R 1D"原则，即：包装设计减量化（Reduce）、包装利用重复化（Reuse）、资源利用再生化（Recycle）、包装废物降解化（Degradable）。

据此，绿色包装的基本内涵可以概括为以下几点[11]：

（1）实行包装减量化（Reduce）。绿色包装在满足保护、方便、销售等功能的条件下，应是用量最小的适度包装。

（2）包装应有利于重复化（Reuse）或易于回收再生（Recycle）。通过多次重复使用，或通过回收废弃物，生产再生制品、焚烧利用热能、堆肥化改善土壤等措施，达到再利用的目的。

（3）包装废弃物可以降解腐化（Degradable）。为了不形成永久的垃圾，不可回收利用的包装废弃物要能分解腐化，进而达到改善土壤的目的。

（4）包装材料对人体和生物应无毒无害。包装材料中不应含有毒物质或有毒物质的含量应控制在有关标准以下。

在包装产品的整个生命周期中，均不应对环境产生污染或造成公害，即包装制品从原料采集、材料加工、制造产品、废弃物回收再生，直至最终处理的生命全过程均不对人体及环境造成公害。

2.3.2.2 绿色医药包装的实施

推进和实施绿色医药包装，要重点从以下几个方面入手：

（1）加强绿色包装材料的研制开发。提起绿色包装，厂家往往在材料的取向上偏重于容易处理的纸质材料，纸包装材料以及可食性、可降解、再循环使用等新型材料的出现，缓解了生态环境的压力，降低了日益枯竭的石油资源消耗，减少了环境污染。但从整个生产过程来看，纸包装并非就是完全意义上的绿色包装，因为造纸业对环境污染较重，而且纸包装物虽可回收，但每次回收制成的再生纸都会降低纸的质量等级，纸在这个方面的性能不如铝箔能实现完全回收。而现在广泛使用的塑料，其包装功能暂不能被其他材料所替代，只要攻克不可降解的技术难关，可能会成为 21 世纪最重要的绿材料。因此，绿色包装不仅是指纸质包装，还包括可降解的塑料、铝包装。

绿色包装材料的广泛生产和使用，无论是从环境保护的实际角度，还是从国民经济可持续发展的全局看，抑或是从高新包装材料技术的角度看，都是十分重要的，是科学发展观在绿色医药包装中的具体体现。

包装材料从设计构思阶段开始，就应考虑到材料应用的环保性和用后的可回收性，尽量利用设计和新技术的手段来达到包装的目的，又能起到环保的作用。例如，日本索尼公司的电器产品，开始采用瓦楞纸来替代之前的泡沫材料，起到缓冲的作用，再如奥迪公司的一款新型车的包装，不玩的时候，把模型车放在上面，相当于一个小小的展示台，这样的包装就不是一次性的，它已经成为产品的一个组成部分，自然也就不会被丢弃。

目前，国内常见的绿色包装材料，主要还是传统模式的，如可以反复使用的玻璃瓶；常见可食性包装材料；可降解材料、纸材料；以天然植物纤维为原料的纸质材料。而通常绿色包装比非绿色包装的成本要高，企业受发展规模的限制，往往没有能力投入足够的资金发展绿色包装。而且，绿色包装一般还以高科技为支撑，我国对这方面的投入和研究还很不足，虽然有部分产品具有国际领先水平，但整体技术水平相对于发达国家而言，仍很落后。

我国于 1998 年颁布了《包装资源回收利用暂行办法》规定了废弃物的处理办法，但与发达国家相比还远远不够。目前，超市中的大部分包装物通过废品出售的形式处理，极少有企业能够做到对商品运输、储存的过程中使用的包装进行循环使用，大多数企业都把这部分的费用支出作为不可控制的成本。据统计，我国超市企业每年为此消耗资金接近千万元人民币。其实，被作为废品的包装箱中有很大一部分初次使用后还没有太大的损坏，经由适当的渠道和处理方式，完全可以进入运输和储存过程再次利用。我国在包装材料的使用上也作了一些相关的具体规定，主要包括：避免使用含有毒性的材料、尽可能使用循环再生材料、积极开发植物包装材料、选用单一包装材料。

我国对城市固体废弃物注重回收、利用，能够以完全不同的方式进行，重要的是使相关法规法令按照市场机制运行，强调对所有垃圾进行处理，而不仅仅致力于包装废弃物的处理；制定总的、有重点再循环目标，而非针对每一种材料制定不合理的再循环比例和期限，进一步促进循环经济的发展。

（2）优化药品绿色包装设计观念。药品绿色包装设计应遵循无害化、生态化、节能化的设计理念，从材料选择、功能结构、制作工艺、包装方式、储存形式、产品使用和废品处理等诸多方面入手，全方位评估资源的利用、环境影响及解决办法。

☞ 产品理化分析：了解药品本身的特性及其所要求的保护条件，研究影响药品中主要成分，特别是影响药效的敏感因素，包括光线、温度、微生物及机械力学等方面的影响因素。只有掌握了被包装药品的生物、化学、物理学特性及其敏感因素，确定其要求的保护条件，才能确定选用什么样的包装材料、包装工艺技术进行包装操作，以达到保护功能的目的。

☞ 研究和掌握包装材料的包装性能和适用范围及条件：包装材料种类繁多、性能各异。因此，只有在了解各种包装材料和容器的包装性能，才能根据包装药品的防护要求，选择既能保护药品，又能体现绿色理念，并使包装过程选择合理的包装材料。

☞ 研究和了解药品的市场定位及流通区域条件：药品的市场定位、运输方式及流通区域的气候和地理条件等是药品包装设计时必须考虑的因素。国内销售的药品与面向不同国家出口的药品其包装要求各不相同，不同运输方式对包装的保护性要求也不同。对药品包装而言，药品流通区域的气候条件变化也很重要，因为气温对药品内部成分的化学变化、药品微生物及其包装材料本身的阻隔性都有很大的影响。

☞ 研究和了解包装整体和包装材料对药品的影响：应了解包装材料中的添加剂等成分对药品中迁移的情况，以及药品中某些组分向包装容器中渗透和被吸附情况等对流通过程中药品质量的影响。

☞ 进行合理的包装结构设计：根据药品所需要的基本保护性要求，预计包装成本、包装量等诸方面条件，进行合理的包装设计，包括容器形状、耐压强度、结构形式、尺寸、封合方式等方面的设计，应尽量做到包装结构合理、节省材料、节约运输空间及符合时代潮流，避免过分包装和欺骗性包装。

专栏 2-1 部分国家在包装方面提高人们环境意识的宣传和法规

美国：目前实施包装废弃物处理收费与重复利用的措施，据美国《包装文摘》杂志报道，佛罗里达州正在积极推行《废弃物处理预收费法》（简称 ADF 法案），将处理包装废弃物的费用让选择商品的消费者承担。

　　瑞士：2000 年，瑞士国内包装材料的再循环率已达到 88%。当前仍执行着每个罐头盒、每个饮料瓶 0.5 欧元押金的制度，以有利于包装容器的回收和再利用。

　　日本：日本政府致力于提高公众的环保意识，日本通产省颁布了一套有关产品包装的法规，内容涉及消费品包装废弃物的处理方法，减少废弃物数量及鼓励循环再利用等方面。日本还一贯控制使用着不可降解的塑料包装材料，鼓励使用有利于回收的纸盒包装。

2.4　积极发展绿色新医药学

2.4.1　绿色新医药学是中西合璧的"真原医"

　　中西合璧的"真原医"，被认为是 21 世纪最完整的身心整体健康医学，可以说是 21 世纪绿色新医药学的发展方向。"真原医"是由旅美华人、世界级权威科学家杨定一博士集 30 年研究实践经历、结合古老医学文化和先进纳米科学而提出的。

　　杨定一博士 6 岁随父亲由我国台湾移民巴西，13 岁考上巴西利亚医学院，21 岁取得美国纽约洛克菲勒大学康奈尔医学院生化、医学双博士，27 岁时担任洛克菲勒大学分子免疫及细胞生物学系主任。他研究免疫反应中的细胞（如白细胞、淋巴细胞）杀伤系统及细胞内自杀系统的关联性，最高峰一年在世界顶尖期刊《科学》《自然》《细胞》上发表超过数十篇科学论文。在其坚实、丰富的科学成就基础上，杨定一博士把过去所写的教导现代人如何改变生活方式、转变思想来恢复健康与福祉的文章收集整理出了一本新书，取名《真原医》，也即《真正原本的医学》。

　　杨定一博士从分子矫正医学开始，提出由适量的天然物质来营造支持细胞正常功能的最佳环境，可以预防及治疗疾病。他说："在传统医学和分子矫正医学之类的另类疗法之间，一定存在着一个平衡点。只要是能真正帮助人就值得推广。换句话说，当选择预防保健的养生方法时，也不要偏废了常识的力量。即便是西药，只要能够发挥疗效，而且没有其他替代方式，就没有道理不去用它。当然，在做这些判断前，当事人应该全面评估是否有其他更好的方案，而最后应该以病人的福祉作为判断的准则。"

应该说，杨定一博士提出的"以病人的福祉作为判断的准则"，是绿色医药学发展的基本原则。他主张由饮食的新概念、姿势与消化系统的健康到修身、修心到心灵的全面诊治，包含练功静坐到行为心性的改变，描绘出了一个恢复整体健康的蓝图。由此，杨定一博士指出，"真原医"既是古代的也是现代的，既属常识也属专业，既是神学也是科学。它是中西医合璧的整体疗法。在中医或西医的就医抉择过程中，曾有朋友问他，身体不适就医抉择时，是否西医较中医来得科学化呢？他认为，其实西医和中医并没有孰优孰劣，中西医各有其特色，只要能真正为病患谋福祉的，就是最佳疗法。他指出，一般理解中的中医，其实传承了中国文化中最古老的智慧与丰富的实务经验。中医重视人与自然间的完美和谐，认为自然环境与气候变化会直接或间接地影响人体健康，因此会配合时令与生活习惯来调整体质，有时运用草药、针灸、按摩、推拿、气功等种种技巧来辅助。丰富且多元的草药是大自然提供给我们的最好礼物，配合不同体质各有相对应的草本配方，以自然的方法建立人体的防御系统和疗愈机制来防治疾病。中医非常重视人体各部位相互间的复杂关系，视身、心、灵为不可分割的整体。在其理念中，人体如同一个和谐的小宇宙，脏腑气血间存在着相互影响的微妙关系，而如何恢复体内原有的平衡与和谐，则要从体质调整着手。

杨定一博士认为，中医着重宿主（host）的体质调整与生理状态，依据不同经络、脏腑属性和虚实寒热症状，配合患者的体质分类（biotype profile）——"风、寒、暑、湿、燥、火"等症状，量身提供最适合患者体质的诊疗，宏观地整体调理而非局部治疗。中医认为许多疾病根源于体质上的失衡，如何恢复人体原有的均衡则是中医最精深的专业。中医的整体疗法与丰富的草药知识都经历了数千年的考验，并成功疗愈无数患者，所以才能世世代代地被完整保留，对于古人的智慧，我们应以开放的心胸予以肯定与尊重。而西医则不同，它是对症治疗的实证科学，针对不适的部位对症纾缓或解决问题。从西医的观点上来看，人体是由种种生理变数（variable factors）组合而成的。生理上的种种变数会相互影响，当生理变数呈现不均衡的状态时，就是疾病的根源。因应时代与患者的种种需求，西医不断地发展各种专业化，把整体细分为各部位的诊治科别，又从各个科别发展出更详尽的说明与诊断。因为应患者的需求，西医除了内科、外科、妇科、儿科等专科外，又从这些专业科别发展到"次专科范畴"（subspecialty）及"次次专科范畴"（sub-subspecialty）。在不断的发展与进步中，西医的分科日趋细分与专科化，西医以简约处置将复杂的问题化约至最小，由多元变数化约至单一变数，多年来以化约式解答了许多生物或医学上的问题，也帮助了无数受苦的患者。

在其 30 年科学研究实践经历的基础上，结合古老医学文化和先进纳米科学，杨定一博士认为，中西医整合是医学发展的未来趋势。中西医虽存在着观念与哲学上的差异，但他认为中、西医必定会整合。这 100 多年来，西医发展趋势由粗重体（gross body）迈向微细体（subtle body），也逐渐重视微细体与致病因子的关联性。举例来说，继 X 线检查技术发明后，又发展了 X 线计算机体层成像，更进而发展到磁共振成像（MRI）等先进检验技术，除了提供非侵入性且更精准的检验服务，还更强调以微细体的机能来呈现生理状态。而过去大家认为中医理论中很玄的"体质"，现在已可用最先进的西医检测技术来证实了！

近年来，基因组学运用基因表达来分析许多生理上的变数，这在过去被视为不可思议。进而又延伸到蛋白质组学甚至代谢学，更详尽地检测下游的蛋白质组与代谢物在生理上的变化，高速地分析出生物代谢体与其他可管制的影响，测量出个人体质与疾病根源的关系，不仅归纳、分类出不同体质，还能更进一步运用这些资讯调整药物至最适当的疗效。

他说，个人化（personalized）的体质归纳与客制化（customized）的医疗服务，不正是回到了古人强调体质与疾病的关系上吗？随着医学的不断发展，西医发展趋势会由粗重体走向微细体，由形体走向能量体，由有形走向无形。当西医发展到越微细的范畴，就越会认同中医的整体疗法观念是正确的。从另一个角度来说，中医也会同意现代科学与先进科技能落实运用，以帮助解决健康问题。他相信："中西医的整合会带来最先进、最完整的 21 世纪医学观，走向将身、心、灵视为整体治疗的整体疗法，这不但是古人的智慧呈现，也是最现代的医学。" [12]

可见，随着人们对现代医药局限性的认识以及世界疾病谱和医学模式的改变，随着人们生活水平的提高，人们对生活质量和长寿的渴望日趋强烈，单纯依靠现代化学药物，已经难以满足人们的这些追求，"回归自然"、崇尚天然药物的"真原医"——中西合璧的绿色新医药学，正成为一种世界性的发展趋向，为传统绿色医药的发展提供了前所未有的机遇。博大精深的传统医药越来越受到人们的重视，并且在人类医疗保健事业中发挥着越来越大的作用，大力继承弘扬、积极发掘并发展传统绿色医药，已成为各国人们的共识。

2.4.2 推进中西医结合的绿色新医药学发展

2.4.2.1 绿色新医药学的内涵与目标

杨定一博士提出的中西合璧的"真原医",与我国一直大力倡导的中西医结合的新医药学有异曲同工之妙。中西医结合,就是指要把中医中药的知识和方法与西医西药的知识和方法结合起来。中医学和西医学是两个不同的理论体系,各有所长。因此,中西医结合就是在两种医学各自发展的基础上,互相渗透、互相吸收、取长补短、不断创新,希冀取得源于中医又高于中医、源于西医又高于西医的疗效,且从大量的中西医结合的临床实践中探索新的医学实践与新的医学理论,促进具有中国特色的新医药学的发展。

新中国成立 60 多年来的实践表明,中西医结合在防病治病方面取得了举世瞩目的成果,产生了既发展中医学又发展西医学的客观效果。例如,中西医结合治疗骨折就是一个典型例子,它既采用中医手法整复、小夹板固定和功能锻炼等方法,又采用现代 X 线检查等手段,使骨折愈合时间缩短 1/3,功能恢复时间缩短了 1/4,取得了令人满意的临床效果。

中西医结合有利于提高我国医疗水平,是促进具有中国特色新医药学发展的需要。①中西医结合对一些如针麻、骨折、冠心病、烧伤等疾病,特别是一些疑难重症,疗效明显好于单纯中医或西医疗法,有的成果居于世界领先水平。②中西医结合推动中医药学和中医药事业的发展。60 多年来,我们在中医药的继承、整理和提高方面,从理论与临床上采用了传统与现代相结合的方法做了大量的研究和有关工作,这对于提高中医药学术水平、推动中医药走向世界,发挥了积极的作用。③中西医结合有助于丰富现代医学内容。多年来中西医结合取得的大量研究成果,无疑从理论和实践上充实和发展了现代医药学,促进了现代医药学的发展。

根据 1980 年 5 月由卫生部印发的《关于加强中医和中西医结合工作的报告》,发展中医和中西医结合工作的指导方针是:"中医、西医和中西医结合这三支力量都要大力发展,长期并存,团结依靠这三支力量,推进医学现代化,发展具有我国特点的新医药学,为保护人民健康,建设现代化的社会主义强国而奋斗。"1985 年中共中央在《关于卫生工作的决定》中又指出:"要坚持中西医结合的方针,中医、西医互相配合,取长补短,努力发挥各自的优势。"[13]

但应当指出，中西医结合本身是一个长期的历史过程，它将经历一个由初级到高级、由量变到质变的不断发展的漫长过程。因此，推进中西医结合，可分为近期目标和长期目标。①近期目标：用现代科学的技术和方法来发掘、整理、研究中医药学，对中医药学的理论、临床与技术进行临床研究、实验研究和理论研究，阐明机理、总结规律、提高效率，进而发展提高中医药学。②长期目标：遵循医学科学发展规律，坚持中西医结合方针，促进我国现代医药与传统医药有机地、全面地结合，循序渐进，坚持不懈，最终探索形成具有中国特色的新医药学理论体系，为全人类的健康服务。

推进中西医结合：

（1）要注重在疾病诊治中进行结合。这是中西医结合的起点，又是各种途径的归宿。在诊断上其特点是辨病与辨证相结合，一般的做法是在明确西医诊断的基础上，按照中医理论体系进行辨证，进而做出分型和分期诊断。在治疗上的做法，是中西医结合，相互补充。大体上有 3 种形式：①侧重以中医理论指导中西医结合治疗；②侧重以西医理论指导中西医结合治疗；③按中西医结合后形成的新理论指导治疗。

（2）在中医诊法的研究中进行结合。主要集中在舌诊和脉诊上，大体分 3 个层次：①摸索在不同疾病、不同证型中脉象及舌象的变化规律；②采用先进仪器设备，对脉象及舌象进行定性定量分析；③研究形成各种不同脉象及舌象的原理与机制。

（3）通过对中医治则的研究中进行结合。这是中西结合研究最活跃的领域之一。目前在研究上已经取得进展的中医治则，包括活血化瘀、清热解毒、通里攻下、补气养血、扶正固本等。

（4）通过对中医理论的研究进行结合。大体可归纳为三类：①用现代科学方法研究某些中医基础理论，做出科学的阐明；②应用某些中医理论指导临床治疗，在肯定疗效及研究其理论机制的基础上开辟新的应用领域；③融会中西医理论，探索中西医结合的新理论等。

（5）通过对药物的研究进行结合。主要是对药品剂型改革的研究、中药药理研究及药物化学方面的研究。

（6）通过对中医针灸与针麻原理的研究进行结合。大体上可分为 3 个方面：①针灸在临床各科的应用，通过实践确定其适应范围，并用现代生理学、生化学、免疫学及有关的生命科学等方法，希冀阐明原理，为针灸治疗提供科学根据。②新针灸方法研究，如对激光针疗法的研究等。③对针灸镇痛临床应用研究，并作为一种新的麻醉镇痛手段，已为国外所公认。

2.4.2.2 发展绿色新医药学的措施

推进中西医结合需要采取以下一些主要措施：

（1）注重多途径开展中西医结合。开展中西医结合工作应根据不同性质的卫生机构，做出不同的要求，不可千篇一律。既可以在中西医结合机构中进行，也可以在综合医院某些具备一定条件的西医科室或中医科中进行。而在中医机构中的西学人员，应在保持和发扬中医特色的前提下，采用现代科学（包括现代医学）知识和方法研究中医中药。

（2）加强中西医结合基地建设。按照原卫生部的要求，将中西医结合基础较好的综合医院建设成中西医结合医院。这是因为这些医院具有开展中西医结合工作的基础条件，不需要大的投资，不影响甚至更有利于其医疗保健工作，而且这些医院集中了一批高水平的中西医结合专家和中医、西医专家，可以共同开展中西医结合治疗和研究工作，所以这是我们发展中西医结合的基地。

（3）大力加强人才队伍建设。通过各级举办西医学习中医班或研究班，各地也可以根据自己的特长举办各种类型的专业培训班，重点放在培养高水平、专业定向的中西医结合人员上。在高等中医药院校和医学院校开办中西医结合专业班、七年制学硕连读的中西医结合专业班，以及相对扩大中西医结合专业的硕士生数量。同时，注意不断提高中西医人员的学术水平。凡中西医人员要用其所长，自觉自愿投入到中西医结合工作中去。

（4）注重开展中西医结合的科学研究。①注重从方法论上结合研究：将西医的分析方法和各种实验方法引入中医研究中，以求逐步揭示中医理论深层次领域，同时将中医的系统方法与自然哲学方法等引入西医研究。②注重从诊断辨证方面结合研究：西医在诊断的定位、定性和定量方面引入中医的辨证论治，同时将中医辨证思维引入西医的诊治领域，两者的有机结合，将极大地丰富临床医学。③注重从治疗方法上结合研究：通过中西医在治疗上的互补和结合，融会贯通，以形成新的治疗方法和手段。④注重从药物上结合研究：西药具有针对性强、计量规范、给药途径多等长处，而中药具有综合效应强、加减灵活、毒副作用小等优点，两者取长补短，互相渗透，将有着巨大的潜力和效应。

最近，由中华中医药学会、中国医师协会、中国针灸学会共同主办的"2014·诺贝尔奖获得者医学峰会暨院士医学论坛"，其主题为"现代医学·中医药学·共融发展"，国家卫生计生委副主任、国家中医药管理局局长王国强在论坛上说，中医药学注重实施个体化辨证论治，注重以治未病理念为核心、防患于未然而强调个人的养生保健，这与现代医学模式相吻合，为现代医学与中医药学共融发展奠定了基础、提供了可能。全国人大常委会副委员长陈竺也在论坛上指出，要实现现代医学与中医药学共融发展，一是要打破中西医学之间的学术壁垒，充分发挥中西医的各自优势，互相配合，互为补充；二是要找准现代医学与中医药学共融发展的切入点；三是要加强中西方医学领域的交流与合作，鼓励更多年轻学者投入这一工作[14]。

中医药学是中国文化和医疗实践的璀璨明珠，对中医药学的继承和创新，是建设具有中国特色的绿色新医药学的主要目标。医学的重要任务之一是对患者进行分类。现代生物医学是利用现代诊断方法和手段对患者进行疾病分类；中医学则是利用传统方法和手段对患者进行中医证候分类。两种分类方法都对维护人类健康作出了巨大贡献。医学的发展目标是希望患者的分类越来越细化，从而对治疗方法的选择越来越精准，以体现个体化治疗思想。目前在我国，现代生物医学的疾病和中医的证候结合诊疗模式已经成为我国医学临床实践的主要模式。中国中医科学院临床基础所病证关联研究课题组在吕爱平教授的带领下，在中西医结合医学科学基础研究的大舞台上取得了一系列丰硕成果。课题组的疾病中医证候分类方法、疾病中医证候系统生物学基础、中医证候分类与药物临床疗效的研究结果多数已经发表于SCI 收录的国际期刊，包括 *Immunological Investigations*、*Clinica Chimica Acta*、*Journal of Clinical Rheumatololgy*、*Journal of Complementaryand Alternative Medicine*、*Complementary Therapies in Medicine*、*Rheumatology International*、*Planta Medica*、*Chinese Journal of Integrative Medicine* 等杂志，得到国内外同行的认可。课题组建立的数据分析方法和中药复方作用原理的系统生物学分析方法研究论文也均被 EI 收录并发表。现代生物医学的疾病分类和中医药学的证候分类都对人类健康事业作出了巨大贡献，都属于医学中的一门科学。由于两者的理论体系不一致，因而相对于另一方来说，各自又都有自身的优势和不足。若能找到疾病分类和证候分类应用的结合点，将有利于两者的相互促进、相互补充、相互完善。因此，对疾病进行中医证候分类是中西医结合优势互补的重要理论表现形式，是发扬祖国医学、创建具有我国特色的新医药学的重要手段和途径[15]。

总之，推进中西医合璧或中西医结合的绿色新医药学创新发展，是加快医药卫生事业发展、繁荣发展中华传统中医药文化的需要，也是推动中医药走向世界的需要。在加大绿色新医药学创新投入力度的同时，应结合我国深化医药卫生体制改革的实践，根据国民经济和社会发展总体规划和医疗卫生事业、医药产业发展新要求，编制实施绿色新医药学创新发展专项规划，并加强对绿色新医药学创新发展专项规划实施的组织领导，研究解决其实施过程中的问题，落实各项有关政策措施，确保绿色新医药学创新发展规划的实施效果。

第**3**章

绿色医药营销

绿色医药营销是绿色医药与医院建设和发展中的重要中介环节。我国医药营销领域存在诸多问题，药价虚高成为广为人们诟病的一个社会问题。绿色营销观念是多种营销观念的综合，它要求企业在满足顾客需要和保护生态环境的前提下取得利润，协调多方利益，实现企业的可持续发展。我国当前应特别注重加强医药广告相关法律法规建设与管理，倡导绿色医药营销。医药行业应实施绿色供应链管理，减少环境风险、节约资源、降低成本、提高医药企业经济效益和环境绩效。推进医药绿色供应链管理，建立基于核心制药企业代理模式的信息共享系统，使制药企业的经济效益与社会效益达到平衡，是提高我国医药行业国际竞争力、保护环境及人民健康和促进绿色医药发展的现实需要。

3.1 绿色医药营销的兴起

3.1.1 医药营销的现状

3.1.1.1 我国药品营销发展历程与现状

（1）我国药品营销发展简史。新中国成立以来，我国药品营销经历了以下发展阶段：

第一是产品时代。改革开放以前，整个国家处于计划经济时期，医药行业处于传统的发展阶段，不论是组织结构，还是药品采购、技术使用和管理模式，都沿袭了传统的计划、集约的模式，在计划经济体制下，药品生产企业只需要按照国家的计划将药品生产出来，国家主导的医药三级批发机构按计划将药品调拨给不同的医疗机构和零售药店，不需要关心经营绩效，不需要靠品牌经营，更不需要对医药产品进行营销管理。

第二是销售时代。改革开放以后，国家处于从计划经济向市场经济的过渡时期，真正的医药市场才慢慢开始起步，医药市场不够成熟。

第三是营销时代。随着国家社会主义市场经济体制的逐步确立，特别是国家对医疗机构的投入逐渐减少，医疗机构"以药养医"机制逐渐形成，药品市场竞争越来越激烈，如何进行品牌定位整合资源，形成自己的品牌特色和忠诚的顾客群才被日益重视。国内许多企业开始通过学习先进的营销管理理论和借鉴跨国公司成功的管理经验，在本企业内部逐步尝试建立起自己的产品营销管理体系。

第四是整合时代。随着物流平台的建立与发展，在医药企业中已经出现以物流为主导的医药销售企业，其中以"九州通"为代表。这一类企业的出现，缩减了生产企业与终端药店之间的供货环节，使得药品的零售价格大幅度降低，再加上近年来平价药店如雨后春笋般出现，医院招标工作全面开展，药品价格下调，医药销售企业减少中间销售环节，已经成为必然的趋势。

（2）我国医药产品营销环境。随着我国医药卫生体制改革的深化，国家逐步实行"医药分家"制度、医保制度、医药价格制度等改革，越来越将市场规范化、透明化，医药产品竞争也日趋激烈化。我们可以看到，整个市场是在朝着有利于营销管理效能发挥的方向发展，市场最终将成熟、稳定、规范起来，它符合市场经济发展的规律。医药企业要配合政府，规范和约束自己的销售人员，避免违规的行为发生，用合法的营销手段获取合理的利润，加快市场规范化的进程。如国内有一些合资企业联合签署的医药销售人员行为规范准则，就是用以加强行业的监督和管理，对整合医药市场起到了一定的净化作用。

医药企业营销工作要加强对政策的追踪和分析，也要注意政策预警方面的研究，关注招标采购、降价、医药分家等政策对产品销售方面的影响，及时提醒和指导各地销售人员的工作重点，根据政策变化及时调整推广策略和推广重点。当国家政策环境发生改变时，应及时制定公司统一的营销策略和采取的行动措施，保持步调的统一。要在现有条件下尽量建立一个相对准确和系统的信息收集渠道。在注重从外部获取信息的同时，不仅要注意内部信息的收集和获取，也要从不同方面了解市场信息并进行综合分析和判断，尽量排除信息假象，不要迷信某一种或几种市场信息，使决策更加贴合市场实际，不断提高营销绩效。

（3）我国医药产品营销的趋势分析。从我国近年来医疗保障制度逐步建立、几乎所有居民都能享有一定程度的医疗保障的新形势看，社会对医药产品的需求将在全面深化医疗改革中保持长期稳定的增长态势。人口的自然增长和人口老龄化的加速，也是构成医药市场消费需求平稳增长的基本因素。而医疗卫生事业与医药科技的快速发展，人们对卫生保健的期望值不断增高，使医药产品这一特殊的消费品市场充满活力。不过，我们也应该看到，如果经济增速放缓，社会需求增速的总体也将放慢，医药消费需求也将呈现增势趋缓的态势。

当前，随着国家基本药物目录和基本医疗保险的推行，医疗体制改革的深化，各省、直辖市、自治区公费医疗可报销目录相继出台并不断调整充实，进而引起药品消费结构的变化。调整经营策略的认识程度，将是决定今后经营活动成效的标志。因此，应注重医药零售市场可持续发展。医药市场增长势头强劲，并逐步向大型化、连锁化方向发展。农村市场将成为医药行业新的消费热点和经济增长点。积极做好农村医药产品市场调研，加速建立农村药品供应网络体系，加快开发适销对路产品，满足农村医药产品市场的消费需求，已成为各级医药企业的共识。

另外，由于"药价虚高"的问题长期存在，药品价格管理办法的配套改革，仍是社会关注的一大焦点。①新定价办法要求企业必须以实际进价作为定价基础，却没有为企业提供一种切实可行的操作模式；②操作上难度大。在市场经济条件下，购货方很难获取到第一环节供货方的实际进货价格。因此，连锁经营规范化和人员素质提高，是医药营销的当务之急。日趋完善的处方药与分类管理办法等都在实施，这是新中国成立以来药品监管工作的又一次重大改革。这一办法的实施，将对药品零售市场和社会消费行为带来一系列的影响，同时也为医药零售业提供了较大的市场发展空间，以及对零售市场在连锁经营中的规范程度、人员素质（特别是业务素质）、配送质量、销售行为等方面提供了相应的管理要求[1]。这也是医药行业营销目前要抓的重点工作。

3.1.1.2 我国药品营销存在的问题

（1）我国药品营销面临的主要困境[2]。

☞ 药品销售网络营运成本居高不下：市场上几乎所有人都意识到营销网络（或称"通路""渠道"）的重要性。但一个健全的营销网络要做到有效控制成本，是非常艰难的。这一点也是国内药品销售网络的一个非常薄弱的环节，是国内销售网络与国外成熟药品市场分销网络之间存在的一个巨大差距。例如，美国药品分销网络的成本控制费用一般占总体成本的 4%，而我国往往高达 20%~30%。药品销售网络越大，运行成本必然越高，且网络有效控制就越困难，内耗随着规模的增大而呈级数递增。又如，南方某大型医药集团被认为是业界公认的营销高手，其新品种推向市场往往在一年内就可进入全国十几家主流医院，达到上千万元的销售额。然而，在其每年十几亿元的销售额中，网络运营成本却高达 3 亿元，利润只有几千万元。在微利时代到来之际，这样的运营网络模式越来越难以维持，企业为支撑庞大且耗资惊人的药品销售网络往往不堪重负，然而却又无法放弃这块"鸡肋"，尽管运行过程苦不堪言，但却不得不勉强维持下去。

☞ 市场人员增多产生"反作用力"：一个营销网络如何保持有效的架构和便捷的组织管理，一直都是全球营销界所谋求解决的重要课题。在我国医药行业，这个问题却显得更加突出。我们常看到这样的局面：医药企业将"人海战术"应用于市场促销过程中，单一的管理模式和市场突破点，使得"人海战术"往往在最初阶段会取得较可观的销售额和表面上的辉煌，但在后续阶段，却被过度膨胀的销售队伍消耗掉大量的利润，并且用于管理和监督培训的投入更是使医药企业不堪重负。医药代表、商业代表"满天飞"，商业操作和终端促销占去了大量药品价格空间，企业成本居高不下，是我国医药企业营销存在的一个问题。

☞ 药品营销中的商业贿赂导致医务人员犯罪率增高：近年来，政府相关部门为了加强对医疗行业的管理，树立良好的医德医风，三令五申地强调杜绝红包、药品回扣，但是在"以药养医"、医药不分家的情况以及利益的驱使下，还是有一部分医生见利忘义，仍然顶风作案。实际情况是，许多药品使用的生杀大权就掌握在医生们的手里，谁给我的回扣多、谁跟我的"感情"好，我就用谁的医药产品。因此，药品营销中的违规行为滋生了医生用药过程中的腐败现象，药品营销中的商业贿赂导致医生锒铛入狱的例子也越来越多见。

☞ 杂牌与低价品牌存在恶性竞争：在药品营销实践中，我们经常会看到这种现象：大型品牌企业千方百计、花钱费力把市场培育起来之后，就会有无数小企业"搭船"而入，以劣质、低价和各种"不按牌理出牌"的手段来竞争市场，当他们被打败或捞到足够的利润离去时，市场已是一片荒芜，不堪"复耕"了，品牌和产品都在消费者心中一落千丈。

☞ 尽管每个厂家都有自己的拳头产品，但同一品种或者同一类型的品种重复生产的情况屡屡可见：功能相同而商品名不同的药品比比皆是，尤其以抗生素类药品为甚。为了能让自己的产品进入医院，医药企业都使出浑身解数极力推销自己的产品，而医院又是医药厂家竞争的主要战场。因此，人们经常会看到医院里的医药代表"你方唱罢我登场"的热闹场面。推销药物的不良后果，导致了滥用药物和"药价虚高"问题的发生发展，直接的受害者是患者，所有的回扣、提成等费用都会加到药品上，由于销售环节过多，本来成本很低的药品，用到病人身上价格就翻了几倍甚至 10 倍、20 倍。因此，群众看病贵问题一直难以解决。

☞ 企业信誉淡薄，营销规则紊乱，品牌忠诚度低：当今中国的医药市场不成熟，规则往往让位于利益，激情大于理性的市场赌博心理随处可见。海量广告战略就是这一现象的重要表现方式：一个产品的知名度和美誉度，往往不是靠稳扎稳打的产品质量、疗效和持续的研发等形式建立起来的，而是靠广告一哄而上的广告效应形成的。另外，在市场开拓中，欠缺理性的市场细化分析，往往讲求大而全，认为市场大一点就可以多卖一点；欠缺准确的市场定位，无法抓住主流的消费人群。而对于消费者而言，似乎也无从选择能够长期跟进的品牌，只能根据广告选择药品。

☞ 城市与农村、区域之间的市场鸿沟难以跨越：一个药品品种的营销策略，如果适应京、沪、穗等大城市市场，拿到地市级的医药市场可能就行不通。这是因为，发达地区与落后地区的管理策略往往不同。这是造成许多从农村起家的暴发户常常在城市碰壁的原因。城市的医药营销网络，主要是以医院为主的处方药通路和以药店为主的 OTC 通路，已经比较健全和完善，营销具有很强的规律性和鲜明特点；而农村市场却具有与城市截然不同的药品消费特点和市场购买特征。因此，一种药品的推出，究竟应如何适应特定的市场，又如何能够在城市和农村、此区域和彼区域中都做到成功营销，是值得探讨的课题。

☞ 新药难推广，普药难普及：这几年，"国家××类新药"是很多药品广告中的常见字眼，"生物工程药物""特效"等字眼并未让厂家和消费者平添信心。因为这类药要让医生真正接受，不是一件容易的事。越是"高、精、尖"的药品越难推广；相反，那些"安全而辅助治疗"的药物容易推广（不用负疗效的责任，同时又有可观的利润）。而普药呢？给人的印象就是老药，低价药就是低效药，且副作用往往被夸大，在城市中屡遭冷眼。例如，疗效确切且应用广泛的复方降压片、雷尼替丁、阿司匹林、布洛芬等产品的市场份额越来越小，城市药店备货率低，说明普药在市场上步履维艰[3]。

（2）医药企业营销存在的伦理问题[3]。近几年来，我国大部分医药企业开始重视伦理与文化建设，但仍有不少医药企业忽视营销伦理建设，甚至有些医药企业的行为严重违背了企业伦理与国家法律，导致了营销伦理的失范，其主要表现有：

☞ 药品质量问题：药品质量方面主要存在以下一些问题：部分医药从业人员素质不高，药品质量监督与管理落后，药品的安全性难以保证；个别医药企业生产或经销假冒伪劣药品，坑害消费者，对消费者产生了很大危害；药品包装的信息失真或夸大，如药品成分、功能、生产日期或有效期有虚假现象；包装设计精巧而药品分量不足，药品说明夸张而药品疗效失真；个别企业或销售点缺乏良好的售后服务，也有一些企业有承诺而不兑现。

☞ 药品价格问题：目前，我国医药市场上较为突出的违背道德与法律的价格主要包括：部分药品厂商运用掠夺性价格、欺骗性价格、垄断性价格等形式进行销售。其中，掠夺性价格表现为低成本高售价，如十几元或几十元成本的药品，却以上百元或数百元的价格销售；欺骗性价格主要是以虚假广告的方式宣传药品的效用与成本，并采用虚假折扣手段诱导顾客购买；垄断性价格主要表现为一部分生产同类药品的厂商为实行价格联盟，以同类药品的协议价进行销售，从而避免药品市场价格的总体下降。

☞ 药品促销问题：在药品促销方面，营销伦理失范的表现主要有：一些医药厂商设计与播放虚假或失真广告诱导消费者等；个别企业采取弄虚作假等方式，如夸大药品功效、刊登虚假病历甚至雇用医托，欺骗患者等；通过打折或抽奖等方式诱导消费者购买并积存较多的药品；通过贿赂与回扣等方式勾结医院有关领导与医生,导致医药厂商与医院医生联合损害消费者利益等情况时有发生。

☞ 药品分销问题:药品分销伦理失范的主要表现有:制药企业与药品经销商不恪守合约,双方合同纠纷时有发生;营销渠道的无序或不公平竞争,导致营销渠道权利冲突现象的发生;医药货款之间脱节所导致的纠纷等;医药经销商或医药中介以低价进高价出,从而牟取暴利;药品分销中存在非法药品、假冒伪劣药品等,导致医药市场的无序与混乱。

3.1.2 绿色医药营销

3.1.2.1 绿色营销概述

(1)绿色营销的概念。绿色营销又称"环境营销、生态营销",是绿色发展理念的一个实践形式,是人类跨世纪营销活动的一个新飞跃。美国威尔斯大学的肯·毕提(Ken Peattie)教授曾指出:"绿色营销是一种能辨识、预期及符合消费的社会需求,并且可以带来利润及永续经营的管理过程。"从内涵上看,企业绿色营销是企业以环保观念为经营指导,以绿色消费为出发点,以绿色文化为企业文化核心,以满足消费者绿色消费需求为出发点和归宿的营销模式。

绿色营销与可持续发展是相互关联的统一体,它们的目标都是实现经济与社会、环境协调发展。在可持续发展这一宏观目标导向下,绿色营销起着微观的基础性作用。

绿色营销通过规范企业行为,促使企业合理利用资源,实现资源回收与可持续利用,以尽量减少污染对环境的不利影响。例如,德国在2/3的消费品上都印有绿色标志,表明此种包装材料可以回收利用;美国造纸公司减少了用来进行漂白的氯气使用量,推出用回收纤维制造的绿色纸;德国正推出"绿色电视机",其有害辐射只有德国国家标准的1‰,电视机外壳则用不污染环境的喷涂材料;建筑师采用可再生材料,设计低能耗采暖和降温系统,减少化学品的使用量与防止室内污染的"绿色建筑"。我国一些企业也开发、生产和使用电动汽车、无铅汽油,以液化气代替汽油作为能源等方法,有利于减少空气中的有害物质,从而保护人类的生存空间。

目前,绿色发展和绿色经济的浪潮已席卷全球,绿色消费意识得到了各国消费者的认同。一项调查显示，75%以上的美国人、67%的荷兰人、80%的德国人在购买商品时考虑环境问题，有40%的欧洲人愿意购买绿色食品。因此，无论是可持续发展的要求，还是来自消费者的压力，都说明企业必须贯彻绿色营销的观念，才能适应新形势的要求。美国密苏里州圣路易斯市的孟山都公司，曾是全球500强榜上有名的化工企业，但一度曾因浪费资源，不断遭到公众的指责，企业的形象受到严重的影响。该公司的董事长鲍勃·夏当罗认识到绿色营销"包含着冷静的、理性的商业逻辑"，立即转变发展战略和营销模式，开发有利于环境的可持续发展的新技术和新产品。

我国的一些企业也在绿色浪潮的推动下，纷纷制订绿色营销计划，如家电行业的"新飞"和"海尔"都已经在实施绿色工程。上海市目前以各种方式展开绿色营销的商家已占全市的50%以上，从百货商店到连锁超市，从快餐店到宾馆旅店，绿色营销已热遍全上海各行业。各种绿色营销工程由点到面迅速普及，内容与形式也越来越丰富。大型超市用可降解塑料袋替代了长期使用的马甲袋，快餐店用纸质容器代替了泡沫塑料，饭店取消了一次性筷子，既保护了环境，又节约了开支。可见，绿色营销势在必行。

（2）绿色营销的特点[5]。绿色营销的全面开展与迅速普及，其内容与形式丰富多样，其特点主要有：

☞ 综合性：绿色营销综合了市场营销、生态营销、社会营销和大市场营销观念的内容。市场营销观念的重点是满足消费者的需求，"一切为了顾客需求"是企业一切工作的最高准则；生态营销观念要求企业把市场要求和自身资源条件有机地结合起来，发展也要与周围自然的、社会的、经济的环境相协调；社会营销要求企业不仅要根据自身资源条件满足消费者的需求，还要符合消费者及整个社会目前需要及长远需要，倡导符合社会长远利益，促进人类社会自身发展；大市场营销是在传统的市场营销四要素（即产品、价格、渠道、促销）的基础上，加上权力与公共关系，使企业能成功地进入特定市场，在策略上必须协调地使用经济、心理、政治和公共关系等手段，以取得国外或地方有关方面的合作和支持。

可见，绿色营销观念是多种营销观念的综合，它要求企业在满足顾客需要和保护生态环境的前提下取得利润，把三方利益协调起来，实现企业的可持续发展。

☞ 统一性：绿色营销强调社会效益与企业经济效益能够有机地统一起来。企业在制订产品策略的实施战略决策时，既要考虑产品的经济效益，又必须考虑社会公众的长远利益与身心健康，这样，其产品才能在大市场中站住脚。人类要寻求可持续发展，就必须约束自己，尊重自然规律，实现经济、自然环境和生活质量三者之间的相互促进与协调。社会公众绿色意识的觉醒，使他们在购买产品时不仅考虑对自己身心健康的影响，也考虑对地球生态环境的影响，谴责破坏生态环境的企业，拒绝接受有害于环境的产品、服务和消费方式，只有国家、企业和消费者三者同时牢牢树立绿色意识并付诸实施，绿色营销才能蓬勃发展。

☞ 无差别性：绿色标准及标志呈现世界无差别性。绿色产品的标准尽管世界各国不尽相同，但都是要求产品质量、产品生产、使用消费及处置等方面符合环境保护的要求，对生态环境和人体健康无损害。

☞ 双向性：绿色营销不仅要求企业树立绿色观念、生产绿色产品、开发绿色产业，同时也要求广大消费者能够主动购买绿色产品，并对有害环境的产品进行自觉抵制，树立绿色观念和绿色消费导向。

（3）绿色营销管理。随着全球绿色发展意识的不断增强，世界各国经济都在实施可持续发展战略，强调经济发展应与环境保护相协调，倡导绿色经济的发展。作为绿色保护运动的一个重要组成部分，绿色营销业正成为社会和企业认真研究的热门课题。绿色营销要求企业在经营中贯彻自身利益、消费者利益和环境利益相结合的原则。绿色营销管理包括以下 5 个方面的内容。

☞ 要树立绿色营销观念：绿色营销观念是在绿色营销环境条件下企业生产经营的指导思想。传统营销观念认为，企业在市场经济条件下生产经营，应当时刻关注与研究的中心问题是消费者需求、企业自身条件和竞争者状况 3 个方面，并且认为满足消费者需求、改善企业自身条件、创造比竞争者更有利的优势，便能取得市场营销的成效。而绿色营销观念却在传统营销观念的基础上，增添了新的思想内容。特别值得注意的是，在药品行业，这三方面之间的矛盾是比较突出的，一方面，人们普遍感到"看病难，看病贵"，并错误地认为，"药价虚高"是导致"看病难，看病贵"的最主要因素，消费者对药品生产经营企业的认识产生了错觉；另一方面，企业间的竞争方式不当，低价策略、多方支付销售佣金，使得企业利润大大缩减，而且给行业形象造成了不良影响。

因此，医药企业生产经营研究的首要问题，不是在传统营销因素条件下通过协调三方面的关系使自身取得利益，而是处理好与绿色营销环境的关系。其中包括净化营销环境、反对商业贿赂、控制商业广告的投入比例，进而使得医药企业与消费者之间的利润与成本关系更加趋于合理、和谐；同时有利于节约能源、资源和保护自然环境，使医药企业市场营销的立足点发生新的转移。对市场消费者需求的研究，是在传统需求理论基础上，着眼于绿色需求的研究，并且认为这种绿色需求不仅要考虑现实需求，更要放眼于消费者潜在的需求。企业与同行竞争的焦点，不在于传统营销要素的较量，争夺传统目标市场的份额，而在于最佳保护生态环境的营销措施，并且认为这些措施的不断建立和完善是企业实现长远经营目标的需要，它能形成和创造新的目标市场，是竞争制胜的法宝。

可见，与传统的社会营销观念相比，绿色营销观念注重的社会利益更明确定位于节能与环保，立足于可持续发展，放眼于社会经济的长远利益与全球利益。

☞ 要努力设计绿色产品：产品策略是市场营销的首要策略，企业实施绿色营销必须以绿色产品为载体，为社会和消费者提供满足绿色需求的绿色产品。所谓绿色产品，是指对社会、对环境改善有利的产品，或称无公害产品。这种绿色产品与传统同类产品相比，至少具有下列特征：①产品的核心功能，既要能满足消费者的传统需要，符合相应的技术和质量标准，更要满足对社会、自然环境和人类身心健康有利的绿色需求，符合有关环保和安全卫生的标准。②产品的实体部分应减少对资源的消耗，尽可能利用再生资源。产品实体中不应添加有害环境和人体健康的原料、辅料。在产品制造过程中，应消除或减少"三废"对环境的污染。③产品的包装应减少对资源的消耗，包装的废弃物和产品报废后的残物应尽可能成为新的资源。④产品生产和销售的着眼点不在于引导消费者大量消费而大量生产，而是指导消费者正确消费而适量生产，建立全新的生产美学观念。

☞ 要合理确定绿色产品价格：价格是市场的敏感因素，定价是市场营销的重要策略，实施绿色营销不能不研究绿色产品价格的确定。一般来说，绿色产品在市场的投入期，生产成本会高于同类传统产品，因为绿色产品成本中应计入产品环保的成本，它主要包括以下几方面：①在产品开发中，因增加或改善环保功能而支付的研制经费；②在产品制造中，因研制对环境和人体无污染、无伤害而增加的工艺成本；③使用新的绿色原料、辅料而可能增加的资源成本；④由于实施绿色营销而可能增加的管理成本、销售费用。

但应该看到，产品价格的上升是暂时的。随着科学技术的发展和各种环保措施的完善，绿色产品的生产成本会逐步下降，并逐渐趋向稳定。企业确定绿色产品价格，一方面当然应考虑上述因素；另一方面，也应注意到，随着人们环保意识的增强，消费者经济收入的增加，消费者对商品可接受的价格观念会逐步与消费观念相协调。所以，企业营销绿色产品不仅能使企业盈利，更能在同行竞争中取得优势。

☞ 要建立绿色营销渠道：绿色营销渠道是绿色产品从生产者转移到消费者所经过的通道。企业实施绿色营销必须建立稳定的绿色营销渠道，策略上可以在以下几方面努力：

启发和引导中间商的绿色意识，建立与中间商之间恰当的利益关系，不断发现和选择热心的营销伙伴，逐步建立稳定的营销网络。

注重营销渠道有关环节的工作。为了真正实施绿色营销，从绿色交通工具的选择、绿色仓库的建立，到绿色装卸、运输、储存、管理办法的制订与实施，认真做好绿色营销渠道的一系列基础工作。总之，要尽可能建立短渠道、宽渠道，减少渠道资源消耗，降低渠道费用。

☞ 要搞好绿色营销的促销活动：绿色促销是通过绿色促销媒体，传递绿色信息，指导绿色消费，启发引导消费者的绿色需求，最终促成购买行为。绿色促销的主要手段有以下几方面：①绿色广告。通过广告对产品的绿色功能定位，引导消费者理解并接受广告诉求。合理使用广告资源，减少营销对广告的依赖程度，广告内容合理、艺术、不虚夸、不误导，有利于社会进步，合理激发消费者的购买欲望。②绿色推广。通过绿色营销人员的绿色推销和营业推广，从销售现场到推销实地，直接向消费者宣传、推广产品绿色信息，讲解、示范产品的绿色功能，回答消费者绿色咨询，宣讲绿色营销的各种环境现状和发展趋势，激励消费者的消费欲望。同时，通过试用、馈赠、竞赛、优惠等策略，引导消费者消费兴趣，促成购买行为。③绿色公关。通过企业的公关人员参与一系列公关活动，诸如发表文章、演讲、播放影视资料，以及社交联谊、环保公益活动的参与、赞助等，广泛与社会公众进行接触，增强公众的专业知识水平，树立企业的社会责任形象，为绿色营销建立广泛的社会基础，促进绿色营销的发展。

随着人们的健康消费意识与日俱增，人们对于药品的绿色需求也必将越来越多，涉及药品的疗效、毒副作用、使用方式、使用成本甚至包装设计等诸多方面。在欧美某些发达国家，有些环保主义者对于取材于某些珍贵动植物的药品或生物制剂是不欢迎的，这些产品不但不利于环保，而且给产品形象带来不良的影响。绿色营销是在消费者绿色需求的条件下产生的，所以，绿色需求是绿色营销的动力。因此，医药企业应当注重培养绿色文化意识，从而形成绿色营销的文化环境；在药品设计、制造和服务的源头与过程中，不断研究和创造有利于消费者身心健康、有利于保护生态环境的科学技术产品，以是否能最佳满足消费者绿色需求作为企业间竞争的焦点。相关专家预测，药品行业的绿色营销，必将成为 21 世纪市场营销的主流意识[6]。

3.1.2.2　绿色医药营销

在全球以保护人类生态环境为主题的"绿色浪潮"中，广大消费者逐步意识到其生活质量、生活方式、身体健康正在受到环境恶化的严重影响。因此，人们日益强烈的绿色消费欲望不仅对现代企业生产，同样对现代企业营销提出了严峻的挑战。作为国民经济支柱产业之一的医药保健品业在追求利润的同时，如何以绿色营销的理念引领其可持续发展步伐，抢抓绿色消费创造的市场商机，成为摆在医药企业面前的一个新课题。

绿色医药营销是医药企业以维护生态平衡、实现环境保护为经营管理的前提，以创造绿色医药消费、满足消费者的健康需求为重要目标，以绿色革命的宗旨对医药产品和服务进行构思、设计、制造和销售的市场营销行为[7]，它主要包括以下几个基本环节：

（1）绿色药品研发与生产。真正意义上的绿色药品，不仅在质量上要合格，而且在研发、生产、使用、处置和排放过程中，都应符合特定的环境保护要求。绿色药品与同类药品相比，应具有低毒、少害，节约资源等环境优势，最大限度地降低药品自身属性在各个环节对人体和环境的危害程度。

实际上，因药品自身危害人体和环境的事件时有发生。2003 年初，因"龙胆泻肝丸"中的"关木通"含有肾脏毒性成分"马兜铃酸"，辉耀百年的中华老字号

"同仁堂"不但在业界的地位受到很大的冲击，损失更大的是消费者对老品牌产生了信任危机，甚至波及同品牌下的其他产品。随后，马来西亚禁止 17 种含有"马兜铃酸"的中药在马销售；接着是美国 FDA 以农药残留超标为由要求本国消费者停止服用 13 种中国中草药制剂；而常用的抗过敏药"息斯敏"，也已由官方及医学专家证实会对心脏产生不良反应，目前已被临床暂停使用。

医药企业在因生产质量上的不严密而蒙受巨大损失之后，应痛定思痛，迅速采取应对措施，亡羊补牢。依旧以同仁堂为例，在国际竞争的要求和绿色浪潮的冲击下，企业进一步加快了中药 GAP（药用植物生产管理规范）研究，围绕消费者的绿色需求制定生产研发计划，严格实施药品国际质量认证标准。据悉，同仁堂已计划专门建立 10 个品种的绿色药材种植基地，在环境、土壤、施肥等一系列环节实施深度控制，从原料药入手解决中药材的农药残留、重金属、有效成分含量等问题。企业拟以源头上的"绿色原料"为基础，确保产品的"绿色属性"，最大限度地保证药材内在质量的可行性和稳定性，全面提升中药的"绿色指数"，从而使中华传统医药瑰宝在国际市场上能够继续大放异彩。

（2）使医药获得"绿色标志"。采用绿色标志是绿色营销的重要特点，它以特定的图形符号标志着该产品质量合格，在生产、使用和处置过程中均符合环保要求。我国现行的绿色标志，是由国家指定的机构或民间组织依据环境技术标准及有关规定，对产品的环境性能及生产过程进行确认，并以标志图形的形式告知消费者哪些产品符合环境保护的要求，对生态环境更为有利。

医药企业获得"绿色标志"，除了说明生产、使用和处置过程符合环保要求外，同样也标志着包装上的绿色环保，即包装减少了对资源的消耗、包装的废弃物可以成为新的资源被再利用。近年来，我国医药企业已开始重视不但在包装上突出产品个性，更将传达设计风格上的绿色格调、突出包装材质的绿色竞争力放在重要位置。例如，我国第一个获准进入美国市场的中成药——天津天士力集团的复方丹参滴丸，就是以其定量标准、严格控制药品有效成分和包装符合环保要求而获取了国际认证的绿色药品标志，从而顺利地打开了贸易对象国的大门和市场。

另外，还有武汉红桃 K 集团、哈尔滨制药集团和深圳健康元药业采用的绿色可降解材质的口服液内托、针剂内托等，这些产品因质量、包装等指标均符合 FDA标准，获得了产品"绿色标志"，企业就以"绿色"为卖点，利用"绿色差异"提升了产品参与市场竞争的能力，同时也引导消费者在进行消费时采取具有环保意识的行为，不但保证了销量上在同类产品中遥遥领先，也为企业赢得了长久稳固的差异性竞争优势。

但也有个别生产厂商抓住消费者对绿色产品特别是药品安全性的鉴别能力不强的特点，纷纷标榜自己的产品为"绿色产品""环保先锋"，拥有"绿色标志"，以欺骗消费者。例如，2003 年年底，双鹤药业控股子公司江苏昆山双鹤曝出"问题药"丑闻。该公司竟将半年前生产的旧感冒药从原包装中剥出来重新包装，当新药卖给消费者！这种以"绿色标志"欺瞒消费者、污染市场环境的做法使企业的品牌形象和企业信誉受到致命打击，失信于民的后果是必定会遭到民众摒弃。

（3）建立绿色医药营销渠道。绿色营销中蕴藏着无限的商机。建立稳定的绿色营销渠道，是把握和有效利用这一商机的重要环节。绿色营销能否成功实施，在很大程度上取决于绿色营销渠道是否畅通。畅通的绿色渠道，既关系到绿色营销的成本，也关系到绿色产品在消费者心中的定位。

从绿色交通工具的选择、绿色仓库的建立，到绿色装卸、运输、贮存等管理办法的制定与实施，等等，都要有章可循、有据可依，这是绿色营销渠道的基本前提，企业应首先认真对待。例如，为避免某些药品中的黄曲霉素超标，企业采收药材后必须及时干燥，有条件的要冷藏，并保证药材运输和贮存过程中不能受潮。

实施绿色营销渠道，还有以下几方面的工作要做：①选择关心环保、服务社会、在消费者心中具有良好绿色信誉的中间商，以便借助该中间商的绿色理念，及时普及绿色药品知识，铺开绿色药品市场和维护绿色药品的形象。②以回归自然的装饰为标志来设立绿色药品专营机构，或建立绿色药品专柜，推出系列绿色药品，以产生群体效应，便于消费者识别和购买。③合理设置供应配送中心和简化供应配送系统及环节，尽量采用无铅油料、有污染控制装置及耗能少的运输工具。④建立全面覆盖的销售网络，既要注重在国内各大中城市设立窗口，开通绿色通道，不断提高市场占有率；又要注重在国外通过开辟运输航线，设立境外办事机构，开办直销窗口等途径，增强绿色药品的市场辐射力。

在选择经销商时，还应注意该经销商所经营的非绿色药品与绿色药品的相互补充性和非排斥、非竞争性，以便中间商能忠心推销绿色药品。

（4）传播绿色医药参与优势。医药企业实施绿色营销还应主动参与、积极赞助环保类社会公益活动，同时通过媒体全方位传递产品绿色信息、示范产品的绿色差异优势，增强公众的绿色意识，树立企业的绿色形象，为开展绿色营销建立广泛的社会基础，最终实现绿色药品市场份额的不断拓展。例如，在"保护母亲河""可可西里科学考察"等影响范围广泛的活动中，企业应具备敏锐的营销远见，赞助活动、争取冠名权，以活动的影响力传播产品的绿色价值和知名度。

除了参与公益活动来打"绿色营销牌"外，医药企业还可通过举办绿色药品展销会、洽谈会、组织消费者参观药材基地等形式，来扩大产品与消费者的接触面；也可通过广告广泛宣传绿色药品保护环境、造福人类的内涵，以及实施绿色营销所带来的生态环境效益等，使企业在公众心目中树立起良好的绿色环保形象，建立起新的无形资产，公众的信赖无疑是企业实现可持续发展的宝贵原动力。

例如，美国一家纸尿片经销商，坚持从环保角度进行促销，通过参与"土壤与人居环境调查"活动和专题片宣传等形式，强调普通尿片在土里至少要经过500年才能分解，而绿色纸尿片却能在土壤中很快腐烂分解，从而在社会公众心目中树起了纸尿片的绿色参与优势，短短3年，销售量猛增3倍。此外，商家还应以公益广告等形式引导绿色消费时尚，告诫人们使用绿色产品，支持绿色营销，本身就是对社会、对自然、对他人、对未来的奉献。

（5）重视绿色医药售后服务。绿色售后服务是绿色营销的一个重要组成部分。作为一种竞争的本质因素，它不仅对企业的可持续发展有着积极的促进作用，对市场的永久开拓和健康发展更有良好的保障功能。绿色售后服务是绿色营销强有力的竞争因素。医药企业推进绿色营销，一方面要追求企业的合理利润；另一方面要满足消费者对药品的绿色需求，还要满足社会资源的可持续利用。

在绿色营销中，药品并非"一卖了之"，而是既要谋求商家的合理利润，又要满足消费者长期的绿色需求，更要追求能源和资源的节约和持续利用。医药企业要鼓励产品或包装的重复使用，回收利用和循环再生，减少污染和二次污染，只有这样，才能确保绿色需求与日俱增、绿色营销永葆青春。

目前，国内相当多的医药企业都非常重视售后服务工作，如设立信息部，专门收集、整理来自终端的关于绿色药品的反馈意见；生产企业还定期到药店、医院直接与消费者沟通，听取特定人群对绿色药品的感受和评价等。当然，针对不同药品特点设立的售后服务站还应担负起售后服务、咨询、退换和回收等工作，以保证绿色营销模式形成一个完整的链条。如前文中提到的口服液环保药托，以及一次性使用的木杆消毒棉签，如果企业建立了良好的售后服务网络，负责药托和棉签木杆的回收再利用，必将达到稳定客户群、增大销量、降低成本和减少资源浪费的目的。

医药企业在保证药品时要注意回收包装和减少污染，将绿色营销落到实处。现在国内很多医药专门设立售后部门，专业提取和收集关于绿色药品的反馈意见，医药企业与主要销售单位（医院、零售药店等）有专人进行售后服务、咨询和过期药品退换工作，保证绿色营销模式的完整性。国内某医药企业开展对家庭过期药品免费更换活动，作为一种绿色营销售后手段，它迎合了安全用药和绿色健康的趋势，巧妙地避开了医药行业激烈竞争下的广告战和价格战，在为社会和消费者作出贡献的同时，带动了医药企业药品的销售，使该企业的销售额增长迅猛，同时还为整个医药行业创建了新的"绿色市场标准"，提高了该医药企业的市场知名度、市场美誉度和品牌价值。

由上可见，绿色营销无疑可以给医药企业带来辽阔的市场前景，包括提升品牌内涵、引领消费趋势、占领关注绿色健康的人群市场、获得超越对手的竞争优势和增强产品打入国际市场的能力等。但实施绿色营销战略的好处还远远不止这些，在当今企业普遍关注的推动现有资源优化配置方面，绿色营销模式能充分发挥高科技和新能源的作用，推行以保护生态环境为中心的绿色增长模式，从而解决目前国内许多医药企业存在的"三高一低"（高投入、高消耗、高污染、低产出）的生产和管理模式。

另外，对于在发展中的我国医药企业来说，实施绿色营销还能创造更好的融资环境。因为环境与发展关系到全人类的共同利益，已成为国际社会普遍关注的问题。在这样一种大趋势下，国际信贷和经济援助也逐渐向"绿色"项目倾斜。例如，我国政府以及世界银行等一些国际金融机构已将贷款项目的环境影响评估作为主要的贷款标准之一，以支持医药等"绿色"新兴产业的兴起。"绿色"新兴产业若能得以落地生根，与绿色营销相对应的、使用绿色原料和绿色生产流程的企业都将极为有效地降低长期生产成本和经营管理成本，提高生产效率，使企业获得较大的利润，并巩固其在行业中的科技领先地位[8]，从而使绿色营销在医药企业持续发展中发挥出更大的作用。

3.2 绿色医药广告

3.2.1 医药广告现状

3.2.1.1 国内药品广告的现状

随着我国社会经济发展水平和国民生活水平的不断提高，人们的医疗保健意识不断增强，追求健康的身体与健康的生活方式已经成为大众共同的价值观。同时，随着我国人口老龄化进程的不断加快、医疗保险制度的改革、患者"大病进医院、小病进药店"的观念逐步形成，我国的药品市场规模将得到进一步的扩大，药品市场越来越得以不断发展。

从 2003 年的相关数据中，我们可以看出，近年来，我国医药制造业的销售收入增长极快，同比增长已经超过了 20%，利润总额增长达到了 42%以上。OTC 药品在整个药品市场中的地位显得越来越重要。据预测，全球 OTC 市场将从 1998 年的 460 亿美元增加至 2012 年的 1 050 亿美元。近年来，我国 OTC 市场以 30%~36%的增幅扩张，2011 年我国 OTC 市场已经达到了 893 亿美元，到 2020 年，我国有可能成为世界上最大的药品市场之一。

从我国医药业当前的发展状态来看，我国制药企业虽然很多，但绝大多数医药企业的规模极小，专业化程度也不够，缺乏特色药品，也没有建立起自己的品牌，创新药品的基础极为薄弱，使得整个医药市场表现出产品更新慢、新产品少等问题。以羚羊感冒胶囊为例，我国药品市场上带有"感冒"二字的药品超过 2 000 个，而这还不包括药品名称中不含有"感冒"两字的感冒药品种。这样一个同类药品扎堆的状况，医药企业之间竞争的激烈性可想而知。同时，各类"洋药"进入我国市场，外国大型制药企业有着丰富的产品营销经验、强大的经济实力，能够通过电视、报纸等媒体的广告冲击我国医药市场。在这种情况下，国内医药企业也没有坐以待毙，而是不约而同地加大了对药品广告的投入。从以上医药企业竞争的现实来看，我国药品广告的竞争相当地激烈。

我们从一组数据能够看出这样一点：央视曾经在多年间对全国 406 个主要电视频道的广告进行了一个调查，2000 年我国的药品市场发展速度超快，这一年的药品广告投放额达到了 144 亿元，无可争议地成了电视广告量的"第一名"。在 1999 年，药品电视广告的投放量还仅为几十亿元，增幅超过了 130%。当然，这一组让人感觉震惊的数据并不够，因为自此以后，药品广告的发布量保持着惊人的增速，2010 年这一数据增加到了 98 647 条。总的来说，广告业发展统计数据也能说明这样一点，药品广告的发布量保持着逐年递增的趋势，仅 2009 年药品广告的投放额就达到了 16 亿元，占据了全国广告投放总额的 1/4，雄踞各类广告投放额的首位。

药品广告业的快速发展，一方面固然推动了我国市场经济的发展，为企业创造了大量的经济效益，为国民经济的发展起到了重要的作用；广告特有的文化功能、社会功能也促进了社会主义精神文明的建设。但同时我们在肯定我国药品广告辉煌发展的现实的同时，也要看到其中存在的诸多隐患和问题。我国广告业发展时间不长，起点较低，我国目前又正处于一个社会大转型的特殊时期，使得我国的药品违法广告的数量不断增多，严重危害了社会公众的用药安全及人们的身体健康。因此，必须高度重视我国药品广告发展中存在的严重问题。

3.2.1.2 我国药品广告发展中存在的问题及成因

我国药品广告发展中存在的问题是严重的。以 2012 年为例，全国共批准药品广告 31 868 件，查处违法药品广告 145 548 件，向工商行政管理部门移送的违法药品广告 145 782 件，撤销药品广告批准文号共 67 件。2012 年全国共审批医疗器械广告 3 050 件，查处违法医疗器械广告 13 793 件，向工商行政管理部门移送的违法医疗器械广告 13 586 件，撤销医疗器械广告批准文号共 8 件[9]。可以说，以上只是违法广告的部分现实情况，我国药品广告总体存在如下严重隐患和问题：

（1）普遍存在夸大治疗效果的虚假宣传[10]。毋庸置疑，广告中的艺术与夸张成分，能够给人以美的、全新的享受，也能够增加广告的吸引力。因此，我们并不反对在广告中运用一些艺术的夸张。但是，这种只能是夸张，而不能是虚夸、甚至自我吹嘘。与此同时，药品广告也与其他产品的广告有很大的不同，药品广告宣传的产品，直接关系到消费者的用药安全及身体健康。从我国当前药品广告的现状来看，绝大多数药品广告都存在着不同程度的夸张、不现实地对药品作用、疗效的夸大等问题。主要可以归纳为如下几个方面：

☞ 在药品广告中出现了"疗效最佳""药到病除""绝无副作用"等不科学的论断或保证。

☞ 在药品广告中进行一些绝对论的语言及评价，比如"最新科技""最佳药品"等；或者运用一些明显违反科学规律的、暗示性的"包治百病"或无所不能的内容。

☞ 在药品广告中宣传治愈率、有效率以及药品获奖情况等。

☞ 在药品广告中进行一些不切实际、无法实现的承诺等。

☞ 在药品广告中暗示或明示药品具有应付现代紧张生活需求的能力等，暗示或明示能够增强服药者性能力等。

☞ 还有一些药品广告，是通过模糊的语言或文字对药品进行介绍，无限度地夸大产品的优点，对有害的或可能存在的问题绝口不提，误导消费者购买并用药。虽然在广告界，对这种半真半假的"宣传"称之为"合法的谎言"。但实际上，我们都知道，在进行广告宣传时，那些被刻意忽略的内容与被刻意强调的内容一样都很重要，在药品广告中这一点更为明显。

（2）利用公众人物、患者和专业机构等的名义和形象进行宣传。《药品广告审查标准》明确指出，药品广告中不得含有利用医药科研单位、学术机构、医疗机构或者专家、医生、患者的名义、形象作证明的内容。但目前，我国的违法药品广告中，利用公众人物、患者和专业机构等的名义和形象进行宣传的，不在少数。

药品广告中邀请公众人物，譬如影视明星，就是医药企业利用这些公众人物的知名度和影响力，为相应的药品或企业的形象作宣传，其主要手法是借明星、"专家"和"患者"之口虚构故事，大说假话，介绍药品功效如何神奇，说服广告受众，让消费者对该药品产生信任，诱导消费行动。例如，21世纪网通过官网与整理药品广告资料发现，近年来出现在修正药业产品广告中的明星近10位，包括孙红雷、张丰毅、陈建斌、林永健等明星，代言了斯达舒、肺宁颗粒、六味地黄胶囊、感愈胶囊等多款产品，其一年的广告代言费用可能接近千万元[11]。

（3）以隐性广告和软广告的形式进行欺骗宣传。隐性广告是那些将广告内容隐藏在载体之中，与载体共同构成受众所能感受或感知到的场景的一部分的广告。这种广告是以非广告的形式，在受众无意识的情况下，展示了企业与商品的有关信息。这种广告形式具有极强的渗透性及融入性，并不是传统意义上的广告，其功能和目的与一般的广告并没有什么区别，但其效用往往比传统广告更好。与直白式的营销广告进行比较，隐性广告属于一种"此地无声胜有声"的营销方式，能够巧妙地将广告内容渗透到受众的心里去，让消费者根本无法抵挡。当人们开始麻木了那种传统的广告手法时，他们不再喜欢类似脑白金、哈药六厂的反复、全方位的明攻广告方式。广告主们将广告渗入了电视剧、娱乐节目甚至赛事转播之中。观众们能够在这样那样的节目里看到、听到药品的名字、药品的疗效等。以 2010 年春晚为例，蚊力神的老总就得到了多个镜头。这种广告模式目前已经得到了越来越多的运用，广告监管部门必须注意到其极强的渗透作用，加强对隐性广告的审查、监督与管理。

其实，软广告的范畴还是较广的，那些通过人物专访、健康专题报告节目等形式所进行的药品信息宣传、药品疗效宣传的，都可以归于软广告一类。不少的药品企业在进行药品宣传时，想尽一切办法将药品的信息与内容进行新闻、报道式的宣传，使得社会公众以更为严肃、严谨的心态来对待这些信息，从而更愿意相信并购买其药品。

由于这类文章及信息严格来说不属于广告的范畴，所以在进行宣传之前不需要进行广告审查，已经成为很多药品生产企业、药品销售企业进行药品广告宣传的"首选"方式。当然，并不是所有的软广告都是虚假的、违法的，但这种变相的广告宣传手法本身，就已经违反了有关法律规定，应引起相关监管部门的高度重视。

（4）大量不正当的药品比较广告的存在。《广告法》第十四条的内容为：药品、医疗器械广告不得有下列内容：①含有不科学的表示功效的断言或者保证的；②说明治愈率或者有效率的；③与其他药品、医疗器械的功效和安全性比较的；④利用医药科研单位、学术机构、医疗机构或者专家、医生、患者的名义和形象作证明的；⑤法律、行政法规规定禁止的其他内容。同样地，《药品广告审查标准》等中也有着类似的规定，并且还进一步规定了：药品广告中不允许出现药品使用前后的效果对比。

从以上这些规定中，我们可以看出，我国对于医药比较广告并没有全面禁止，只是针对其功效及安全性能的比较上进行了禁止。但从当前我国药品比较广告的现实，我们可以看出，90%以上的药品比较广告的比较点，都是集中在了功效及安全性能上，这些药品广告实际上都是违法的。比如"未标示"广告批准文号的"凤保宁"，在大量的报纸、电视媒体上刊登广告，其批准功效仅为"清热燥湿、抗炎止痒，对妇女阴道疾患有康复保健作用"。但该产品在说明书上以及在报纸上刊登的广告、官网介绍下的凤保宁产品是一种纯中药丸剂，能够有效地治疗超过十种以上的妇科病症，介绍中擅自添加了"能快速治疗阴道炎、宫颈糜烂、子宫肌瘤等妇科疾病"等内容，已经严重违反了《广告法》、药品广告审查的相关规定，多次被通报。

（5）违反药品广告审查批准要求，擅自发布。目前，我国的《药品管理法》第六十条中明确规定：药品广告必须经所在省、自治区、直辖市人民政府药品监督管理部门的批准，并发给药品广告批准文号；未取得药品广告批准文号的，不得发布。这是我国法律对广告主发布药品广告的最基本的规定与要求。

但从 2001 年起国家食品药品监督管理局所公布违法药品广告的类型统计数据中，我们可以看出，在常见的药品广告违法情况中，违反药品广告的审查批准要求擅自发布的现象最为严重，仅 2010 年的相关数据就显示，这一类违法药品广告在所有的违法药品广告中占到了 1/3 的数量。

根据我国食品药品监督管理局网站上发布的相关数据我们可以看出，自 2002 年以来，未经审批擅自发布广告的占全部药品广告数的比例一直居高不下，2002 年是 40%，2003 年是 45%，2004 年这个数值是 39%，到了 2010 年这个数值有所下降，但还是达到了 27.8%。另外，篡改审批内容、使用过期批准文号等也是违法药品广告的主要形式。据 2008 年第一期《违法药品广告公告汇总》数据显示，未经审批擅自发布药品广告的占违法药品广告数量的 27%;《2010 年违法药品保健食品广告处理情况》中可以看到，未经审批和篡改了批准内容的违法广告占到了违法药品广告的 54%。

当然，除了未经审批擅自发布的违法药品广告占所有违法药品广告数量的首位，而擅自篡改广告审批内容的违法药品广告也很多，有些药品生产企业在取得批准文号后，就擅自更改广告批准的内容。比如青海省格拉丹东药业有限公司生产的"巴桑母酥油丸"就是个很好的例子。该产品的批准内容仅为保健食品，但在广告宣传中俨然成为了包治百病的藏药灵丹，最后被撤销了广告批准文号，并且一年之内不再予以受理该企业该品种的广告审批申请。

（6）对禁止和限制性药品做广告。《广告法》中明确规定，类似于精神药品、放射性药品、麻醉药品以及毒性药品是不可以做广告的。而近年来，我国对药品的分类管理又进行了细化，也就是实行处方药和非处方药的区别管理，相应的这两类药品的广告管理也存在差别。以广东省为例，粤药管通〔2001〕98 号文明确指出：从 2001 年 2 月 1 日起，省药品监督管理局对处方药和非处方药广告实行分别审查。凡标明"本文为处方药广告，仅限医药专业媒体发布"的为处方药广告，此类药品广告只限在国家食品药品监督管理局、国家工商行政管理总局、新闻出版总署核定的医药专业媒体上发布，禁止在大众媒体发布。

国家食品药品监督管理局、国家工商总局在 2007 年重新修订的《药品广告审查办法》和《药品广告审查发布标准》中对处方药发布广告做了更严格的限定，规定处方药可以在卫生部和国家食品药品监管局共同指定的医学、药学专业刊物上发布广告，但不得在大众传播媒介发布广告，或者以其他方式进行以公众为对象的广告宣传。不得以赠送医学、药学专业刊物等形式向公众发布处方药广告。截至 2010 年 12 月 12 日，国家食品药品监督管理局先后共发布了 23 期允许发布处方药广告的医学、药学专业刊物名单，如《中华健康管理学杂志》《中国男科学杂志》《中国医学创新》《中国当代医药》《中华老年心脑血管病杂志》等近千家刊物。

与此同时，我国还对其他类别的药品广告的发布进行了规定，比如治疗肿瘤、艾滋病以及改善和治疗性功能障碍的药品等均不能发布广告。另外，未取得注册商标的药品（中药材与中药饮片除外）不得发布广告。同时，自 2007 年 7 月 1 日起，所有地方标准的药品都不能在任何媒体上发布广告，未经我国国家药品监管部门批准进入市场的境外生产药品也不能发布任何广告。

但实际上，我们发现，大量的药品广告并没有严格遵守这些限制性、禁止性的规定，大量的违法药品广告在我们的身边、在各类媒体上出现。仅以 2011 年国家食品药品监督管理局发布的违法药品广告中，就有超过 20 个的处方药违反了《药品管理法》的相关规定，在大众媒体发布了药品广告，使得消费者面临巨大的用药安全隐患。同时，药店也为各种药品做着这样那样的广告，以"万艾可"为例，"万艾可"是属于性功能障碍改善的药物，但是在基本所有的大小药店，我们都可以看到"万艾可"的广告宣传画及宣传单，这实际上也已经违反了我们对药品广告的规定与要求。

我国药品广告发展中存在的上述诸多问题，严重危害人民群众的身体健康，其成因固然是多方面的，但根本原因应该是人们为追逐自身利益而置别人健康于不顾，缺乏应有的敬畏生命的道德意识。广告作为重要的营销手段是无可非议的，但任何商品广告中的虚假宣传都是必遭非议的，药品广告中的虚假宣传，则更是不能容忍的。绿色象征着自然，象征着生命。医药广告必须走绿色广告之路。

3.2.2　绿色医药广告

1993 年，傅汉章教授在总结 20 世纪 90 年代中国广告业的发展特点时，首先提出了"绿色广告"这一概念。这里的"绿色广告"主要是"绿色产品"广告和以"绿色"为诉求点的广告形式。有学者认为，绿色广告就是包含有关环保绿色议题或绿色主张的广告，可以用三条具体标准来界定，一则绿色广告需要符合以下三项标准中至少一条：①明白或者隐讳地说明产品或服务与自然环境之间联系的广告（如强调产品节能、可回收利用、低污染，等等）；②鼓励绿色生活方式的广告；③塑造对环境负责的绿色企业形象的广告。

此后，学者们赋予"绿色广告"以不同的界定，进一步丰富了绿色广告的具体内涵。

由上可见，广义的绿色广告不仅包括绿色产品广告，还包括绿色企业形象广告以及由企业、政府或非政府组织、媒体等发布的环境保护公益广告。国内有学者认为，严格地来讲，绿色广告应通过绿色媒体向消费者传达有关绿色信息，并且在整个广告活动过程中始终贯彻绿色理念的一种广告方式[12]。狭义的绿色医药广告是指医药企业通过绿色广告的传播，可以达到以下几个目的：说明医药产品或服务与生态环境的关系；推荐绿色医药消费方式；树立公司负有环保责任的绿色形象；医药广告内容规范，不涉及违规违法的内容。发展绿色医药广告、加强药品广告监管的思路与策略主要有：

（1）加强政府广告监管的力度。由于药品具有特殊性、专业性强的特点，而药品监督管理部门作为药品专业化的权威部门，对药品广告内容和监管上把握更权威、更准确。同时，加强对药品广告监督体制的改革，从根本上解决目前存在的职能不清、责任不明的问题，做到权责统一，建立统一而且高效的监管体制。只有这样，才能实现对药品广告的有效监督，及时阻断一些违法广告对社会大众产生的恶劣影响的蔓延，减小影响范围，实现药品全程监管模式，以此提高行政监管效率。

因此，药品监管部门要加强对药品生产、经营企业发布药品广告的管理措施，从源头就对违法药品广告进行整治。同时，要加强对药品广告执法人员的队伍配置，不但对传统的电视、报纸、广播及杂志进行相关的监测，还应当对互联网进行监测。

另外，针对名人、明星违法药品广告的情况，可建立名人广告登记制度，将名人、明星的广告活动置于登记机关的监督之下，加以规范管理。对关系到青少年健康成长的药品和保健品，必须经过名人、明星本人亲自使用过，才能进行相应的广告促销活动。

（2）健全相关法律法规。

☞ 要完善法律法规：建议国家有关部门对药品广告监管法律法规即时进行修订，在修订药品广告监管法律法规时，制定与社会发展相适应的、可操作性强的法律法规，并以法律的形式明确各级食品药品监督管理部门的职责。

☞ 目前，我国关于药品广告监管的法律法规相当不足，虽然已经有了《广告法》《药品管理实施条例》等相关的法律，但仍然存在很多的问题与不足，需要进行大量的修改。据悉，世界卫生组织驻华代表施贺德博士在向国务院法制办公室提交意见时表示，世界卫生组织敦请国务院法制办考虑对《广告法》草案作出进一步修订，即全面禁止一切形式的烟草广告、促销和赞助。2014 年 2 月 23 日到 3 月 24 日，《中华人民共和国广告法（修订草案）》面向社会公开征求意见。2015 年 4 月 24 日，十二届全国人大常委会通过新修订的《中华人民共和国广告法》，并于 2015 年 9 月 1 日起施行。其中，第二十二条规定，禁止在大众传播媒介或公共场所、公共交通工具、户外发布烟草广告。禁止向未成年人发送任何形式的烟草广告。禁止利用其他商品或者服务的广告、公益广告，宣传烟草制品名称、商标、包装、装潢以及类似内容。烟草制品生产者或者销售者发布的迁址、更名、招聘等启事中，不得含有烟草制品名称、商标、包装、装潢以及类似内容。

☞ 世界卫生组织驻华代表施贺德博士指出，全面禁止一切形式的烟草广告、促销和赞助，可以防止年轻一代终生受烟瘾危害，这一点对于中国来说尤为重要。据统计，目前我国 20～34 岁的吸烟者中，半数以上（52.7%）在 20 岁前就开始每日吸烟；在 5～6 岁的儿童中，86% 能够认出至少一个卷烟品牌的标志，22% 表示长大后会吸烟。因此，世卫组织给国务院法制办公室的建议很明确：支持加强现有的限制措施，但同时敦请考虑作出进一步修订，确保中国针对所有的烟草广告、促销和赞助，采用全面、可实施的禁令[13]。

☞ 不仅如此，我们还应当及时制定单独的《药品广告法》，从法律入手解决药品广告监管的体制及法律基础。针对目前越来越多的新型违法药品广告形式，比如利用互联网发布违法药品广告、邮购广告宣传等形式，我们可以针对这些新出现的违法广告形式，制定相应的法律条文以及处罚标准等，使得对应的违法药品广告监管部门能够在执法过程中有法可依。同时，在法律法规中明确广告主、药品生产企业、广告发布者的责任及义务，从而有效地规范其广告行为。另外，要完善药品广告监管相关的法律、法规，改革当前的药品广告监管体制。目前我国的药品广告相关法律法规针对虚假广告的部分都过于笼统及原则化，可操作性不强。①构建一个完善的违法广告警示制度。我们可以借鉴国外警告性制度，对于那些违法情节较轻的违法药品广告行为通过警告进行遏制。②建立健全违法药品广告案件的移送及查办回复制度。在工商管理部门及药品监管部门之间实现监测与违法查处的一条龙运转，保证监测到的违法药品广告全部能够被移送到工商管理部门，并每一件都得到处理与回复。③建立健全违法药品广告的公示制度。对所有的违法药品广告信息进行公开，并通过网络，将那些已经审批通过的违法药品广告信息及处理意见及时上传到网络上，并公开给社会公众，便于公众查询。对于违法广告中出现的违法相对人进行重点的监督管理及处罚，那些情况特别严重的可以禁止其再次涉及医药、广告相关行业，并加大对多次违法企业的处罚力度，关停甚至禁止其再次涉及医药相关行业。

☞ 要加大对违法广告药品跟踪检查和抽验的力度：食品药品监管部门应当对那些发布过虚假药品广告的药店进行信用分级，按违法药品广告发布次数进行评级，那些违法药品广告发布率高的药店诚信度低，并将诚信等级向外界提供查询服务。对于那些诚信等级不高的药店进行密集监管，并定期进行抽验，抽验结果同样向外界公布。一旦发现药店药品质量存在问题的，可以采取关停药店的处罚措施。另外，要求药店所有销售的广告药品都必须进行跟踪，在购入广告药品时必须货、票、证三证相符。

☞ 赋予市、县级药品广告监管部门一定的处罚权力。根据现有规定，药品广告只要经过省级药监部门的审查并发给广告批准文号后，广告主就能够在省级食品药品监督管理部门进行备案，并不需要到地、市、县各级的药品食品监督管理部门办理任何手续，这一规定具有很大的缺陷。因此，应当通过相关法律法规，赋予地、市、县等各级食品药品监管部门一定的查处权力，让其在发现违法药品广告的第一时间就能够进行处罚，给予发布违法药品广告的企业、广告主及广告发布者一定的威慑力，减少地市级违法药品广告泛滥的可能。

（3）建立违法药品广告投诉渠道。对于大量的违法药品广告，政府应进一步建立健全相关的投诉渠道，让社会各界能够通过更多、更方便、更灵活的方式方法参与监督，进行举报与投诉。为鼓励社会各界人士积极参与监督、举报与投诉，政府可以建立起奖励举报的制度，鼓励其能够主动地参与到违法药品广告的监管之中。在发现了违法药品广告时，消费者们能够通过手边所拥有的电话、电脑、信件等方式，方便、安全地向广告监管部门进行投诉。

在建立投诉渠道的同时，必须制定更加严格的保密制度。只有这样，才能保证举报人的信息得到保护不被泄露，让举报人在举报后没有后顾之忧，让越来越多的社会公众愿意自觉地参与到违法药品广告的投诉与举报中来。举报核实后，应当对举报者进行反馈回复，答复举报人违法药品广告事件的处理情况，并给予举报者一定的物质奖励，让每一个公众都自觉自愿地参与到违法药品广告的监督与举报中来。

（4）加大处罚力度，提高违法成本。当前，虚假药品广告已经出现了泛滥的态势，是社会的一大公害。每次严厉的整治行动之后不久，它们就会再次卷土重来，无法达到根治的目的。这主要是因为对虚假药品广告处罚力度不大，不能完全遏制违法者的违法冲动，应该说，这是造成我国目前违法药品广告越禁越多、屡禁不止、发布率居高不下最核心的原因。可见，违法药品广告层出不穷、屡禁不止的重要原因就是违法成本太低。企业追逐的是利益最大化，决定企业行为的是成本与预期收益之间的关系。

当违法成本远小于预期收益的时候，当事人就会毫不犹豫地追逐经济利益，这就是企业敢于违反国家法律法规、发布违法药品广告的主因；而当违法成本与预期收益接近，或者预期收益不足以吸引企业进行相关投资的时候，违法药品广告的发布量就会减少；当违法成本远大于预期收益，或者违法成本是企业无法承担时，企业就不会考虑通过发布违法药品广告来获得经济利益。由此可见，加大处罚力度，提高违法药品广告的成本，可以有效解决违法药品广告泛滥、屡禁不止的情况。另外，对违法药品广告制作的广告公司和发布媒体，也要加大处罚力度，建立严格的惩罚制度和措施。

当违法的成本远远高于违法的收益时，一些违法药品广告主就可能重视起这种违法的成本问题，其违法冲动就会有所收敛。在欧美很多国家，一般都将虚假广告列为违法犯罪的行为，轻的给予罚款，重则判刑。给予的罚款数额也往往是天文数字，一次罚款就能让药品企业破产，并身败名裂。同时，制作虚假广告的广告商也无法再在广告行业生存，必须离开这个行业。比如，在美国，一旦认定违法药品广告，罚金往往高达上百万美元。我国也应当借鉴这种成功的做法，加大对虚假广告的处罚力度，一方面严惩虚假药品产品的企业；另一方面对广告公司和广告发布的媒体进行从严、从重处罚，让敢于违法的企业与商家倾家荡产，从而以最大的威慑力从源头上防范违法药品广告的出现。

（5）注重社会公众的社会监督。注重社会公众的社会监督，就是要充分发挥受众在广告传播中的监督作用。消费者对广告进行的监督就是广告社会监督，也称为广告舆论监督。这种监督主要是广大消费者自发的监督行为，消费者们成立相应的监督机构，依据国家广告管理的相关法律法规，对广告进行日常的监督，向政府广告监管机构举报和投诉违法广告、虚假广告，并向国家立法机关提出立法的请求与建议。这种监督的目的，就是为了运用广大消费者的力量，制止和限制虚假、违法广告的出现，维护广大消费者的正当权益，实现法律对消费者的保护。不管从哪个方面来说，消费者都是广告最大的诉求对象。企业做广告的目的，就是为了将商品或服务的信息传递给消费者，引起消费者购买的兴趣与欲望，实现产品或服务的销售。因此，当广告内容公开后，企业就已经向消费者作出了承诺与保证，这种承诺与保证必须是合法的、真实的、不能带有欺骗和误导的性质。我们可以这样说，广告真实性的评定者只能是消费者。因此，消费者是对广告实施全方位、全社会监督最为重要的一个环节[14]。

但是，我国当前的相关立法不够重视消费者监督制度的建议，消费者监督的作用没有能充分地发挥出来。所以，我们必须不断地加强消费者对药品广告的社会监督。我们可以从这样几个方面推进这一进程：

☞ 加强医药广告相关法律法规的宣传教育：无论是《广告法》还是《消费者权益保护法》等法律法规，都对消费者的药品广告监督权进行了规定，这种监督不但包括消费者在自身合法权益因虚假、违法广告受到损害时能够向经营者要求赔偿；这种监督还包括消费者能够向发布虚假药品广告的责任人提出赔偿要求以及处罚要求。但是，大多数消费者缺乏足够的法律知识和维权意识，往往在受到虚假药方广告伤害后，不知道如何处理问题，往往采取忍气吞声或私了的做法，这就在很大程度上助长了虚假广告传播的可能。因此，我们应当通过宣传、培训等多种方式，对消费者进行相关法律法规的宣传与教育，提高消费者的自我保护能力，从而调动起广大消费者对虚假广告进行监督的积极性与主动性。

☞ 发挥消费者相关组织在虚假药品广告社会监管中的作用：一个消费者的声音与力量往往是微小而有限的，消费者的要求与呼声往往得不到人们足够的重视。但如果消费者组成了组织，就不一样了，它们的声音、影响与力量就会强大起来。消费者组织可以有自己的组织机构、工作人员和舆论工具，在社会上具有一定的影响力。如果单个消费者因为虚假药品广告受到权益的损害后，通过消费者组织的帮助，无论是投诉、申告还是要求赔偿，都能够得到更为满意的结果。与此同时，消费者组织通过这样那样的工作，也能够发现和揭露大量的违法医药广告，从而保护消费者的权益。

☞ 建立健全违法广告的消费者举报制度：广告违法不同于其他违法行为，其根本区别在于，其他的违法行为往往是隐蔽的、不公开的，而广告违法行为是一种公开性的行为。这就使得建立违法广告消费者举报制度具有了先决的条件。广告只要发布出来，就能被广大普通消费者所看到、听到，就会受到消费者的关注。消费者只要发现违法药品广告，就可以向消费者协会反映、向广告监管机关举报。因此，广告监管机关可以充分利用现有的"12315"消费者举报系统等平台，建立起一整套药品广告违法举报的制度，一经查实给予举报者一定的物质奖励。这样就能够有效地扩展药品广告监管的范围，充分调动起广大消费者这一庞大群体的力量，能够将监管置于违法药品广告的每一个环节，使违法药品广告无可遁形。

☞ 赋予广告受众对违法药品广告起诉的权利：广大消费者只要发现虚假或违

法的药品广告，不管它们是否给消费者带来实际的损害，公民个人或相关的组织、协会都有权力提起相应的诉讼。这是因为违法广告直接危害了广告受众的利益，即使广告受众们并没有购买或接受服务，但这些虚假的、违法的广告会造成看到的受众们精神上不愉快、愤怒、反感等不良情绪的出现，这同样是合法权利受到了侵害。所以，必须赋予消费者们对虚假、违法广告起诉的权利，只有这样才能从根本上保护消费者的合法权益，同时，通过这种方法，也能够使虚假、违法广告主们为自己的行为付出更大的违法成本，从而有效杜绝违法药品广告的发生、发展。

☞ 加大媒体对违法药品广告的监督力度：一是要进一步积极地推进我国新闻传播体制的改革，实现新闻媒体的"去行政化"，增强其独立自主性。政府各级宣传部门必须落实发布违法广告发布者的责任追究制度，严厉打击媒体发布违法广告的行为，并在追究媒体单位责任的同时，追究有关责任人及相关领导的责任。二是要将舆论监督纳入法制化管理的范围中，切实保障新闻工作者发布新闻的自由及权利，从而加大新闻媒体对违法药品广告的监督力度。三是要加强工商管理部门、食品药品监管部门对媒体监督的支持。相关部门应当与媒体保持沟通协调，及时地公告违法药品广告的信息，并将相关部门发现的违法药品广告及时在各新闻媒体曝光。

（6）充分发挥行业自律功能。我国的各级广告协会都履行着对广告行业进行约束与管理的责任。同时《医药行业"十一五"发展指导意见》中也规定了行业协会等行业组织在药品广告监管中的责任与重要性，要求行业协会积极地探索自身的发展模式，充分发挥自身的桥梁作用，帮助企业与政府之间的沟通、维护企业的合法权益、规范行业的行为等。因为无论如何完善法律法规，都不可能将行业发展中遇到的所有可能发生的问题全部包括在内。所以，在进行药品广告的监管时，既要完善相关的法律法规、理顺监管的体制，又要依靠全国各级广告协会及医药行业协会的力量，建立起药品生产企业、药品广告行业的自律行为。

道德所拥有的力量是无穷无尽的。近几年来，我国一直在提倡加强传统文化、道德的建设，要求全国上下重视起道德的力量及道德力量的发挥。实际上，自人类进入文明社会以来，法律与道德就已经成为不可分割的两个环节，相互配合着在社会调控中起到的重要作用。

药品广告行业组织也应当构建完善的监督制度与体系，由药品企业、广告经营者、广告发布者共同组成，每一位协会成员都应当遵守相关的法律、法规、规则，保证药品广告的真实性。与此同时，药品企业可以在医药行业内建立起药品广告内容发布的自律机制，实现药品企业之间的相互监督与管理，减少药品企业之间的恶意竞争及随意的宣传。在这其中，药品广告行业组织应当加强对相关法律、法规制度的宣传与教育，规范广告经营者与广告发布者的行为自觉性；政府应当给予这些机构、组织、企业必要的指导与帮助，让它们能够正常地开展相应的活动，发挥自己的作用。当然，我们还可以借鉴外国药品广告监管的新模式，培育一个以行业协会、行业组织为"第三方药品广告监管"的新力量，以加强监管，提高监管效果。

（7）开展安全用药科普宣传活动。实际上，药品食品监管部门在进行相关违法药品广告整治活动时，还可以深入地开展针对社会公众的安全用药科普宣传活动，以做到防、导结合。在安全用药科普宣传活动开展中，应当充分地发挥执业药师的作用，通过安全用药的相关研究，引导消费者通过正规的渠道获取药品，提高消费者的自我保护能力，从而加强消费者对虚假广告进行监督的可能性与力度。

另一方面，要提高消费者相关组织的社会地位，充分地发挥消费者协会在虚假药品广告社会监管中的作用。消费者组织有自己的组织机构、工作人员、自舆论工具，在社会上的影响力是单个消费者所不能比拟的。如果单个消费者因为虚假药品广告受到权益的损害后，通过消费者组织的帮助，无论是投诉、申告还是要求赔偿，都能够得到更为满意的结果。消费者组织通过帮助单个消费者维权，能够发现和揭露大量的违法医药广告，有效保护消费者的权益并扩大自身社会影响。

3.3 绿色医药供应链

3.3.1 医药行业供应链现状

3.3.1.1 我国医药供应链发展的现状[15]

医药行业具有相当宽泛的内涵和外延，是国民经济中的一个重要、而且特殊的组成部分，不仅关系到国民身体健康，还关系到经济发展和社会稳定，它是传统产业和现代产业相结合，一、二、三产业融为一体的产业。从产业链条上讲，它包含医药产品的研究开发、生产、经营销售等领域；从药品类型上看，它包含中药材、中药饮片、中成药、化学原料药及其制剂、抗生素、生化药品、放射性药品、血清、疫苗、血液制品和诊断药品等药品领域；按照中国医药行业"十二五规划"的划分，它包括化学原料药及制剂、中药材、中药饮片、中成药、抗生素、生物制品、生化药品、放射性药品、医疗器械、卫生材料、制药机械、药用包装材料及医药商业等13 个门类，其中化学制药行业所占比重最大，其后依次为中药、生物制药、医疗器械制造业。

根据我国医药行业发展的现状，可以将其分为医药制造行业和医药流通行业。医药制造行业包括所有制药企业，如原料药生产，中西药生产制剂，生化药生产制剂和中药生产制剂等；医药流通行业包括医药批发中心，医药物流中心，医院，各连锁药店等。

根据国家工业和信息化部的相关统计数据，2009 年，我国医药行业累计实现工业总产值首次突破 1 万亿元大关，达到 10 382 亿元，创历史新高，同比增长 21.1%；工业增加值累计同比增长 14.9%，高于全国工业平均水平（11.0%）3.9 个百分点，继续保持较快的增长速度。1998—2009 年全国医药工业总产值年均增长 20%，是 GDP 增速的 2 倍左右。2009 年全年，医药行业累计实现工业销售产值 9 915.9 亿元，同比增长 21.4%。其中，化学原料药和化学药品制剂制造业分别完成 1 837.5 亿元和 2 758.6 亿元，同比分别增长 13.7%和 19.0%；中成药制造业和中药饮片加工业分别完成 1 998.0 亿元和 511.7 亿元，同比分别增长 24.0%和 28.3%；生物生化制品制造业完成 8 872 亿元，同比增长 29.1%；医疗仪器设备及器械和卫生材料及医药用品制造业分别完成 950.0 亿元和 520.7 亿元，同比分别增长 22.9%和 29.0%；全行业整体产销率为 95.5%，同比提高 0.15 个百分点。应该说，在国际金融危机阴云笼罩的形势之下，我国医药行业表现非凡，破浪前行，展现出不同于其他行业的强劲增长势头，是一道亮丽的风景[16]。

有关学者对医药供应链及医药供应链管理的定义如下：医药供应链是在为患者提供医药产品或医疗服务的共同目标下，由对整体药品质量和医疗服务水平有关键影响的若干药品原材料供应商、制药厂商、医药物流公司、医药商业公司、医院和药店、患者等组成，在政府相关部门监控之下的动态增值网链结构模式。医药供应链管理，则是以提高药品质量、医疗服务水平以及医药供应链的整体效益为目标，把整条供应链看作一个集成组织，"链"上的各个企业都看作合作伙伴，对采购过程、制造过程、交付过程、分销过程和返回过程中的物流、信息流和资金流的计划、组织、协调和控制[17]。

把供应链管理的原则运用于医药行业，可以将其推进到一个崭新的阶段。从世界范围来看，为了推动医药供应链的发展，1996 年，发达国家相继成立了有效的健康消费者响应组织（Efficient Healthcare Consumer Response，EHCR）。在美国，该组织的成员有美国医疗物资管理社团、医疗商业沟通协会、医疗分销商协会、全国批发药剂师协会和美国编码委员会（ECC）。根据 EHCR 的报告，医药供应链至少要包括三个要素，即生产、分销和消费。这三个要素将所有的参与者整合到一起，而各个组织都有其特定的信息要求，这些组织的特点及其相互关系决定了医药供应链的优化。

目前，我国医药供应链流程如图 3-1 所示。

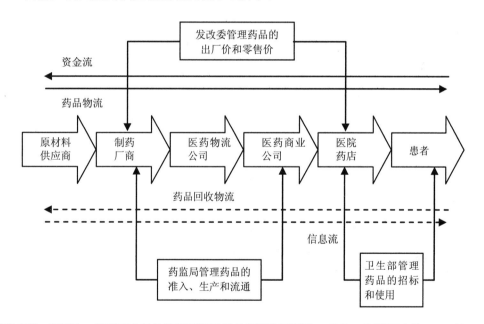

资料来源：许重阳：《医药行业绿色供应链模型构建及实施要点研究》，南京：南京理工大学，2010 年。

图 3-1　我国现行医药供应链流程

考察我国医药行业从生产到消费的整个过程，我们不难发现，其供应链有如下两个基本特点：

（1）流通渠道复杂混乱。我国的医药流通渠道主要涉及医药产品生产厂家、批发商、零售商、患者几个方面，虽然看起来只有几个参与单位，但由于供应模式的区别，仅有的这几个参与单位就可以变幻出几种不同的药品供应链模式，渠道错综复杂，不易监管。如医药生产商—批发商—零售商—患者，也有可能是零售商直接与药品生产商接触，越过了批发商这一中间环节。由于药品零售商包括医院药房及市场上的药店，所以从生产商到达患者手中的途径也各有不同，如图3-2所示，这些不同的渠道给监管部门增加了监管难度，同时对于患者的使用环节也产生了一定的障碍。复杂混乱的供应链结构非常不利于费用的节省及使用效率的提高。

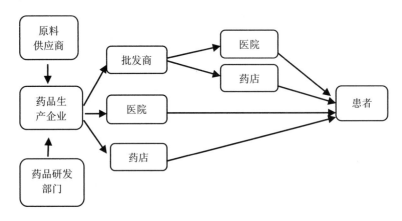

资料来源：张馨月、雷寒：《药品供应链管理的现状问题及JIT模式》，载《中国医院药学杂志》2013年第32卷第2期，第152～154页。

图 3-2 药品供应链模式

（2）信息不透明、物流效率低，批发环节所占成本比重过大。过多的交易环节和复杂的交易渠道使药品交易信息不透明，流动无序，导致流通过程中效率和效益的损失。另外，由于医药商品作为特殊商品的消费特性及医院作为强势买方的市场特性，其中制药企业97%的产品都给了批发企业，而批发企业85%的药品又销售给了医院。改革开放后我国医疗机构长期形成的"以药养医"机制，导致药品的价格越高，医院获利越多，造成医药供应信息不透明、物流效率低的局面。

3.3.1.2 实施绿色医药供应链管理的必要性

（1）医药行业实施绿色供应链管理是政策和法律的要求。我国2008年1月出台的《制药行业污染物排放标准》，将制药工业划分为发酵类、化学合成类、提取类、生物工程与生物制品类、中药类、混装与加工制剂类等6个子标准。其中，污染最严重的是发酵类、化学合成类和提取类。该标准将发酵类药物分为抗生素类、维生素类、氨基酸类以及其他类药物，而这几类药在我国西药生产中恰恰占据了很大的份额。这对于占据医药工业污染大户的合成类原料药和发酵类原料药生产企业也将产生很大的冲击，新标准的颁布对排污的严格控制，将直接影响我国原料药行业的发展空间。

（2）医药行业实施绿色供应链管理是经济运营环境的要求。2008 年 7 月中旬，环保部、中国人民银行、中国银监会联合出台了《关于落实环境保护政策法规防范信贷风险的意见》，对不符合产业政策和环境违法的企业和项目进行信贷控制，以绿色信贷机制遏制高耗能高污染产业的盲目扩张。"绿色贷款"或"绿色政策性贷款"政策，即对环境友好型企业或机构提供贷款扶持并实施优惠性低利率，而对污染企业的新建项目投资和流动资金进行贷款额度限制并实施惩罚性高利率。与此同时，为督促重污染行业的上市企业认真执行国家环境保护的法律、法规和政策，避免上市企业因环境污染问题带来投资的风险，环保部与中国证监会联合对上市公司进行环境审查，禁止具有环境不良行为的公司或企业进入资本市场。

（3）医药行业实施绿色供应链管理是国内外竞争环境的要求。中国医药供应链的发展非常迅速，但由于竞争加剧，微利时代实际已经到来。医药毛利的市场在分销企业和物流企业当中平均已经降低到 7%，专家估计，中国的市场每年分销或者物流的毛利平均以 0.6%～0.7%的速度在下降，最后会降低到 4%左右。2004 年，我国向外资开放药品分销业，弱小的药品流通企业与在资金、管理和技术上占优势的国外流通巨头进行竞争时，往往难以取胜。因此，重构我国医药行业供应链系统，已成为我国药品流通行业改革的当务之急。发展应用绿色供应链管理，是为了最大限度地提高资源利用效率，减少资源消耗；加强供应链节点企业的信息交流与合作，提高运作效率，树立医药企业的绿色形象，提高医药产品绿色度，从而避免政策红灯，提高企业收益，为社会创造更多的价值。

3.3.1.3 医药行业实施绿色供应链管理的可行性

（1）医药行业实施绿色供应链管理有国家产业政策的支持。我国新药研发模式从简单仿制型逐步走向自主创新型，对新药研发的投入也在不断加大。2009 年 5 月，我国新启动的重大新药创制专项，中央财政预算安排资金达 328 亿元，2010 年安排 300 亿元左右，重点推进包括重大新药创制、艾滋病和病毒性肝炎等重大传染病防治在内的 11 个科技重大专项措施，一些有研发实力的企业可以从中寻找到资金支持。国家也拨出财政资金专项，支持制药企业的清洁生产工作，如海正药业医药清洁生产示范项目被国家发改委列入 2005 年环境和资源综合利用国债项目，该项目获国家补助资金为 480 万元[18]。

（2）医药行业实施绿色供应链管理已具备相应的技术条件。2002 年，著名的美国《科学》杂志发表了题为"化学走向绿色"的文章，指出近几十年来世界化学工业正向绿色化迈进。医药化学工业在原材料绿色化、反应过程绿色化、反应介质绿色化和产品绿色化等方面取得了长足的进步，出现了固体酸替代传统液体酸催化剂、一步法生产布洛芬、超临界 CO_2 作为反应介质等经典绿色化学案例。美国等国家在国家层面上推动化学工业的"绿色化"，于 1995 年设立了"总统绿色化学挑战奖"；借鉴美国的成功经验，日本也于 2002 年发起了绿色与可持续发展化学奖；我国也早在 1995 年由中科院开展了"绿色化学与技术推进化工生产可持续发展的途径"的院士咨询课题，启动了"石油炼制和基本有机化学品合成的绿色化学"（"973"）项目，在新催化材料、新反应工程、新合成/加工路线、环境友好溶剂等方面取得了积极进展[19]。

3.3.1.4 医药行业实施绿色供应链管理已取得的成果

近几年来，我国的医药化工企业认真贯彻国家倡导的经济发展与环境相协调的方针，在节能、降耗工作中取得了显著的成效。许多企业加快了产品结构调整和对污染严重与落后生产工艺、设备的淘汰，相继通过了 ISO 14000 系列环保认证，环境保护指标有显著改善。如新华制药作为亚洲最大的解热镇痛药生产基地和全国重要的抗感染药物、心脑血管药物、中枢神经类药物、激素类药物、驱虫类药物等的重要药品生产企业，年产化学原料药 22 000 余 t。该公司将综合预防的环境保护策略持续应用于生产过程和产品中，有效地减少了对人类和环境的风险。2007 年第一季度，新华制药 102 车间在吡哌酸生产过程中，通过改进异丙醇蒸馏工艺，使异丙醇回收率提高 20%，含量由 30% 提高到 60%，并节约大量蒸汽。207 车间通过改进离心工艺，使阿司匹林生产过程中醋酸的回收率大大提高，排污量减少了 2/3。在生产过程中，新华制药发动全员进行工艺优化和改进，革除有毒有害物料，提高了物料回收率，减少了物料消耗，排污量大大减少，减轻了末端环境治理的压力，同时降低了能耗。每年，新华制药都会实现原料消耗节约数百万元，能源消耗节约 1 000 多万元，收到了实实在在的效益，获得国家环保总局高度评价[20]。

由上述分析可以看出，对我国医药行业实施绿色供应链管理不仅是必要的，是遵循政策和法律、经济运营环境、国内外竞争环境的要求，同时又是可行的，将会受到国家产业政策、绿色医药技术的支持。

3.3.2 绿色医药供应链

3.3.2.1 绿色供应链基本概念

绿色供应链是指从社会和企业的可持续发展出发，引入全新的设计思想，对产品和原材料购买、生产、消费，直到废物回收再利用的整个供应链进行生态设计，通过链中各个企业内部部门和各企业之间的紧密合作，使整条供应链在环境管理方面协调统一，达到系统环境最优化[21]。绿色供应链管理是在传统供应链管理的基础上，通过进一步体现绿色制造的基本理念而形成的一种新的管理思想、方法和技术，它要求供应链中的所有供应商、制造商、批发商、零售商、消费者和回收商等各个环节都应当注重环境保护和资源利用，以促进经济和环境的协调发展[22]。

绿色供应链管理的模型如图 3-3 所示：

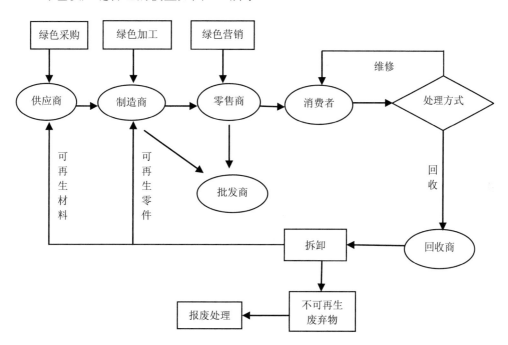

资料来源：徐志斌：《基于利益相关者理论的绿色供应链管理研究》，哈尔滨：哈尔滨工业大学，2008 年。

图 3-3 绿色供应链管理模型

　　绿色供应链管理的体系结构是其内容、目标、对象和关键技术的集合，这些相互关联的概念，描述了绿色供应链管理的结构和功能。绿色供应链管理的研究内容包括战略规划与建模、运作与管理、评价与决策。事实上，现在对绿色供应链管理研究的主要方向，都是针对绿色供应链上某些环节进行的，例如现在比较流行的绿色采购、绿色生产、绿色营销和绿色回收等。它们对应着上述三个方面中的运作和管理中的内容，这就意味着在未来的研究中，应该更着重于将环境意识贯穿整个供应链、以经济效益和社会效益的协调优化为目标，构建绿色供应链管理系统。另外，如何评价绿色供应链管理实施的状况和程度，建立各行业绿色供应链管理的评价体系和评价方法也是一个重要问题。

　　绿色供应链管理的目标，是使整个供应链的各个环节和业务流程减少对环境的负面影响，提高资源的利用效率，达到环境与经济的协调发展，实现经济效益和社会效益的"双赢"。

　　从法律、法规和环保义务的角度来讲，绿色供应链管理的对象应当包括供应链中的所有供应商、制造商、分销商、零售商、消费者和回收商，但事实上它们首先应当是绿色供应链管理的主体，分别通过绿色供应、绿色生产、绿色营销和绿色回收等活动主动承担起各自的绿色管理职责，以便提高整个供应链的绿色度。这也同时要求企业在选择自己的合作伙伴而组建绿色供应链时，要多标准、多因素并行考虑。仅仅考虑产品质量、生产能力、服务和信誉等因素已经不够，还要重点考虑环境因素，选取那些重视环保并获取相应的环境资质认证的企业作为合作伙伴，链上所有成员都遵守一定的环境标准，共同致力于绿色供应链管理的总体目标，实现整条链的绿色化。

　　绿色供应链管理的关键技术也是绿色供应链管理的体系结构的重要组成部分之一。绿色供应链管理的关键技术包括供应链管理技术、绿色技术、信息技术、集成技术及重组技术。

3.3.2.2　医药绿色供应链

　　（1）医药行业绿色供应链模型。自20世纪90年代以来，全球性产业结构呈现出绿色战略的趋势，绿色工艺、绿色商品、绿色产业不断出现，绿色消费走进了人们的生活，产生了越来越广泛的影响。各国政府和组织也纷纷出台各种保护环境的政策法规，旨在保护环境、减少各种商业活动对环境的影响，实现可持续发展。

　　我国医药企业是能源与资源消耗大户，也是环境污染大户，医药企业要在激烈的竞争中立于不败之地，必须重视日益明显的环境信号，通过实施绿色供应链管理信息系统，使其绿色供应链既能高效运作，又能满足越来越高的"绿色"需求。钮立红在对医药行业绿色供应链结构及其存在问题的分析基础上，采用 DEFO 建模方法，构建了医药行业绿色供应链管理信息系统的功能模型。该功能模型对医药行业绿色供应链管理信息系统的概要设计和详细设计提供了技术支持[23]。黄培清等基于 SCOR 模型的供应链再造，提出了医药行业绿色供应链模型[24]，如图 3-4 所示。

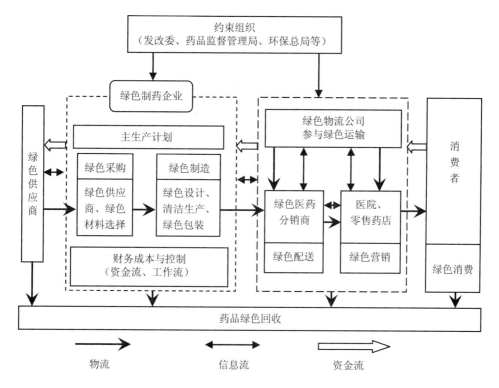

资料来源：黄培清、张存禄、揭晖：《基于 SCOR 模型的供应链再造》，载《工业工程与管理》2004 年第 1 期，第 60～62 页。

图 3-4 医药行业绿色供应链模型

医药行业绿色供应链由绿色供应商、核心绿色制药企业、绿色物流公司、绿色医药分销商、医院、药店、消费者和约束组织构成。各个成员在绿色供应链中分别执行绿色采购管理、绿色制造、绿色配送、绿色营销、绿色消费及药品回收等管理功能[24]。

药品的环境化设计是整个绿色供应链管理的源头，要系统地考虑医药产品整个生命周期对环境、人体健康的影响。核心绿色制药企业通过规范供应商的环境责任，通过合同或协议来监督供应商，使原料和辅料符合绿色化要求。核心绿色制药企业通过建立符合环保指令标准的管理体系，使用绿色生产工艺，努力实现清洁生产和绿色包装，从而生产出绿色药品；绿色药品通过医药物流公司的绿色配送输送到医药商业公司，医药商业公司再逐级分销到各地的医院和零售药店；药店通过绿色营销将药品销售给消费者；消费者要具备绿色消费意识，合理地进行药品消费，不随意丢弃药品，并在药品绿色回收中起到相应的作用。药品回收环节是整个绿色供应链的最后一环，也是制药企业绿色生产的必要延伸。产品生命周期结束之后，若不进行回收处理，将造成资源浪费并导致环境污染。药品的逆向物流环节主要包括退货逆向物流和回收逆向物流，针对不同的物流，应实施不同的处理方式。同时，整个绿色医药供应链的运作过程要遵守国家法规及行业标准。

（2）医药行业绿色供应链结构分析。从医药行业绿色供应链的定义及其模型可以看出，医药行业绿色供应链是由各个节点组织以及约束组织两大类组织所构成的[25]：

第一类组织是节点组织（Node Organization，NO）。节点组织是医药绿色供应链的节点成员，它们直接参与绿色供应链运作与协调，其运作效率的高低直接影响绿色供应链所提供的药品的质量和对环境的影响程度，对整个医药绿色供应链的顺利运作和价值增值起到关键作用。节点组织包括绿色供应商（包括原材料生产商、包装材料生产商以及相关的科研机构）、绿色制药企业（原料药生产厂商、药物制剂企业）、绿色医药物流公司、绿色药品分销商（医药商业公司）、绿色零售商（医院、药店）和顾客（患者/临床提供者），下面分别加以说明。

☞ 绿色供应商：供应商处于绿色医药供应链的始端，是整个绿色医药供应链物流的起点，它们运作的好坏，直接影响到整个绿色供应链的效益。国家对药品原材料的生产有着严格的行业规范要求，对于绿色供应商来说，首先要严格控制原材料的质量，防止质量隐患沿着供应链向下游传递，最终导致严重的药品质量事故。制药企业也多借助相关科研机构的资源以完成新药的开发设计或流程改进工作。

☞ 绿色制药企业：制药厂分为两大类，一类是原料药生产厂商，即生产药物活性成分；另一类是药物制剂企业，从原料药生产企业购入药物活性成分，结合相应的辅料进行制剂。绿色制药企业是医药行业供应链的关键成员，在这个绿色供应链中处于核心地位，其主要作用为：①组织结构调整中心。绿色供应链的发展仅靠长期合同建立的关系是不够的，还要把绿色供应链的成员纳入统一的管理体系中去。核心制药企业要根据环境的变化和自身发展的要求，在其他节点企业的协助下，对整个绿色供应链的业务流程和组织结构进行优化、调整，使得绿色供应链的构建更趋合理化。②信息交换中心。绿色制药核心企业要身先士卒地倡导一种信息共享的氛围，推动供应链上信息的处理和传输系统的构建。③物流集散的"调度中心"。核心制药企业要适时地向相关节点企业发出物料需求指令或供货指令，以保证各个节点都能在正确的时间得到正确品种、正确数量的产品，既没有缺货现象又不造成库存积压，把对绿色医药供应链总成本的影响减至最低；④绿色文化中心。核心制药企业要通过自己的影响力，把绿色供应链的价值观念辐射到其他企业中去，形成供应链节点企业共同的绿色价值观念。

☞ 绿色医药物流公司：作为连接绿色制药企业、绿色药品分销商、绿色零售商的重要通道，绿色医药物流公司承担着药品集散、仓储养护、配送、信息管理、包装加工等业务职能，绿色医药物流公司的高效运作可以显著改善整个医药绿色供应链对环境的污染程度。同时由于药品的包装、运输、储藏等都有着严格的行业要求，因此专业的医药物流就显得格外重要。

☞ 绿色医药分销商：从流通途径角度来看，药品出厂后大多需经过绿色药品分销商才能到达绿色零售商手中，这也是我国医药流通领域的自有特点。药品从制药企业出厂后，由专业的医药绿色物流公司药品交付给地区级的分销商，然后再通过这些分销商的销售网络药品被逐级配送下去，最终到达医院和药店。

☞ 绿色零售商：绿色零售商是药品的最终传递者和医疗服务的提供者。医生作为消费代理人具有丰富的医学知识，在整个绿色供应链末端起到传播绿色药品知识的积极作用，同时能够将患者的反馈信息沿绿色供应链向核心制药企业传送，使得制造商更好地了解和满足顾客需求。

☞ 顾客：患者/临床提供者处于医药供应链的最末端，是药品的最终消费者。患者的直接需求创造了整个医药绿色供应链运作的动力。但由于对药品和医疗信息的缺乏，在信息不对称的情况下他们是价格和质量的被动接受者，在绿色供应链的环境下医药供应链的上游节点组织要充分重视患者的需求，传播绿色差异，使药品消费更具绿色化。同时顾客是药品绿色回收的关键环节，要充分重视家庭药品回收工作，减少药品随意丢弃对环境的污染。

第二类组织是约束组织。约束组织（Restriction Organization，RO）是指那些由于医药行业的特殊性以及环保法规的要求而由政府设置或者自发形成的、对医药行业绿色供应链起到监管、支持、协调和监督作用的政府组织、社会机构和经济团体。它们制定行业法规、颁布质量标准、制定价格政策等，是整个医药绿色供应链顺畅运作的保障。

药品供应链中的约束组织是指那些由于药品行业的特殊性而由国家设置，或社会自发组织的，对药品供应链的顺利运作起支持、协调和监督的组织。它们制定行业法规、颁布质量标准、制定价格政策等，是整个供应链顺畅运作的保障。医药行业在研发、生产、包装、流通、回收等各个环节都有相关的严格标准对其进行监督管理，例如，GMP、GSP、ISO 14001、《药用植物及制剂绿色行业标准》等。与绿色医药供应链直接相关的政府监督管理部门包括国家发改委、食品药品监督管理局、环保部、卫生部。另外，还有社保部、工商总局、财政部、税务总局、科技部等间接监督管理部门以及相关的社会团体。这使得医药绿色供应链的运行与其他行业相比，呈现出纷繁复杂的特点。

当今世界普遍面临能源紧缺、生态环境恶化的问题。在深化改革中注重保护环境，节约资源，实施可持续发展战略，是医药卫生行业 21 世纪重要的使命。推进药品绿色供应链管理可以减少环境风险、节约资源、降低成本、提高医药企业经济效益和环境绩效。制药企业在传统运作模式中不仅要消耗大量资源与能源，同时也对环境造成了严重污染。因此，推进绿色供应链管理，利用先进的绿色供应链管理技术，将绿色供应链管理与我国医药行业的实际相结合，支持医药行业绿色供应链的信息共享，建立基于核心制药企业代理模式的信息共享系统，推进医药行业绿色供应链运作流程优化，将可持续发展观融入医药企业的经营理念中，力求节能降耗，生产出环境友好的医药产品，使制药企业的经济效益与社会效益达到平衡，对提高我国医药行业的国际竞争力、保护环境和促进绿色医药发展，都具有十分重要的现实意义。

第4章

绿色医药利用

药品大致包括研发、生产、流通、使用 4 个环节以及与 4 个环节紧密配套的管理环节。其中，药品使用环节主要涉及患者以及各级医院[1]。世界卫生组织提供的一组最新资料显示，全球有近 1/7 病死者的死因，不是自然固有的疾病，而是不合理用药，如儿童用药"成人化"现象严重，特别是抗菌药的不合理应用、过度使用静脉输液等情况十分严重。药品质量管理方面存在的问题也越来越突出，由此所引起的后果越来越严重。近年来，人们对抗菌药物的过分依赖和滥用，从而使耐药菌株迅猛增长，已成为与耐药结核菌、艾滋病病毒相并列的、对人类健康构成威胁的三大病原微生物之一；维生素类药物的不合理使用也变得越来越严重，超量和滥用现象层出不穷；中药制剂和生物合成药物的不合理使用，不但增加了疾病的治疗难度，还给病人增加了不必要的经济负担[2]。

随着社会经济发展和人民生活水平的提高，人们的健康需求和维权意识显著增强，患者对医疗服务和医疗质量的要求也越来越高，特别是在药品使用和管理方面更是达到了精益求精的地步。用药难、用药贵也一直是困扰广大人民群众看病就医的主要问题，医患之间的不信任以及药品行业的潜规则等问题，更加恶化了医患关系，对医疗行业健康稳定的发展造成了不利的影响。在这样的背景下，推进绿色医药发展，重视药品的绿色利用，加强药品使用的科学管理，是提高医疗服务质量水平、满足人民群众健康需求的现实需要。

4.1 绿色医药利用状况

4.1.1 不合理用药现状

4.1.1.1 不合理用药的表现

药品作为一种特殊的商品，是为了满足人们预防、诊断、治疗疾病的需求而产生的，因此各国都将药品使用的经济性、合理性作为制定国家药事法规的一个基本原则，旨在提高国民对于药物、特别是基本药物的可获得性，最大可能地满足人民的生命健康需要。为了达到这个目标，各国都制定和颁布了一系列的药事法规，例如：药品价格管理法案、医疗保障制度、基本药物管理制度以及一系列为仿制药研制和上市而制定的法律法规等。这些举措为降低药品价格、减少医疗开支起到了重要的作用[3]。

尽管如此，目前不合理用药现象在全世界几乎所有国家都不同程度地存在，从供方和需方两个方面来看，主要表现如下：

（1）供方。

☞ 不合理用药表现在过度药疗：过度医疗一直是人们关注的热点，而过度药疗作为过度医疗的表现形式之一，往往可以从处方中发现踪迹。过度药疗包括开具过多种类的药品以及开具昂贵的药品。2001 年，卫生部与联合国儿童基金会农村初级卫生保健项目在 42 个项目县的调查显示，所调查的项目地区乡镇卫生院门诊处方药品平均为 4 种，而 WHO 制定的发展中国家医疗机构门诊药品平均处方用药数标准仅为 1.6～2.8 种[4]。在印度，药品市场竞争激烈，制药公司常常鼓励医生多给患者开新药、广告药品，这必然大大增加患者的药品费用[5]。

☞ 不合理用药表现在滥用抗生素：众所周知，抗生素滥用是不合理用药的主要类型之一，病人一有炎症，就要用消炎药，这种观念根深蒂固地存在于医生和患者中。医生凭经验使用抗生素，而患者错误地认为所有的感染都要使用抗生素。据统计，我国门诊感冒患者约有 75% 使用抗生素，外科手术则高达 95%，住院患者抗生素使用率为 80%，远高于国际 30% 的水平[6]。

此外，使用抗生素治疗非细菌性疾病的现象也普遍存在，从而大大增加了对抗生素的耐药性。

☞ 不合理用药表现在滥用注射剂：人们往往认为，注射剂比口服药更有效，这导致在口服药物足以治疗的情况下使用过多的注射剂。卫生部与联合国儿童基金会农村初级卫生保健项目研究显示，我国项目地区乡镇卫生院门诊处方注射剂平均使用率为 45.1%，远高于 WHO 处方注射剂 13.4% ~ 24.1%的标准[7]。我国农村的一些地方 75.6%的处方含有注射用药[8]。然而，注射剂的安全性明显低于口服药，调查显示，发展中国家新发乙肝感染者中，因不安全注射所致的占 33%，导致每年有 2 170 万人感染[9]。

（2）需方。患者自我药物治疗也是导致不合理用药的重要原因。我国卫生部发布的第三次全国卫生服务调查数据显示：我国居民两周患病就诊率持续下降，自我医疗的比例逐年上升，超过半数的城市居民患病后不去医院治疗，农村自我医疗患者的比例由 1998 年的 23%增加到 2003 年的 31.4%，城市由 1998 年 43.7%增加到 47.2%。我国患病而未就诊的居民进行自我医疗的主要方式即是自我药疗[10]。然而，大多数的患者并不具备医药专业知识，在没有医师或药师的用药指导下采取自我药疗的办法时，往往会产生很大的健康风险。

可见，患者自我药物治疗是药物滥用的主要表现。除了抗生素滥用外，还有相对安全药物的滥用。例如，维生素类和镇痛类药物等。尽管这些药物相对安全，也还是存在一定风险的。阿司匹林可致胃癌，而使用过量的对乙酰氨基酚甚至会致死[11]。

另外，尽管传统型绿色药物的有效性是有目共睹的，但其存在的不良反应也是不容忽视的。炮制不当、超量或长期应用一些传统型绿色药物，会导致蓄积中毒、药证不符，尤其是使用、配伍不当都会引起中药的毒性反应。有关研究指出，长期服用甘草或甘草甜素，可引起假性醛固酮增多症[12]。中草药红花、黄芩、柴胡等均易引起过敏，附子、乌头会致循环衰竭和中枢抑制[13]。另外，购买药品用于非药品性使用的人群比例在不断扩大，美国的这类药物滥用现象也逐年增长。据报道，2005年美国有 140 万人由于药物滥用去急诊科就诊[14]。

人们常说，"久病成医"。一旦生病，首先靠自己的经验进行自我诊断。如果判断自己的症状与以前得过的疾病基本相符，一些人就会重复使用以前的处方或是使用以前用过的药物。如果判断与他人的症状相似，便参考他人的用药而自购药品服用。然而，个人经验并没有我们想象的那么可靠，症状相似甚至相同也不能就简单判断为同种疾病，仅就发烧这一症状而言，就有可能是由上百种疾病引起的。诸如感冒、疟疾、流脑、SARS 等感染性疾病以及肿瘤、自身免疫性疾病等，都可以引起发烧。因此，凭自身经验用药，存在很大的健康风险。

从需方的角度而言，除了上述凭患者自身经验用药之外，一些患者的依从性差也是不合理用药的一个重要表现形式。依从性差，即使处方完全合理，也无法保证药品被正确使用。在我国，不遵循医嘱的现象比比皆是。很多患者不理解疗程的意义，自行减少或增大剂量，症状好转就中断治疗，这最终导致了预期效果达不到，同时也增加了对抗生素耐药的潜在风险。在美国，每年有 12.5 万心血管疾病患者由于用药不依从而死亡，造成 2 000 万个工作日和 15 亿美元工资的损失[15]。

由上可见，不合理用药的现象，无论是就供方，还是就需方而言，都是很普遍的，特别是作为患者的需方，不合理用药的现象更加普遍。来自国家食品药品监督管理局的最新调查结果显示，"有90%的居民不了解如何安全合理用药，甚至存在严重误区"。这些误区会带来严重后果，世界卫生组织的调查也表明，全球 1/3 的死亡患者不是死于疾病本身，而是不合理用药。2012 年，国家药品不良反应监测网络共收到药品不良反应事件报告 120 万余份。北京和睦家医院药房主任冀连梅指出，"中国老百姓需要更新的不仅仅是用药知识，还有用药理念。"不仅仅是普通老百姓，有医生对用药也不甚了解。也就是说，人们大都忽视专业药师的作用。实际上，根据规定，药师不仅根据病人病历、医生诊断，为病人建议合适药物剂型（如药水、药丸等）、剂量；还要教导病人服用药物时的注意事项和服用方法；同时，药师还负责核实医生处方，与医生起相互监察的作用。

应该说，这不能简单地归咎于公众无知。一位业内人士说，绝大多数人手里的处方药，"都是从医院里开出来的"，或能够在药店轻易买到。北京一家医院泌尿科的刘大夫，发现自己的患者竟然在药店买到了一种堪称"抗生素中的原子弹"的药物，这种二级抗生素，医院不到万不得已不会使用，而患者只是普通的尿路感染。天津市药品不良反应监测中心主任宋立刚认为，这种情况是在"以药养医"的医疗体制下形成的，公立医院的收入中，药品收入占了40%，有些医生为了追求经济利益，倾向于给病人多开抗生素。"政府主管部门的各位大、小官员们更应该敢于担当，负起责任。"宋立刚说。他认为对那些"疗效不确切、不良反应大"的药品，应当尽快完善、修改说明书，"该淘汰淘汰，该撤市撤市"。

在业内人士看来，中国人药物误用问题，也有科普宣传不到位的原因。打开美国食品药物管理局的药品主页，左上方占据屏幕 2/3 大小的流媒体图片栏里，四个宣传专题全都是指导民众如何用药。据说，这家管理机构每个月都会发布用药安全的科普专题。一张图片上，一位患了感冒的姑娘烧得脸颊晕红，捂着鼻子，下面的标题是：检查你的感冒药和退烧药是否都含有乙酰氨基酚。大多数感冒药中都已经含有乙酰氨基酚，很多人同时服用感冒药和退烧药后，无意间会导致药物过量。而在我国的药监局主页里，会议信息铺天盖地，夹杂的零星几个药品安全信息通告，也都是针对医务工作人员的专业性报告，普通人很难从满篇复杂的医学专有名词中，识别出能够看懂的信息。这就导致公众很容易偏听偏信。对于"杀敌一万、自损三千"的抗生素，有些人像囤积卫生纸一样买很多放在家中，另一些人明知需要服用却拒绝服用。冀连梅指出，当真正需要抗生素时，一定要足剂量、足疗程地规范使用。在药房发放抗生素时，冀连梅除了口头强调外，还会随药发放一份文字指南，其中特别强调即使吃了抗生素病情有所好转，也不能提前停药，更不能随意减量，一定要把医生开的抗生素全部吃完。"不服完的行为和滥用抗生素的影响没有区别，"冀连梅解释说，"相当于没有把细菌的部队全部歼灭，正确的做法是不留残余，不给它们反弹的机会。"但她发现，目前国内医院的许多药师都"形同虚设"。"在药品回扣的利益纠葛下"，药师根本无法真正为药品安全把关，不能为患者审核处方、拦截用药错误。她呼吁国家能改革"以药养医"的体制，让药品收入与医生的收入脱离关系，使得药品回归它真正的价值，让"药师可以平等地和医生一起为病人的用药负责"。冀连梅即将出版的《中国人应该这样用药》在一些网站的预售名单上，排在热销的榜首。对此，冀连梅表示，中国人太想知道怎么吃药了[16]。

4.1.1.2 不合理用药的原因

不合理用药的普遍存在，不仅造成宝贵医药资源的大量浪费，还会对民众健康造成严重危害。造成这种现象的原因，从管理体制机制上而言，如前所述，它是在"以药养医"的医疗体制下逐渐形成的。在我国公立医院的收入中，药品收入占了40%，有些医生为了追求经济利益，倾向于给病人多开药。不合理用药的直接原因，应从供方、需方、大众媒体、传统文化和健康信仰等多方面来进行探讨。

从供方来看，由于受经济利益驱使，医生作为患者的医疗顾问和服务的提供者，其医疗知识的掌握远胜于患者，可以利用医患之间的信息不对称影响患者的需求。这使得医生的伦理道德因素成为众矢之的。近年来，基本药品目录的使用，在一定程度上限制了"大处方"的产生，然而，政府投入的严重不足，使得很多医疗机构仍然将服务量与医生收入挂钩，而作为"经济人"的医生必将有诱导用药的倾向。

另外，我们也应看到，缺乏高水平执业药师也是供方存在的一个重要原因。药师是合理用药知识的宣传者、药物不良反应信息的监测者以及面向大众的药学服务的提供者，他们在推动合理用药过程中起到重要作用。据调查，我国77%的患者在不知道如何用药的情况下会咨询药师[17]。然而，我国 90%以上的执业药师在医院工作，只有极少数的药师在药店工作，而且目前多数医院并没有实施执业药师资格制度，医院执业药师和一般药剂人员从事的工作也没有很大差别。此外，由于执业药师的人数逐年下降，我国放宽了对执业药师的报考要求，这使得执业药师的水平良莠不齐，其服务质量受限，所提供的用药建议也不一定准确合理[18]。

医疗服务评价机制不健全也影响药物的合理使用。目前，国内外尚未对医疗卫生服务的综合评价的范围、内容和指标体系达成共识[19]。而全面质量管理的理念显示，加强医疗质量管理仅依靠医院内部的某个职能部门，是不足以有效控制医疗服务的质量的，对医务人员的服务评价还需要第三方的介入。医疗保障部门在一定程度上控制了医疗费用，但如何监督并减少医务人员的过度用药，促进合理用药，还需要进一步发挥其在这方面的作用。

从需方来看不合理用药的原因，患者认知程度低是客观存在的。患者的药品知识水平是合理用药的重要影响因素。在我国农村地区，有相当一部分人还是文盲或半文盲，很多患者甚至不知道自己使用的是什么药品。一方面，问诊时间过短，医生没有过多时间解释或是未解释清楚用药方法。另一方面，患者不理解按照医生指示或药品说明书用药的重要性，他们认为多用些药，病就会好得快，因而就过量地使用药品，或是一旦症状消失，就立刻自主停药。

大众媒体的影响也是不合理用药的一个重要原因。广告作为一种文化传播，影响着大众的整体知觉，它潜移默化地使人们形成一种观念，影响人们的思维方式，进而影响人们的行为方式。根据国家食品药品监督管理局发布的监测结果显示2012年第4季度，全国各省（区、市）食品药品监督管理部门以发布《违法广告公告》等方式通报并移送同级工商行政管理部门查处的违法药品广告 43 348 条次，违法医疗器械广告 4 825 条次，违法保健食品广告 15 181 条次[20]。这些违法的药品广告会引导人们形成错误的观念，造成不合理用药的现象日渐泛滥。

传统文化和健康信仰应是不合理用药不可忽视的一个重要原因。文化传统和健康信仰的地方性差异，客观影响着人们的用药习惯。一些社会科学家的研究显示，有时西方医学工作者认为不合理的用药，以当地的观点及地方经验就可以解释通了，我国中药的使用就是典型的例子。某些特殊疾病如性传播疾病，患者不愿意去医院就诊，更倾向于自我治疗。而上呼吸道感染、痢疾等患者觉得没有必要去看医生，也多采取自我治疗的措施。因此，传统文化和健康信仰对不合理用药的影响，是客观存在的，且由于涉及医疗文化传统，因而难以在短期内得以改变。

4.1.2 绿色医药利用的发展

4.1.2.1 安全用药与合理用药

安全用药，主要是防范药品（物）不良事件的发生；合理用药，主要是在安全用药基础上，提高临床用药效果。我国政府和社会公众十分重视安全用药，对合理用药仍没有引起足够的重视。这说明，在用药问题上，绿色理念尚未深入人心。将安全用药和合理用药放在一起讨论，意在推动绿色医药利用工作的开展，以促进我国人民科学用药，不断提高健康水平。

一般认为，因疾病等因素用符合国家药品标准的药品于人体，在正常用量、用法下，不引起医疗纠纷，没有明显对机体造成伤害（不包括药品不良反应），就是安全用药。在临床用药中，有临床药师精心为患者设计个体化给药方案，并进行全程用药监护；药品说明书的适应证与患者疾病病因或某些症状相符的用药；病毒引起的感冒，应用抗菌药等不合理用药；在诊断不明的情况下，凭经验猜测，造成错误用药；甚至有时把药物用于健康人群等，只要用量、用法符合药品说明书的要求，不发生药疗纠纷，不造成药物对机体的明显伤害，都被认为是安全用药。当然，也有特例，就是合理用药，由于患者特异体质因素等，也可造成严重的药物不良反应，如过敏性休克等。合理用药中，也存在不安全的因素，仅为少数特例。

因此，安全用药包含了合理用药和相当比例的不合理用药，合理用药在安全用药之中，有时安全用药也就是合理用药。但安全用药不一定都等于合理用药，很可能许多安全用药本身，就是不合理用药。

安全用药主要是药品质量问题。我国近年不断出现的许多安全用药问题，如2006 年 4 月，多名患者使用了齐二药亮菌甲素注射液（附加剂丙二醇由二甘醇代替），导致肾衰竭的严重药品不良事件；2006 年 8 月，部分患者使用安徽华源公司生产的"欣弗"（克磷霉素磷酸酯），出现恶心、呕吐、过敏性休克、肝肾功能损害等，导致81人出现不良反应，其中3人死亡，涉及10个省份的药品不良事件；2007年7月、8月，部分白血病患者使用了上海医药（集团）有限公司华联制药厂生产的部分批号甲氨蝶呤和阿糖胞苷因混有微量的硫酸长春新碱，而造成行走困难等神经损害症状；2008年10月，云南省红河州6名患者应用了黑龙江省完达山制药厂生产的两批次五加注射液，出现严重不良反应，其中3人死亡，等等。所有这些案例，都是药品质量问题造成的安全用药问题，也就是药品不良事件。在这些药品不良事件中，相关责任部门和责任人都受到了相应的法律制裁。

合理用药，是在了解疾病、了解药物的基础上，以患者的利益为中心，根据现代的医药学知识和技能，按优选择正确、安全、有效、经济、适宜的用药方案进行用药；有些特殊药品，还需根据血药浓度等参数用药，并进行全程用药监护[21]。合理用药中的"正确"，包括正确的病人、药物、给药途径、剂量、间隔时间等。可见，合理用药就是绿色医药利用的具体表现。

但要做到合理用药，安全用药是前提。只有符合安全用药的要求，才能谈得上合理用药；也就是说合理用药，肯定就是安全用药。合理用药要求以患方利益为中心，就是从患者的角度考虑，如医药费的支付能力，何种用药方案更加有效、方便、容易接受；合理用药还需要得到患方的知情和认可等。近年来，我国许多三甲医院等医疗机构以患方的利益为中心，用合理用药电子软件审核处方和用药医嘱，并有部分临床药师活跃在临床用药一线，与临床医师共同查房，或临床药师进行药学查房，监测血药浓度，设计个体化用药方案，记录药历，全程用药监护等，就是合理用药和绿色医药利用的初步实践。但总体来说，我国的临床用药离合理用药的要求还有相当的差距。

虽然我国的药事法规提到安全用药和合理用药，但更多还是以强调安全用药为主，对合理用药只是一般要求而已。在安全用药中，医疗单位、医、药、护专业人员在临床用药中，保证患者机体没有明显伤害的情况下，更重要的是保护自身利益的最大化和安全。这样的安全用药，有可能增加疗程、药量、药物不良反应，甚至药源性疾病、药费和浪费国家药物资源等，患方的利益难以得到保证。这也是我国百姓"看病贵""看病难"的一个重要原因，因而是与绿色医药利用的发展取向背道而驰的。

绿色医药利用，是指要以患方利益为中心，在安全用药的前提下，以合理用药为核心，确保患方利益最大化，可以提高疗效，降低药物不良反应，节约药物资源和经费，实现利国利民。但在现行卫生体制和医疗环境下，要求医疗机构、医、药、护专业人员能完全达到合理用药要求，全面实现绿色医药利用，是一时很难达到的理想目标。如何在安全用药前提下推动绿色医药利用，提高临床用药水平，值得有关部门及专家们进一步研究。

4.1.2.2 临床用药以绿色医药利用为中心

国家有关药事法规在重新修订时，应明确安全用药和合理用药的概念差异，明确临床用药应以合理用药为中心；国家卫生、医保等有关部门的政策也应适应和促进临床用药以合理用药为中心工作的展开。要充分发挥和调动医、药、护、患等各方在临床合理用药中的积极性，在临床用药中，要充分体现以患方利益为中心的理念，患者（方）是合理用药的主体，要让患者（方）对用药方案知情、认可、确认，患者（方）能有效配合合理用药治疗；临床医师要用好合理用药处方权；药师把好合理用药关，对处方权进行监督、审核处方，全程用药监护等；护师按合理用药操作规程执行医嘱，及时收集和反馈用药信息等。在合理用药过程中，要充分发挥现代药学科技知识的作用，应用先进的合理用药电子审核监护软件，确保合理用药水平能够与时俱进。

同时，要利用各种媒体或有关场所，利用电视、网络媒体，录制合理用药宣传视频，对社会大众广泛开展合理用药知识宣传教育。要让人民群众真正懂得合理用药，可提高疗效、减少药物不良反应、节约药费等，创造有利于开展临床合理用药的医疗环境。有关部门要研究在临床合理用药节约的经费中划出一小部分，用于促进临床合理用药工作的开展。要对促进临床用药中，合理用药工作开展成绩显著的有关部门、单位及个人（包括患方），给予精神和经济奖励；要对在临床用药中，取得显著成绩的临床医师、药师、护师等专业人员给予精神和经济奖励。同时，要对阻碍临床用药中，合理用药工作开展的有关部门、单位和个人，责令其限期改进工作，并作出相应处理；对在临床用药中，不合理用药严重、浪费国家药物资源、损害患方利益等的临床医师、药师、护师等专业技术人员，视其后果、情节轻重，给予降级、降职等处罚。

总之，安全用药与合理用药，是个永恒的课题，应与时俱进，与医药科学发展同步，与绿色发展同步。在临床用药的合理用药工作中，只有引入奖罚机制，才能促进临床中合理用药工作的开展，促进绿色医药利用的发展。我国的临床用药不能只停留在安全用药的基础上，应是向前迈进一大步，促进绿色医药利用的发展，实现以患方利益为中心的合理用药。只有临床用药向合理用药与绿色医药利用迈进，才会促进我国非处方药的合理应用；促进社会药房、社区卫生服务部门等的合理用药工作开展，我国整体的临床用药水平才会有更大提高。

4.1.2.3　WHO 促进合理用药的建议

如前所述，不合理使用药物可能引起药物滥用，诱发药害，造成卫生资源不应有的浪费，加重患者和社会的负担。因此，促进合理用药行动、推动绿色医药发展，具有重要的现实意义。

多年来，WHO 倡导推行一系列促进合理用药的策略。1993 年 WHO/DAP 与 INRUD 合作编写了主要适用于第三世界的《医疗单位合理用药调研方法与评价指标》（SDUIs），SDUIs 为基层医疗机构门诊药品的合理使用制定了系列调研指标，对评价和促进各国的合理利用卫生资源、控制医药费用过度增长有很大帮助，这些指标涉及处方行为、管理措施以及处方消费金额等方面内容：

（1）处方指标。①每次就诊的处方药物平均品种数；②处方药物使用非专利名（通用名称）的比例（%）；③每百例次就诊使用抗菌药物的比例（%）；④每百例次就诊使用针剂的比例（%，不含预防注射/计划免疫）；⑤每百种处方用药中，基本药物或处方集药物的比例（%）。

（2）患者关怀指标。①每例患者接触处方者（医生）的平均时间；②每例患者接触发药者（药师）的平均时间；③每百种处方药物中，患者实得药物的数额（%）；④药袋标示（姓名、药名、用法）完整的百分率；⑤患者正确了解全部处方药物用法的百分率。

（3）行政管理指标。①有无基本药物目录或处方集；②有无临床治疗指南。

（4）补充指标。①处方与临床指南符合的百分率；②应诊而不使用药物治疗的百分率；③每次就诊平均药费；④抗菌药物占全部药费的百分率；⑤针剂占全部药费的百分率；⑥患者离开就诊医院后，对全部医疗照顾总体上表示满意的百分率；⑦能获得非商业性药物信息的医疗单位比例（%）。

（5）附加指标。①并用两种或两种以上抗菌药物的病例数；②使用麻醉性止痛药的病例数；③用药医嘱完整的百分率；④用药记录完整的百分率；⑤医嘱用药兑现率；⑥采用标准治疗方案的百分率；⑦经过适当细菌培养而静脉注射抗菌药物的百分率。

WHO 针对各国用药过程中存在的问题,于 2002 年 12 月发布了 12 条关于进一步促进发展中国家合理用药的核心政策和干预措施。2007 年 5 月 23 日第 16 届卫生大会重申了 WHO 促进合理用药战略:①组建国家合理用药领导实体;②制定临床用药指南;③制定和实施基本药物目录;④建立地区和医院药物治疗学委员会;⑤对医学生实行以问题为基础的药物治疗学教育;⑥医学继续教育;⑦监督、稽查和反馈;⑧供应正确无偏倚的医药信息;⑨药品知识的公众教育;⑩消除错误的经济激励措施;⑪实施适当的强制性管理;⑫财政支持[22]。

就我国而言,医院管理者要高度重视合理用药的工作。我国 80% 以上的药品是在医院销售的,医疗机构是药品使用的主要场所。合理用药涉及患者就医的各个环节,是贯穿医疗质量管理的一条主线。合理用药程度好坏已成为制约医院可持续发展的重要因素之一,促进合理用药是真正体现医疗卫生系统"以病人为中心"的发展方向,是医院真正做到"以人为本"的必由之路。新时期,医院管理者应高度重视医院的合理用药问题,将促进合理用药工作提升到绿色发展的高度加以推进。

同时,应充分发挥医院药事管理委员会的作用,大力宣传国家药物政策(NDP),着力推广国家基本药物政策,重点介绍合理用药知识,努力使医务人员、患者甚至广大人民群众了解 NDP,了解国家基本药物政策,认识合理用药的重要性,从而在疾病防治过程中自觉成为绿色医药的实践者和宣传者。药事委员会还应根据医院的医疗技术水平和医疗特色编写处方集。处方集应以国家基本药物为基础,与 STGs 相结合,综合考虑疗效、安全、质量、价格、成本—效益等因素来选择药物。由于目前实施药品招标采购政策,在编制处方总集时,随着每轮招标结束可分别发布处方集续集供临床参考。

更重要的是,必须积极开展绿色药物利用研究。药物利用研究是对药物供应、处方及其使用的一种趋势研究,研究的目的是力求实现用药合理化、绿色化。药物利用研究已成为临床药学工作的主要任务之一。近年来,国内外开展了大量的药物利用研究,通过采用药物利用指数(DUI)等多种指标,对一个地区(医院)药物的使用情况进行回顾性评价,判定用药是否合理,及时找出存在的问题,制定出合理用药方案。绿色药物利用研究不仅有利于管理者决策,同时对某些处方者和生产厂商也有良好的警醒作用。

4.2 特殊场域绿色医药利用

药品作为一种特殊商品，不仅有特定的用途，更有特定的应用场域。药品的主要应用场域是门诊和临床，家庭次之。家庭用药除了非处方药，一般也应在医师、药师指导下进行。在我国一些地方发现的幼儿园擅自给儿童大面积、长期服药、"幼儿园"变身为"药儿园"的严重事件，实是闻所未闻的。以下分别探讨门诊、临床和家庭的绿色医药利用问题。

4.2.1 门诊绿色医药利用

一般而言，门诊病人不像住院病人那样，能得到医护人员的全程诊疗护理服务。门诊医师由于受专业学科、专业水平、工作时量等因素的限制，不可能对病人的所有疾病负责。同时，医师也确实存在着择药不当、过度用药、用药失误等不合理用药的问题。例如，医师没有严格遵循《抗菌药物临床应用指导原则》，不规范使用、滥用抗菌药物；对病情了解不全，用药方案存在缺陷；对一些新药的适应证把握不准，忽视新药使用风险等。由于缺乏专业人员的指导，病人不能正确使用药品，导致病人的依从性降低，疗效下降，甚至发生严重的药物不良反应（ADR）。不少医院门诊药房现采用的还是传统的窗口式服务，即单一的处方调配发药，药师与病人之间缺乏深入的交流，缺乏对病人进行用药指导。

有调查显示，病人最关心的是药品疗效，而对 ADR、药品安全性等了解不多，用药自我保护意识不高。门诊医师合用三种以上药品的比率较高，因此应密切关注其合理性。但目前，药师发挥监督、指导合理用药、正确用药的职责和作用不够，医院药学工作模式与临床、病人的要求不相适应。因此，应尽快开展门诊药学服务的工作。

4.2.1.1 医院门诊开展药学服务的基本要求

医院门诊开展药学服务应遵循一些基本的要求，如对药师专业素质的基本要求是，药师要具有较高的专业素质，特别是要熟练掌握和运用药理学、药物动力学、药物治疗学、药剂学和药物经济学等专业知识，分析和制定合理的用药方案，指导合理用药。药师还要能及时了解国内外最新的医药信息，掌握与病人进行交流的方法与技巧。

4.2.1.2　医院开展门诊药学服务的内容与方法

（1）审核处方建立门诊药历。认真审核医师处方，如存在问题，应建议医师调整修改。当存在较复杂的问题或病情较特殊，应为其建立门诊药历。通过询问、调查病人和家属、查阅门诊病历了解、取得病人的基本情况，并做好记录。记录的内容要包括病人的姓名、年龄、性别、体重、民族、职业、联系电话等；主要疾病和其他疾病；肝、肾、心功能情况；药物过敏史；用药史（尤其是近 3 个月内的）和在用药物等。

（2）分析用药方案。要注意诊断是否明确；药物是否对症；剂型、剂量、疗程是否适当；是否存在有害的相互作用和配伍禁忌；是否存在潜在的 ADR 等。如果发现存在问题，要及时与医师联系，重新制订用药方案。对其方案可进行效果/成本的药物经济学分析评估，选择最优的方案。

（3）指导用药。要指导病人正确使用药品，交代清楚药品的使用方法和给药剂量、给药时间、生活饮食要求、可能出现的 ADR 和注意事项。对一些特殊的病人，如老年人、小儿和妊娠妇女要更加注意。对因病情需要使用对肝、肾、心等重要脏器功能有可能产生损害的药物时，要叮嘱病人定期到医院化验检查，以保证患者用药安全。

（4）ADR 的监测。对于发生 ADR 的病例，要进行追踪调查，做好记录，并要及时上报有关部门。而且，要对发生 ADR 的原因进行分析总结，对不合理用药和ADR，要定期向医师、护士及有关科室人员通报，以从中吸取经验教训。

（5）药物咨询。采用先进的科学技术和设备，收集、整理国内外医药学信息，建立完备的药学服务信息体系，为医务人员和病人提供药理、药效、适应证、禁忌证、给药方法、给药剂量、药物配伍禁忌咨询；提供药物中毒和解救方法、特殊病人用药剂量调整咨询；提供药品的商品名和通用名、药品品牌和价格咨询。收集、整理临床用药资料，开展药品再评价等。同时要有针对性地进行合理用药知识宣教，提高医务人员的合理用药水平，提高病人的自我保护意识。

4.2.1.3　医院门诊开展药学服务的难点

（1）药师专业素质的制约。由于历史的原因，医院药师学历大多高低不一，专业素质良莠不齐。20 世纪 90 年代前，我国药品生产能力不足，药品供应匮乏，药师的主要任务是保障药品供应，专业知识着重于药品制剂生产、药品检验、药品调剂等。如今，我国经济高速增长，药品生产供应充足，但临床不合理用药和 ADR（药物不良反应、用药失误和滥用药物）发生率却明显上升，药师的工作要逐步向"以病人为中心"，提供安全、有效、经济、合理的药学技术服务转型。但由于药师在药物治疗学、疾病诊断学、药物经济学、生理学、病理学等方面的知识存在不足，影响了药学服务工作的正常开展和药学服务质量的提高。因此，要选拔高学历、素质好、工作经验丰富的高年资药师担任培训导师，选拔低学历、素质好但工作经验不足的年轻药师进修培训，同时虚心向临床医师学习请教，逐步建立起一支高素质、高水平的药师队伍，以确实保障合理用药，推进绿色医药的发展。

（2）药师的权利和义务缺乏法律支持。我国已有《执业医师法》和《执业护士法》来明确和保护执业医师和执业护士的权利和义务。药师有开展药学服务、预防ADR、审核处方、制止用药失误和滥用药物、保证合理用药的权利和义务，但权利和义务要有相应的法律来明确和保证。美国有《州药房法与药剂师法》，日本有《药剂师法》，英国有《药剂师注册前培训法规》和《药剂师考试条例》。因此，我国应尽早出台《执业药师法》来规范药师执业的准入管理，确立药师的地位，发挥药剂师的作用，明确和保证执业药师的职责、权利、义务及法律责任，保护执业药师的合法权益，用法制手段推进保障合理用药和绿色医药发展。

4.2.2　临床绿色医药利用

临床合理用药（Rational use of drugs，RUD）是以系统的医学、药学、管理学知识和研究为基础，科学使用药物，使之达到安全、有效、经济的目的。"合理"是基于客观、科学的知识理论，而非经验至上或感情用事；"用药"是一个完整的过程：包括正确的诊断、对症下药、正确开处方、妥善调配、病人遵从医嘱、医生负责随访保证疗效等一系列综合策略[23]。制定和实施合理用药策略，推行合理用药策略，是发展绿色医药的需要，已引起社会广泛的重视。

RUD 的目的是充分发挥药物的作用，保证药物使用安全，尽量减少药物对人体所产生的毒副作用，从而达到对疾病进行正确治疗的目标。合理用药包括正确选药、剂量恰当、正确给药方法、联合用药合理 4 个环节。目前，国内外对临床合理用药关键流程建立及环节控制管理方面的研究，还停留在仅对药品及相关仪器设备自身水平上的优化配置和严格要求，没有上升到医院层次的控制与管理。既往研究中又往往从药品管理角度把合理用药的关键性和重要性作为研究的主要方向,而针对全过程医疗质量控制体系建立一套能够让医院管理者、医疗活动参与者始终必须遵循的医疗过程质量管理体系和过程控制模式的研究较少,特别是应用在药剂管理方面的研究,更是几乎没有。

随着社会经济发展和人民生活水平的提高,人们的健康需求和维权意识显著增强,患者对医疗服务和医疗质量的要求也越来越高,特别在药品使用和管理方面更是如此。因此,针对国内临床合理用药方面存在的问题,借鉴国内外临床合理用药方面的经验,注重合理用药流程及环节控制,利用全过程质量考评标准实施医疗质量效果分析和评价,确保药品使用中各个环节得到有效控制,相关服务质量水平得到有效提升,确保职业药师的技术、资源得到有效发挥,为临床资源配置和绩效评估提供依据,达到切实提高医院合理用药、最大限度地实现"以病人为中心"的医疗服务目的,是推进临床绿色医药利用的现实需要。

4.2.2.1 制定临床合理用药关键流程

制定临床合理用药关键流程,是推进临床绿色医药利用的首要条件。为此,①必须考虑重点病人,如新入院病人、疑难危重病人、手术病人、急症病人以及特殊治疗病人等。②考虑医疗质量时效性,如住院志、手术记录、转科记录、麻醉后随访等必须在规定的时间内完成。③考虑医疗核心制度的执行情况,如病程中查看三级医师查房情况。④考虑会诊制度落实情况、疑难病例、死亡病例讨论情况,医疗重点的到位情况,如围绕手术期工作落实;麻醉前访视和麻醉后 3 天随访;输血适应证和输血记录等,同时还要重视抗菌药物的使用情况,根据院所抗菌药物临床应用实施细则和抗菌药物分级管理,查看限制性和非限制性药物使用情况,病原学检查及药物过敏试验,有无多种抗菌药混用或抗菌药超期使用等情况。

制定临床合理用药关键流程要通过到药剂部门、静脉药物配置中心(PNA)及临床科室去实地学习和研究,查阅相关合理用药文献,参加病例用药情况在线检查、环节质量横断面检查、药品的三级质量控制、药师下临床等相关医疗工作以及对临床医生发放临床合理用药关键流程表等方法进行。

在临床合理用药关键流程建立的过程中,应结合全过程质量考评控制体系,探索以医疗质量全局为重心,以纵、横管理路径结合为框架,以点、线、面融合构建质量管理环节,将医疗活动中各个环节真正融入医疗质量控制体系,并制定横断面质量控制数据评估标准，探索更为科学合理的管理通道和机制，建立以决策、执行、反馈、评估、调整、干预等环节为主线的管理流程和全过程医疗质量运行模式。采用病例在线检查、环节质量横断面检查、专家夜查房和药师下临床方式对各科室按规定条目实施检查，并将发现的问题详细登记后交业务管理部门，业务管理部门专人负责汇总核实后提交卫生经济科落实，并在网上公布环节质量考评结果。同时将其作为医师绩效考核体系的重要内容，并与奖金分配、个人晋职晋级等利益挂钩[24]。

4.2.2.2 注重临床合理用药重点环节控制管理

临床合理用药关键流程的制定，虽然是推进临床绿色医药利用所必需的，但关键在于其真正落实在具体的医疗服务过程之中。因此，对临床合理用药关键流程各个环节进行控制管理并设立多个关键点进行监控，是十分必要的。

（1）医生开医嘱环节。该环节主要对不合格处方发生率及问题医嘱发生率进行监控。为此，在我国普遍缺乏临床专业药师的现实情况下，很有必要加强临床医生基本药学知识的培训，定期抽检、考查临床医生用药情况；并制定执行相关奖惩制度，坚决杜绝药品回扣问题，使临床医生真正能正确地使用药物和医治患者。医生开医嘱应遵循的基本流程是：早上跟随科室主任查房→对病人情况及化验单进行问询、检查→探讨病人病情→医生在病历单上开出医嘱，输入电脑。

（2）静脉药物配置中心配药环节。该环节的具体流程为：医师开处方→电脑传递→药师审核→安排配制计划→打印标签→药师摆药→药师配制→包装→药师核对→传递到病区→护士接收→护士核对→护士给药。该流程可能存在的问题主要有：①细菌、微粒二次污染问题。临床静脉输液药物的混合配制一般分散在各个病区的护理站、治疗室进行，虽然有一定的消毒处理，但治疗室处于开放式环境，在添加配制药物时可能造成新的污染，患者用药后可能会出现热原反应或不溶性微粒栓塞等危害，甚至诱发院内感染。②缺少配制防护。在病区治疗室开放式加药配制抗生素、激素，尤其是配制用于治疗肿瘤的细胞毒性药物等时，对周边环境可能造成污染，操作者也可能通过皮肤接触或呼吸道吸入等途径受到损害。③护士操作不合理。输液加药时，一些护士可能由于不具备相关药学知识，仅根据医嘱及说明书或凭经验配制，对多数药物混合后的相互作用关注不够，难免会增加临床用药的危险性；同时也会增加护士的工作负担。④不利于发挥药师的作用。住院药房调剂工作一般以病区为单位，按每天的用药小计发药。药师对用药是否合理、配制是否正确无从审核，因而不利于发挥药师的作用。⑤瓶装液体易被污染。瓶装液体在输注过程中需不断进入空气，空气中的灰尘、微生物及多次穿刺时脱落的橡胶屑，可随液体进入患者体内而引起输液反应，液体完全滴完时也容易发生气体栓塞等现象。

（3）护士对医嘱录入环节。主班护士核对医嘱流程：医生在病历单上开出医嘱，输入电脑→主班护士刷新医嘱，进入医嘱处理系统→未复核的新医嘱与病历单核对→核对无误后，在病历单上签名→打印、复核→递交责任护士再次核对病历单→执行医嘱。

主班护士核对静滴药物流程：主班护士按床号顺序核对第 1 组液体→配药，责任护士执行第 1 瓶，做执行标记→主班护士清理治疗室桌面→按床号顺序摆余下的各组液体至桌面→按治疗卡核对长期医嘱的各组液体，做标记→执行长期医嘱的配药。

责任护士执行医嘱流程：责任护士核对医嘱执行单→正确执行临时医嘱的摆药→配药→带药到床边，核对后注射→注射后与医嘱执行单核对，签时间、姓名→观察用药后反应，记录。

接瓶流程：发现病人液体输完或电铃响起→责任护士核对输液瓶→带输液瓶至床边→按掉电铃→三查七对后换瓶，解释药物作用→在医嘱执行单上签时间、姓名。

责任护士与责任组长交接药物使用流程：责任护士执行医嘱→药物使用后在医嘱执行单上签时间、姓名→下班前查看医嘱执行单有无漏签名→向责任组长交班医嘱执行情况→责任组长负责未完成医嘱的执行→责任组长检查当日所有医嘱的执行情况→观察用药后反应，记录。

（4）临床药师审方环节。临床药师利用医院信息系统用药指南软件，在全院各临床科室联网，以纠正医师在为患者下药品医嘱时发生的配伍禁忌、相互作用等方面的错误，改变以往一味用药而很少考虑药物不良反应等误用、滥用现象，规范医务人员的医疗行为，确保医疗信息所需的安全性、有效性、再现性，使药房管理系统长期正常运行，并对其操作的数据进行监控，做到及时纠正不当操作，提高药学服务质量。在检查过程中，临床药师要明确临床不合理用药检查要点：药品选择不合理：无指征用药、超药品说明书适应证范围用药、不能根据药品药动学特点选药、不能根据患者的病理生理情况选药、不能根据病情需要盲目选择高档次药品；药品使用不合理：给药途径不当、给药频次不当、给药剂量不当、给药时机不当、给药疗程不当、配制方法不当、给药速度不当、药品配伍不合理、药效学拮抗、配伍禁忌、药动学拮抗、辅助用药搭配不合理、辅助用药超过主要治疗药物用量；处方不够规范：处方前记信息不完整或错误、药品信息不全、处方后记信息不全、违反处方管理办法条款等[24]。

4.2.3　家庭绿色医药利用

4.2.3.1　我国家庭用药不合理的现状

我国家庭不合理用药的现状主要表现在：大量存在使用过期失效、变质药品的现象。近期有关家庭药箱调查发现，公众在常见的用药错误中，40.8%的家庭有服用过期药的经历，16.3%的家庭仍然存放过期药品，包括不会识别有效期标识，服药时忽略了有效期，甚至有明知药品已过有效期、仍坚持服用的家庭。药品有效期是药物在规定的贮存条件下能够保证质量的期限。药品一旦超过有效期即可能失效、变质，应立即停止使用[25]。

家庭不合理用药的另一个主要表现是，用药方法不当。用药方法包括给药途径、给药时间、给药次数、反复用药及联合用药等。药物使用方法正确与否，直接影响用药安全和疗效。调查发现，家庭常见的错误用药行为中，滥用抗菌药物是最普遍的，有56.7%的家庭会自行决定服用抗菌药物；其次是不按时服药，高达53.7%；随意加大药物服用量，感觉病轻点就停药的，占52.1%。

家庭不合理用药还存在药物贮藏不科学的问题。调查发现，多数家庭只有一个大药箱，所有的药品全部混放在一起，没有任何闭光、防潮或冷藏措施，根本达不到科学存放的条件，难以保证药品在有效期内的质量。

家庭不合理用药更表现在无适应证用药和药物滥用。按国家药监部门规定，化学制剂需在其说明书或标签上注明"适应证"，中药产品（成药）需注明"功能与主治"。家庭无适应证用药常常表现为凭个人经验用药，听信广告用药，预防用药，盲目追求新药、高档药和贵药等。调查发现，滥用抗菌药物是最普遍的，有56.7%的家庭会自行决定服用抗菌药物。

4.2.3.2　家庭不合理用药的危害

家庭不合理用药的危害很多：

（1）它可能造成延误治疗。家庭用药全凭经验，缺乏科学的诊断，盲目性用药比较多，这样往往会掩盖病人真实的病情、延误治疗时机或出现慢性药物中毒等后果。

（2）它可能引发药物不良反应。家庭用药中合并用药现象普遍存在，特别是老年人常常同时患有多种疾病，往往同时服用多种药物。由于药物是否为复方制剂、药物间的相互作用如何、食物对药物作用的影响等问题很少被顾及，这样极易引发药物不良反应的发生。

（3）它可能酿成药物事故。家庭不合理用药酿成的惨剧令人触目惊心，诸如因家庭药箱管理不严，儿童误服药品引发药物中毒死亡事件；缺乏外用药使用知识，浓 PP 粉灌肠引发严重消化道黏膜烧伤事件；牙痛大量服用去痛片，造成急性再生障碍性贫血，抢救无效死亡的事件等。

（4）它可能加剧抗菌药物产生耐药性。在我国，无适应证使用抗菌药的现象非常突出，由此造成的不良后果也最为严重。根据中国细菌耐药监测研究组 2003 年的调查结果，我国肺炎链球菌对红霉素的耐药率超过了 70%，大肠杆菌对喹诺酮类药物的高耐药率是我国特有的现象，从 20 世纪 90 年代初到 90 年代末，我国大肠杆菌对环丙沙星的耐药率从 3%左右升高到了 50%以上，个别地区甚至超过 70%[26]。

4.2.3.3 推进家庭绿色用药

家庭绿色用药的内涵，包括家庭药箱中药品组成、购药途径、用药习惯和药箱管理等方面都应力求科学、合理、经济。如何实现家庭绿色用药，应从以下几方面入手[27]：

（1）注重健康教育。政府及卫生机构需加强对人民群众的健康教育，普及医药卫生知识，提高人群的医药素质，从而提高人们对药品的科学认知。其中特别重要的是，鼓励阅读药物说明书。因为药品说明书是药物信息最基本、最重要的来源，是指导病人临床用药和病人自我药疗的主要依据，是其他药物信息所不可替代的[28]。如果病人用药前阅读说明书，将可以降低用药的盲目性，促进合理用药，安全用药，精确用药，减少不合理用药。药品说明书服务，属于药房服务的范畴，医药部门、社会药房提供药品说明书服务，是非常必要的。

（2）做好家庭药箱管理。家庭药箱相当于家庭中的一个小药房，药学工作者应当传授患者正确储存和保管药品的知识，药品存放应当有序，至少不能内服、外用药混放；药品应当放在小孩拿不到的地方，最好是加锁；应当定期清理药箱，注意药品效期。如果药房工作人员能持之以恒地告诉患者存放药物的知识，并结合社区开展合理用药宣传教育，久而久之，合理用药知识会得到普及，从而减少意外的发生，提高药物应有的效益，对实现家庭绿色用药产生良好的作用。有很多家庭因各种原因可能没有专用药箱，但为家庭储药设计合理的专用药箱是可取的。

（3）实行过期失效药回收制度。医疗单位和社区间可以经常配合开展用药安全的宣传教育，采取一定方法回收家庭药箱中的过期失效药品，以保证用药安全，减少因误服而导致的不良后果及其所带来的资源浪费。

（4）注重农村用药安全问题。有调查显示，用药安全性的水平也存在城乡差别，农村用药存在较多问题。中国国家统计局最新统计表明，中国大陆长期居住在农村的农民约 7.5 亿人，这是一个庞大的群体，搞好农村医疗工作，确保其合理用药将有巨大的社会、经济效益。

（5）规范医院抗菌药物使用。由于我国医院抗菌药物的使用率相比一些发达国家偏高，而人们在选药购药和用药时，更多地考虑遵从医嘱。医院的导向可能使百姓在抗菌药物的使用上产生错觉，而导致抗菌药物的滥用。因此，规范医院抗菌药物的使用，对指导家庭绿色用药有积极意义。

（6）重视发挥药师的作用。合理用药是药师的重要责任，但是目前的医疗卫生体制制约了药师走出窗口服务大众的行动；同时，目前药师专业水平和服务能力也限制了其对公众进行用药指导工作的展开。总之，应走进社区，为居民提供用药常识和合理安全用药宣传，接受公众用药咨询，整理家庭药箱等服务，以提升药师在公众心目中的专业形象，用实际工作赢得人民群众的信赖。

4.2.3.4 家庭废弃药品逆向物流管理

废弃药品属于药物性废弃物，一般指生产、流通、销售中产生的超过有效期，由于储藏不当造成毁损的药品，不能再继续使用的药品。废弃药品的危害主要有以下几个方面：废弃药品可能会危害居民健康；废弃药品会使企业面临信誉危机；废弃药品的潜在社会危害，如居民将过期药品卖给小商贩，不法商贩通过低价收购这些药品，经简单加工、包装后再次卖给农村、小型医疗机构等，会给社会带来难以估量的威胁；导致环境污染，化学性污染已成为土壤和水体的最大杀手，而废弃药品正是此类污染源之一[29]。

物流一般包括正向物流和逆向物流。逆向物流一般是指物品由供应链终点向起点流动的过程，包括回收物流和废弃物物流。所谓"药品的逆向物流"是指药品物流过程中，由于某些药品在流通中的物流错误（数量、品种错误）、商业退回、失去了明显的使用价值（如药品生产过程中的废料、使用后的产品等）或消费者期望产品所具有的某项功能失去了效用或已被淘汰，将要作为废弃物被抛弃，但这些物品中还存在可以再利用的潜在实用价值，药品供应链上的企业为这部分物品设计一个回收系统，使具有再利用价值的物品循环利用的活动。

我国家庭废弃药品管理工作一直采取的是"政府宣传，企业参与"的政策，但是回收活动一直都处于冷热不均、效果不稳定的情况，政府设置的小药箱空置率高，居民上交药品的热情不高，一些企业也渐渐退出回收行列[30]。

借鉴发达国家废弃药品管理利用的相关经验，我们可从以下几方面促进家庭废弃药品的绿色处理措施的落实：

（1）废弃药品管理要有强制性措施。发达国家的政府对过期药品的废弃药品有明确的法律，甚至有专门的协会来督促废弃药品的回收处理工作。没有按照规定执行的企业将会受到严格的处罚。

（2）药品流通要有集中性渠道。由于一些发达国家的流通渠道比较简单，而且比较集中，比如全美国的医药批发商总共只有 70 多家，排名前三位的利润达到市场的 96%。这些流通企业常年和生产企业、物流企业有固定业务关系，所以美国的分销渠道比较简单，一旦在供应链中需要召回、回收等，可以多企业共同参与，特别是一些第三方物流商，可以承接药品逆向物流活动。

（3）注重废弃药品回收的经济性。美国的药品逆向物流处理是由专门的第三方物流商承接，经过专业的分类后，将有利用价值的物品重新利用，没有价值的焚化发电，最大限度地利用废弃药品的价值。值得注意的是，只有规模达到一定程度，第三方物流活动才会产生经济效益，在处理量不够的时候，可能会使废弃药品回收成本超过效益。

（4）注重废弃药品回收的便利性。法国和美国的药盒外包装上就印有如何处理药品的标志。消费者可以方便地选择处理方式，最大限度内使废弃药品通过正常的途径结束生命周期。药店也会在售卖药品时告知消费者交还包装或过期药品，消费者能够很方便地找到上交地点。发达国家居民废弃药品回收的参与性强，也和其便利性有关。

（5）注重废弃药品回收的绿色化。许多国家颁布了废弃药品回收的相关法律，这些法律文件对于药品在供应链中流通的每一个环节的环保处理都做了详细规定，废弃物流回收处理环节是减量化、少排放的关键环节。如何使这些废弃药品的价值发挥到最大以及环保处理，成了政府和企业在废弃药品逆向物流中考虑的最大问题。一些合格的药品甚至可以再通过一些人道组织分发出去，将多余的资源分配给短缺地区。

上述发达国家促进家庭废弃药品的绿色处理措施，都是值得我们认真学习借鉴的。只有我国众多的家庭废弃药品管理工作走上科学化、法制化的轨道，才能根本改变长期以来我国家庭废弃药品回收活动"冷热不均、效果不稳定"的状况，使家庭医药利用实现绿色化。

4.3 特殊人群绿色药品利用

4.3.1 儿童绿色用药

儿童属于特殊用药群体，其肝肾功能、中枢神经系统、内分泌系统等均未发育完全，药物在体内的过程与成人不同，对临床疗效也会产生一定的影响，因此其安全用药一直是人们长期关注的问题，更应高度重视实现绿色用药[31]。

4.3.1.1 儿童用药的现状

（1）儿童用药的相关药品信息缺乏。尽管许多药已经广泛应用于儿童和成年人，但在儿童用药方面还没有充分的说明资料。Wilson J. T. 1973 年出版的《医生案头参考》一书，对 200 种药品进行了分析，结果发现，80%的药品没有儿童用药参考[32]，这是首次披露了儿童用药缺乏使用说明的问题。1991 年出版的《医生案头参考》同样指出了这样的问题[33]。儿童用药的药品信息缺乏，主要表现在标签和说明书上，对于儿童用药一项，其相关信息缺失或模糊，尤其表现在国产药品说明书和中成药说明书上，缺失项包含了关系到患儿安全及合理用药的药理作用、儿童用法用量不良反应、禁忌证等重要信息。许多药品说明书的〔儿童用药〕下大量使用"未进行该项试验且无可参考文献""无资料证实安全性和有效性"等表述方法。临床试验和药动学这两项标注率则更低，分别仅为 2.1%和 17.3%[34]。此外，即使进行了儿童剂量的临床试验，也往往不是以儿童为受试者,有的是将剂量放大 5 倍给成人用，等试验安全后,再按原剂量给儿童用。

（2）儿童用药用法用量说明不明确。由于缺乏合适的制剂和儿童临床试验困难，目前临床上存在大量儿童在接受没有经过许可的（unlicensed）药物，或是药品说明书标识以外的（off-label）用药，而且这一现象在全世界都很普遍。由于缺少数据，医生通常依据自己的经验自行决定某药是否可用于儿童及使用的具体剂量。而在那些标注了用法用量的药品说明书中，很大部分数据也不是通过临床试验得出的。在资料不全的情况下，小儿初始剂量往往是按成人剂量进行折算后得到的。根据重庆市儿童医院 2009 年对其门诊 346 份处方的调查分析，仅有 67.9% 的药品明确标注了儿童用法用量；标注儿童用药剂量的确定方法上存在较大不同，几种剂量确定方式（按经验直接给出剂量、按体质量、按年龄、按体表面积）都各占相当大比例。以按体质量确定为例，以 7 岁儿童平均体质量为 25.69kg 计算，有部分药品按说明书标注，其使用剂量已超过成人用量，肥胖儿童可能在更小年龄就达到成人剂量，显然不合理[35]。

（3）儿科中药有大剂量应用趋势。近年来，儿科医生用药量有增大的趋势，在中国中医科学院黄璐琦教授课题组所作的《中医临床处方饮片用量调研报告（儿科）》中，大多数药物的临床用量区间为[3，6], [6，9], [9，12], [12，15]4 个区间，具体集中在 6 g、9 g、10 g、12 g、15 g 等用量上。北沙参、威灵仙、川牛膝、淫羊蕾、延胡索、泽泻、五加皮、大腹皮、独活、地龙、石菖蒲、黄芩、桃仁、川芎、山豆根、川糠子等儿科用量有 60% 以上与成人药量相同。其中，北沙参、威灵仙、川牛膝、淫羊蕾、五加皮、大腹皮、地龙、川糠子等全部超过《中华人民共和国药典》规定的药量，其余的药物有 2/3 超过《中华人民共和国药典》用量。

（4）儿童用药成人化现象较为严重。由于伦理原因，难以在儿童身上开展临床试验，是造成儿童用药成人化现象的一个客观原因。临床使用时，正是因为缺少儿童专用剂型，儿童用药时一般就会根据其体重、年龄或体表面积与成人的比例进行换算，这实际上只不过是简单地把儿童当作按比例缩小的成人罢了，忽略了儿童本身的生理特点，造成儿童用药成人化的现象。实际上，儿童量效关系较成人更加复杂，主要体现在其年龄越小，相对用量越大；同年龄儿童体重相差一倍甚至数倍，药物用量也不全一致；小年龄儿童服药浪费较多，难以测算实际用量；传统服药 1～2 次和每日频服量不一致。

（5）儿童用药中的不合理用药现象严重。①抗菌药不合理应用情况较严重，其中以抗菌药物使用率最突出。这可能与以下几个因素有关：儿科疾病特点，儿科疾病以呼吸道、消化道疾病最常见，由于患儿抵抗力普遍偏低，疾病变化快，预防性使用抗菌药物现象较普遍。在门诊耐药性监测难以开展；住院患者为防止院内交叉感染，预防使用抗菌药物同样存在。②过度使用静脉输液。临床上，一些医师片面追求治疗速度和经济效益，未严格掌握输液适应证，存在滥用静脉输液的现象，部分医生对普通上呼吸道感染、腹泻不伴脱水或仅轻度脱水的患儿使用静脉输液；也有些家长主动要求静脉输液治疗，认为输液好得快，医生为避免纠纷多数"迎合"家长的要求。殊不知，儿童输液带来的危害如发热反应、微粒带来的危害（静脉炎、血管栓塞、肉芽肿、变态反应、热原样反应等）、中药注射剂成分复杂易引起不良反应、葡萄糖和水电解质输入过多的影响等，是不可低估的。③辨证不清、施治不当。选用中成药时应该以中医药理论为指导，按照辨证论治的指导思想用药。只有辨清病症所属的证型，才能采取有效的方法进行治疗。那种不分寒热虚实，头痛医头、脚痛医脚的用药方法为使用中药的大忌，如太阳病误用吐法、下法非但不能治病，还会使病邪由表入里，病情加重。如果辨证不清，误用攻法，会使脾胃阳气受伤，病邪内陷而下利不止，预后不良等现象。然而，目前儿童中成药60%以上在西医院应用，由于西医医生对中医的辨证施治、诊断以及药性缺乏全面的了解，往往不辨证，简单按药品说明书来选择药物，临床使用时可能因药不对症而导致疗效下降，甚至无效。

4.3.1.2 推进儿童绿色用药

儿童身心健康关系国家的未来发展。推进儿童绿色用药，就是要采取有效措施，确保儿童合理用药，主要应加强以下几个方面的工作。

（1）鼓励、支持儿童药物研究。要推进儿童绿色用药，让儿童药品普及，政府的鼓励、支持非常关键。政府鼓励和规范药物上市前针对儿童的临床研究，则是促进其良性发展的主要因素。借鉴其他国家的经验并结合我国的实际情况，可采用以下措施：政府出资鼓励相关研究，或通过发放贷款和奖励的方式给予儿童药物研究以支持，制定相应法律法规要求新上市药物进行儿童用药的数据补充，采取一些优先或奖励性措施对研发生产儿童用药的企业进行利益驱动，包括给予制药企业研发儿童药物一定的市场保护期，促使制药企业积极进行儿童药物的临床研究，促进药品厂家在儿童用药领域的可持续发展。

（2）制定实施儿童用药法规。政府要加强相关立法和加大执法的力度，在现有法律基础上，增加对儿童药品的规定，制定合理科学的用药法规，促进儿童药品的开发，规范儿童药品市场。虽然我国在2010年出版了《中国国家处方集》，但对儿童用药没有专门详细的规定。我们应该借鉴国外经验，制定相应的儿童用药指南，将有关儿童安全用药权威、规范的相关信息及时提供给医师、药师、患者和相关人员。在药品管理与审批中，要加强审查的力度，尤其是对有可能应用于儿童的药品，要详细审查其试验的数据和信息，重点确定其用于儿童的用药信息以及不良反应和注意事项等。在药品说明书的问题上，应制定严格的药品说明书审批制度和规范的说明书书写标准，并要求凡是在使用说明书中涉及儿童用药的，都必须要有该药物在儿童人群中确切的研究信息（可靠的临床研究资料）作为申报依据。同时，药品说明书语言要符合规定，意思表达要明确、清楚，对于说而不明、含糊不清的儿童用药说明书，一律不予批准上市。

（3）建立健全儿童用药再评价体系。政府要通过医院、科研单位和企业建立儿童用药不良反应监测网，积累儿童用药的信息和数据，健全儿童用药再评价系统，该系统应依托于药品上市后再评价体系。儿童用药再评价先以用药人群相对广泛、列入《国家基本药物目录》和《OTC 目录》的药品为起点，通过安全性、有效性、服用剂量等评价，拓展儿童用药范围，使更多上市药品适用于儿童人群。此外，要努力寻求国际合作，积极参与国际多中心临床试验。通过参与国际多中心临床试验，我们可获得儿童用药人群的大量信息，为我国儿科用药的评价提供更直接的依据，使儿童药品再评价工作有效运作。

（4）开发具有我国特色的儿童用中成药。面临着国外制药企业的竞争，加大儿童用药剂型在中成药方面的研发力度，是我国占领世界医药市场的必然需要。儿童的体质较为敏感，儿童用药方面的临床表现往往较难掌握和估计，儿童用药的不良反应也较多，像抗生素等强药性的药物对剂量的要求非常精确，必须在医生严格的指导下使用，不但不方便，副作用也较多；相比较而言，我国博大精深的中药制剂药性柔和，疗效确切，副作用较小，对儿童敏感体质更为合适；另外，儿童药物最好以冲剂、颗粒剂和糖浆剂为主，不仅口感好，也增加了儿童用药的依从性，而以上剂型均以中药制材为最佳选择。因此，加大儿童用中药制剂方面的研究，应该是中医药研究的重点。

（5）对中药老产品进行二次开发。随着社会的发展，疾病谱发生了变化，现有药物很难适应新的疾病治疗要求。而化学新药研制却越来越困难，且其投资大、时间长、风险大，并易产生耐药性和药源性疾病，给企业带来不少的压力。中药二次开发的对象一般集中于已经过临床验证的，疗效可靠且有过一定的药物开发基础的复方成药。这种中成药在组方和临证上符合中医理论，保持了中药的本质特征并且副作用小；其临床的有效性亦提高了新药开发的针对性，减少了盲目性，可缩减开发费用，加速开发周期，经济社会效益可观。因此，对优秀的中药老产品进行二次开发，开发出适合的儿童用药，是应对当前儿童用药严峻形势的一种积极方式。

（6）开发适合儿童特点的药品剂型、规格。为了方便儿童用药，使药量准确安全有效，建议药品生产厂家对儿童的常见病、多发病的用药增加剂型、规格和品种的开发，如小儿栓剂、滴剂、干糖浆剂、霜剂、膜剂、气雾剂等。中成药剂型可研制、开发儿童中药饼干剂，即将药物夹入饼干内，使儿童乐意接受；饴糖剂具有蜜丸、糖浆的优点，服用方便，制备简单；膜剂具有携带方便等优点。此外，也应多开发适合儿童心理特点的药品，把片剂、胶囊剂等做成各种各样孩子喜欢的外观形状，如花瓣状、水果状、可爱的小动物状等，也可加入香味剂、果味剂等，使药品口感更适合儿童的要求，以便消除孩子对药的恐惧感，增加其用药的依从性。

（7）医院应加强儿童用药监控。医院对儿科用药的情况要有严格的要求和监控。医生在为患儿治疗时应谨慎用药，使用 unlicensed 或 off label 药物时可以采用不注册的产品说明书的方式，解释为什么需要用。发现不良反应时应及时报告，有效处理。要对患儿家长详细讲解用药说明，保证患儿家长对用药有清楚的理解。加快临床药师的培养，给患儿提供专业的药学服务，是避免出现儿童用药不规范的一个有效途径[36]。

4.3.2 孕产妇绿色用药

计划生育仍然是我国的基本国策，优生优育是实施这一国策的关键，减少出生缺陷又是优生优育的重要环节。但应该看到，迄今为止，人类对大多数出生缺陷的发生原因仍不明了，而相当一部分原因不明的出生缺陷是由于药物在某些特定条件下与其他因素相互作用所导致的结果。因此，孕产妇的用药问题，日益受到医患双方的广泛关注。在临床工作中，我们经常遇到一些孕妇因在孕期应用了某些药物而特地来咨询是否会对其胎儿产生不良的影响，而一些临床医生亦常常因为患者处于妊娠期或哺乳期，在用药上踌躇不决。这是因为，处于孕产期的妇女身体各系统会发生一系列变化，药物代谢也会发生动力学变化。孕产妇的合理用药，对母婴的安全至关重要。不但要对孕产妇本身不能有任何的不良反应，而且还得保证子宫内的胚胎、胎儿或者新生儿的健康安全。孕产妇的合理用药，可以有效降低胎儿畸形、先天性死亡、流产等不良后果的发生率，提高新生儿的素质，达到孕产妇绿色用药的要求。

4.3.2.1 孕期绿色用药的基本原则

为了降低药物对胎儿可能造成的不良影响，孕妇的绿色用药要遵循以下基本原则：

（1）尽量避免不必要的用药。妇女在妊娠期，即使是维生素类药物也不宜大量使用，以免对胎儿产生不良反应。例如，孕期大量服用维生素，会导致胎儿的骨骼异常或先天性白内障；又如过量的维生素可导致胎儿智力障碍和主动脉狭窄。

（2）应在医生指导下用药。孕期用药应强调其在医生指导下用药，孕妇不要擅自使用药品。但现实中，有的孕妇自行购药服用，误用对胎儿有害药物的情况屡有发生。因此，有必要加强宣传教育。

（3）尽量避免在妊娠早期行药物治疗。在早孕期，若仅为解除一般性的临床症状或病情甚轻允许推迟治疗者，则尽量推迟到妊娠中、晚期再治疗。

（4）注重分娩前忌用药。有些药物在妊娠晚期服用可与胆红素竞争蛋白结合部位，引起游离胆红素增高，易导致新生儿黄疸。有些药物则易通过胎儿血脑屏障，导致新生儿颅内出血，故分娩前一周应注意停药。

（5）谨慎选择治疗药物。妊娠期能单独用药就避免联合用药；新药和老药同样有效时应选用老药，因新药多未经过药物对胎儿及新生儿影响的充分验证，故对新药的使用更须谨慎。可参照美国食品和药物管理局拟订的药物在妊娠期应用的分类系统，在不影响临床治疗效果的情况下，选择对胎儿影响最小的药物。

（6）充分权衡用药利弊。有些药物虽可能对胎儿有影响，但可治疗危及孕妇健康或生命的疾病，则应充分权衡利弊后使用。用药时应根据病情随时调整用量，及时停药，必要时进行血药浓度监测。

孕妇除了注意以上事项外，还应戒烟、戒酒。烟、酒虽然不是药，但对胎儿有害。我国孕妇的吸烟率不高，但被动吸烟现象比较普遍。有些地方的乡俗认为糯米酒能补身体，却不知饮用后会对胎儿有不良的影响，因此应加强这方面的宣传教育。

4.3.2.2 哺乳期绿色用药的注意事项

在乳母使用药物的情况下，能否继续哺乳是人们非常关心的问题，但常常意见不一、众说纷纭，使临床医生无所适从。一般情况下，母乳中药物的含量很少超过母体用药剂量的，其中又仅有部分被乳儿吸收，通常不至于对乳儿造成明显的危险。因此，除少数药物外，一般无须停止哺乳。但为了尽量减少或消除药物对乳儿可能造成的不良影响，应注意以下一些事项：乳母用药应具有明确指征；在不影响治疗效果的情况下，选用进入乳汁最少、对新生儿影响最少的药物；可在服药后立即哺乳，并尽可能将下次哺乳时间推迟，有利于乳儿吸吮母乳时避开药物高峰期，还可根据药物的半衰期来调整用药与哺乳的最佳间隔时间；乳母应用的药物剂量较大或疗程较长，有可能对乳儿产生不良影响时，应检测乳儿的血药浓度；若乳母必须用药，又不能证实该药对新生儿是否安全时可暂停哺乳；若乳母应用的药物也能用于治疗新生儿疾病，一般不影响哺乳。

4.3.2.3 孕产妇绿色用药应注意的问题

（1）要避免"忽略用药"。"忽略用药"是指可能受孕或已受孕的妇女，在用药时忽视自己的月经史或未发现自己已受孕，而误用一些对胎儿有害的药物。这些病例在优生咨询门诊屡见不鲜。孕妇服用后会对胎儿产生有害影响的常用药物有抗病毒药物如利巴韦林病毒唑；抗菌药物如氧氟沙星、环丙沙星等；止吐药物如苯海拉明、甲氧氯普胺灭吐灵等，故医生在询问病史时，勿忘询问末次月经及受孕情况，以免"忽略用药"给孕妇留下精神上的负担或增加人工流产的痛苦。

（2）不要"延误用药"。"延误用药"是指孕妇需要进行药物治疗时，因担心药物对胎儿产生影响而耽误用药，导致病情恶化，危及母儿的生命。如严重的感染性疾病，由于没有及时使用有效的抗生素导致病情恶化，从而导致败血症、感染性休克等；一些妊娠合并甲状腺功能亢进症甲亢的病人，由于没有及时进行抗甲亢治疗，导致病情进展，甚至出现甲亢危象而危及病人的生命；又如抗癫痫的药物大多对胎儿有影响，但癫痫发作频繁的孕妇如不及时使用抗癫痫的药物，癫痫发作对胎儿的影响可能更大。孕妇患病应及时明确诊断，并给予合理治疗，包括药物的治疗和考虑是否需要终止妊娠。

（3）注重胎儿毒理学与优生咨询。药物对胎儿、新生儿产生不良影响的主要因素包括药物本身的性质、药物的剂量、使用药物的持续时间、用药途径以及胎儿或新生儿对药物的亲和性，其中最重要的是用药时的胎龄。受精后1周内，受精卵未种植于子宫内膜，一般不受孕妇用药的影响；受精后8~14日，受精卵刚种植于子宫内膜，胚层尚未分化，药物的影响除可致流产外，并不致畸形；受精后3~8周是胚胎器官发生的重要阶段，各器官的萌芽都在这阶段内分化发育，最易受药物和外界环境的影响而产生形态上的异常，称为"致畸高度敏感期"；孕龄9~27周胎儿的器官已经分化并继续发育，药物的毒性作用主要是引起胎儿的发育异常如胎儿宫内发育迟缓。怀孕 28 周至分娩即妊娠晚期，药物对胎儿损害的特征是可引起毒性作用，尤其是有些药物与胆红素竞争血浆蛋白的结合点，导致新生儿黄疸甚至核黄疸[37]。

4.3.3　老人绿色用药

老年人各种生理功能减退，各器官和组织衰老，伴随慢性疾病增多，用药频繁，且品种多、数量大，同时并用数种药物的现象极为普遍，引起药物不良反应的概率也明显增加，死亡例数中约 1/3 是由药物引起的。据报道，>65 岁老年人平均患有 7 种疾病，最多可达 28 种。接受 1 种药物治疗的不良反应发生率为 10.8%，同时接受 6 种不同的药物治疗时不良反应发生率可高达 27%，>60 岁的住院患者发生不良反应者占全部不良反应的>85%，而且不良反应发生率为中青年人的 2～7 倍[38]。因此，充分了解老年人各器官生理和病理学的改变，以及这些改变可能引起药代动力学和药效学变化的特点，分析药物相互作用在老年人中的规律，是保证老年期合理用药、促进老人绿色用药、为老年人防疾治病延年益寿的基础。

4.3.3.1　老年人药代动力学的特点

（1）老年人药物吸收减慢。年老对消化系统的影响，主要表现在胃肠运动功能减弱和分泌功能减退。老年人由于胃肠黏膜变薄，腺体绒毛萎缩变性，平滑肌退化且弹性降低，导致胃肠道张力低下，动力降低，蠕动减慢，药物在胃肠中停留时间及与肠道吸收表面接触时间均延长，故大多数药物在老年人无论其吸收速率或吸收量方面，与青年人并无明显差异。但通过主动运转机制吸收的药物，如半乳糖、葡萄糖、B 族维生素、铁及钙在老年人吸收减少。约有 30%的老年人有胃酸分泌减少，多数老年人唾液淀粉酶减少，胃蛋白酶、胰淀粉酶和胰脂肪酶等分泌减少且活性也降低，因此，老年人的消化功能减弱、吸收面积减少、吸收功能低下。老年人如果患有心力衰竭、肝硬化、肾衰竭、低蛋白血症等，由于胃肠道淤血或水肿，消化吸收功能更差，一方面口服药物吸收差，另一方面对药物的不良反应敏感性提高，容易出现恶心、呕吐、胃痛、腹胀、腹泻或便秘，如氯化钾、抗生素、地高辛、阿司匹林、调脂药等。老年人局部组织血液循环较差，皮下或肌内注射药物吸收慢且不规律，生物利用度低，多次肌内注射易产生硬节，应避免长期肌内注射，静脉给药吸收快，所以老年人应用抗生素时尽量采用静脉滴注，对病情控制快。但抗生素稀释液体，不宜过多，以 100～250 mL 为宜，以免增加其心脏负担。

（2）老年人药物分布容积的特点。药物在组织的分布受多种因素的影响，包括组织量、组织的血流灌注情况、药物在血液和组织间的分布特点。老年人体液总量减少，脂肪组织增加，女性高于男性。故水溶性药物分布容积减少，血药浓度增加，如对乙酰氨基酚、吗啡、哌替啶、安替比林、乙醇等；脂溶性药物分布容积增大，作用持续较久，半衰期延长，易在体内蓄积中毒，如利多卡因、地西泮、硝西泮等。老年人血浆蛋白含量减少是影响药物分布的另一因素。血浆蛋白含量减少使血中游离型药物浓度增大，分布容积增加，易出现不良反应，尤其是与血浆蛋白结合率高的药物如哌替啶、吗啡、苯妥英钠、甲苯磺丁脲、保泰松、华法林、普萘洛尔、地西泮氯丙嗪地高辛和水杨酸盐等，血中游离型药物增多，血中游离型药物的百分比与年龄呈正相关。因此，老年人用药应从小剂量开始、逐步滴定合适浓度。

（3）老年人药物代谢的特点。老年人肝脏有缩小趋向，肝细胞数量减少，纤维组织增生，血流量降低，肝细胞组织学改变明显，尤其细胞核的变化更明显。肝脏是药物代谢和解毒的主要场所，老年人的肝功能比青壮年降低 15%，代谢分解和解毒功能明显降低，也影响药物的代谢，且更容易受到药物的损害，其肝细胞的各种酶合成能力减少，酶的活性降低，药物转化速度减慢，半衰期延长，如苯巴比妥、哌替啶、阿司匹林、利血平等；而且老年人肝合成蛋白能力下降，血浆白蛋白与药物结合能力降低，游离型药物浓度增高，药物效率增强；另外，老年人肝脏分解能力降低，增加药物的毒性，对于一些在肝脏分解的药物要适当减少药量，最好选择肝肾双通道排泄的药物，如吡哌酸、左氧氟沙星、贝那普利等。老年人细胞色素 P450 系统的功能也下降，通过该途径代谢的药物，如氨茶碱、华法林、环孢素的血药浓度常增加，抑制细胞色素 P450 活性的药物，如红霉素等的不良反应可能增加。老年人乙酰化速度可能减慢，生物转化率低，这可能使肝乙酰化后灭活的药物，如异烟肼磺胺类的活性和毒性增加。

（4）老年人药物排泄的特点。人类肾功能在 >40 岁时逐渐下降，随年龄增长每 10 年肾小球滤过率约下降 10%，内生肌酐清除率自 >50 岁开始明显下降，80 岁组比 20 岁组下降 41%。肾小管浓缩稀释功能明显减退，尿最大浓缩能力 >50 岁每 10 年约下降 5%；>65 岁的老年人排酸能力比青年人约低 40%；但并不是所有老年人的肾功能都随年龄增长而下降，其中不少研究对象肾功能随年龄增长却非常稳定，然而，老年人总体肾功能水平随增龄而有下降趋势。老年人肾功能减退使药物的排泄受到限制。肾毒性较大的氨基糖苷类抗生素的半衰期均随年龄增加而延长，如卡那霉素、庆大霉素、妥布霉素、阿米卡星等，老年人的内生肌酐清除率<50 mL/min 时，应减量或延长用药间隔时间，老年人最好避免使用这类药物。大多数头孢菌素，如头孢呋辛、头孢他啶、头孢他嗪的肾排泄均随年龄增长而下降，老年人需适当调整剂量。同样，万古霉素主要经肾排泄，其半衰期在年轻人约为 7.4 h，而在老年人可延长至 12.1 h，因此，老年人应用该药时必须减量。

（5）老年人药物耐受性。老年人对药物的耐受性降低，通常单用 1 种或少数几种药物配合使用时，一般可以耐受。但当许多药物联合使用又不减量时，易出现不良反应及胃肠道症状。另一方面，机体在长期接受 1 种或数种药物时，本身会有调节和耐受作用，药物的疗效会慢慢降低，发生不能控制病情的情况，这时要调整或增加药物品种。最典型的是降压药或降糖药，患者服用数年后会出现血压或血糖控制不良，此时要增加剂量或数种药物联合用。

4.3.3.2 老年人用药过程应注意的问题

（1）老年人由于记忆力逐渐变差，在用药过程中容易重复服用或漏服药。经常有患者服药后记不清是否已服药，为保险起见，一些人往往选择再服 1 次，结果造成重复用药。若是降压药，就导致血压过低而头晕；若是降糖药，就导致低血糖。对于老年人，建议将早、中、晚 3 次用药或睡前用药分别包装，用大号字标明，以免重复服、错服或漏服现象的发生。老年人记忆力差，还容易记错医嘱。因此，医务人员必须反复交代，直到患者确实明白为止。特别是门诊患者，由于患者无医学知识，对处方书写方式不懂，交代时似乎明白了，转身又忘了或其实没有听清楚，又不好意思再问医师，回到家里又看不懂医师"天书"一样的字，只能按药物说明书服用，结果剂量不是大了，就是小了。

（2）老年人视力变差，往往易看错瓶签、服错药。曾有患者把降糖药错看成维生素，结果导致低血糖休克，幸亏发现及时，未造成严重后果。不少老年患者不按医嘱处方服药，回家一看药物说明书，那么多不良反应，自己自作主张停服，造成该服的药未服，病情得不到控制。

（3）老年人为求健康而往往偏信广告宣传。现在一种十分普遍的现象是，老年人偏信广告，或听亲朋好友说什么药好，就服什么药，或亲朋好友服什么药，就到药店买什么药服，给不法商贩以可乘之机。这是非常危险的，不是剂量大了，就是剂量不够，或者病情控制不好。如果人人都能自己买药吃，还要医师干什么？还有不少老人盲目追求新药、贵药，认为新药和贵药都是好的，有失偏颇，其实只要能治病、不良反应小，就是好药。

4.3.3.3 老年人绿色用药的基本原则

临床统计发现，老年人药物不良反应的比例比成年人高 3 倍以上，不良反应致死的病例中，老年人占一半，药物不良反应的发生率居高不下[39]。如何做到老年人合理用药？湖南省医学会老年医学专业委员会主任委员、中南大学湘雅二院老年病科塞在金教授在老年药理学等方面有较高造诣，针对老年人 ADR 发生率居高不下的情况，认为老年人用药要提高安全性，应遵循五大原则：

（1）受益原则。首先，要有明确的适应证；其次，要选择疗效确切而副作用小的药物；同时要保证用药的受益/风险比值应大于 1，即只有药物治疗的好处超过风险的情况下才可用药。若有适应证而用药的受益/风险比值小于 1 时，不给予药物治疗。如无危险因素的非瓣膜性房颤成年患者，使用抗凝治疗并发出血的危险性为每年 1.3%，而不抗凝治疗每年发生脑卒中的危险为 0.6%，受益/风险比值小于 1，不需抗凝药物治疗。对于老年人心律失常，如无器质性心脏病又无血液动力学障碍则发生心源性猝死的可能性很小，长期使用抗心律失常药可能发生药源性心律失常，增加死亡率，故此类患者应尽可能不用或少用抗心律失常药。

（2）5 种药物原则。老年人因多病共存，常采用多种药物治疗，这不仅加重经济负担，降低依从性，而且增加了药物之间的相互作用，导致用药不良反应的发生。用药数目越多，药物不良反应发生率越高。为了控制老年人药物不良反应的发生，根据用药数目与药物不良反应发生率的关系，提出 5 种药物原则，即同时用药不能超过 5 种，目的是避免过多的药物合用。

（3）小剂量原则。老年人使用成年人用药剂量可出现较高的血药浓度，从而使药物效应和毒副作用增加。因此，主张大多数药物在开始时只给成年人剂量的一半，称半量原则。有些药物老年人要用更小剂量（成年人的 1/5～1/4）或稍大剂量（成年人的 3/4），被称为小剂量原则。只要从小剂量开始，缓慢增厚，多数药物不良反应是可以避免的，因而老年人需要采用小剂量原则。

（4）择时原则。择时原则是选择最合适的用药时间进行治疗，以最大限度地发挥药物作用，而把毒副作用降到最低。由于许多疾病的发作、加重与缓解都具有昼夜节律的变化，如变异型心绞痛、脑血栓和哮喘常在夜间发作。心绞痛、急性心肌梗死和脑出血的发病高峰在上午等。此外，药物代谢动力学有昼夜节律的变化。如白天肠道功能相对亢进，白天用药比夜间吸收快、血药浓度高。夜间肾脏功能相对低下，主要经肾脏排泄的药物宜夜间给药，药物从尿中排泄延迟，可维持较高的血药浓度。同时，药效学也有昼夜节律的变化。胰岛素的降糖作用、硝酸甘油和地尔硫卓的扩张冠状动脉作用都是上午强于下午。

如何进行择时治疗？以降压药为例，正常人的血压是早晨升高、下午较平衡、夜间睡眠时自行降低。多数高血压患者也是如此，因而在早晨易发生脑出血，夜间易发生脑血栓。因此可根据夜间血压水平分型来治疗用药。夜间血压下降低于 10% 者，主张晚上用长效降压药，必要时加一种短效降压药，以降低夜间血压和次晨血压。夜间血压下降超过 20% 者应在早晨用长效降压药，晚上不用短效降压药。夜间血压下降 10%～20% 者可酌情用药。现有常用降压药按传统方法给药都难以控制清晨血压骤升，其原因之一是有些长效降压药的有效血浓度不能维持 24 小时。要控制清晨血压的骤升，最好在晚上用长效β阻滞剂或非二氢吡啶钙拮抗剂。

（5）暂停原则。在老年人用药期间，应密切观察，一旦发生任何新的症状，包括躯体、意识或情绪方面的症状，应考虑是药物不良反应或是病情进展。当怀疑药物不良反应时，应在监护下停药一段时间，称暂停用药。如减量或停药后症状好转或消失，即表明是药物不良反应。暂停用药是现代老年病学中最简单、最有效的干预措施之一，值得高度重视。

4.3.3.4　推动老年人绿色用药的策略

（1）强调个性化用药。由于人与人之间的基因、体质等千差万别，对药物的反应也各不相同，用药也应适当考虑因人而异，强调个性化用药。但西医传统的给药方法是"千人一药，人人一量"，缺乏中医辨证施治的用药方式。用药后的反应不仅世界各种族之间有差异，中国各民族之间也有不同。因此，用药必须强调个体化，要了解患者的病史和用药史、过敏史、药物反应史，根据肝肾功能、呼吸功能、心脏情况、胃耐受能力等，个体化用药；不同患者选择不同的药物、不同的剂量、不同的服用方法和药物配伍。

（2）加强老年人用药的指导和监测。老年人疾病种类多，服药品种亦多，又加记忆力差，忘服、漏服、错服药品是常见的。为此，医师在给老年人用药时，要详细询问药物过敏史和不耐受药物史，慎重选择用药，详细交代药物名称、特性、药效、用法、可能发生的不良反应、不良反应的处理方法、药物的禁忌证、储藏方法，直到患者确实已明白为止，最好与老年人身边的陪伴人员交代清楚。老年人服用地高辛、抗心律失常药、抗高血压药、抗糖尿病药、利尿药、抗肿瘤药、抗胆碱能药、抗精神病、药抗生素、β受体阻滞剂应密切监视药物的不良反应，必要时进行血药浓度监测，以指导准确合理用药。

（3）引导老年人正确对待新特药和保健品。随着经济的发展、科技的进步和人民健康需求的提高，近年来，新特药和保健品如雨后春笋般的涌现，给一些疑难病症的治疗带来了新的希望，经济条件好的或有条件的老年人希望用新特药和一些保健品，这是可以理解的，但由于其结构、药理、药代动力学、临床经验、不良反应等一时不能完全被医师掌握，老年人又处于各脏器功能衰退的边缘，容易出现各种不良反应。新特药最好等待临床应用一段时间、证明有效后，再在医师指导下应用。保健品并非药品，也不宜滥用。

第 5 章
绿色医院建设与发展

医院环境主要由医院主体建筑构成。绿色医院环境是指以患者、医务人员及探视者需求为服务目标，由绿色医院建筑室内外空间共同营造的声、光、电磁、热、空气质量、水体、土壤等自然环境和人工环境。绿色医院建筑是指在建筑的全寿命周期内，最大限度地节约资源（节能、节地、节水、节材）、保护环境和减少污染，提供健康、适用和高效的使用空间，并与自然和谐共生的医院建筑。绿色医院环境建设所涉及的主要内容如图 5-1 所示。

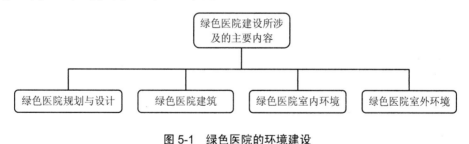

图 5-1　绿色医院的环境建设

5.1　绿色医院规划与设计

医院的规划与设计是医院建设的关键性基础工作。绿色医院的规划与设计是医院建设项目开发的前期分析、规划与设计工作，是指在对医院本身、周边环境进行详尽分析的基础上，对医院项目的各个部分功能进行合理划分，而后对整体、局部及细节进行设计，以期达到预期的建设目标。绿色医院的规划与设计不仅要做好前期的分析与设计工作，重要的是把绿色发展的理念融入医院的规划与设计中，采取有效措施，尽力节约能源、资料和材料，降低对环境的负面影响，围绕以病人为中心，更注重以人为本，使其符合绿色医院建筑评价标准的要求。一个医院是否是绿色医院，其绿色化程度如何，在很大程度上取决于其初期的规划与设计[1]。

5.1.1 绿色医院规划与设计理念

绿色医院规划与设计理念，是指导规划与设计、进而实现医院绿色化的重要前提。绿色医院中的"绿色"是个环境友好、以人为本的概念，其内涵十分丰富，既包含了低碳、持续、环保，又包含了健康、和谐、共生等内涵。因此，绿色医院规划与设计应秉承与兼顾有关"绿色"的多方面理念。"绿色"主要指人与环境的关系，即个人、群体、人类及其文化与各层次环境形成的复杂关系，尤其是病人以及长期在医院中工作的医护、科教、行政等人员与医疗环境、医院建筑与总体环境的关系。就医院及其内外整体生态环境而言，这是规划与建筑设计创意的重点和难点，值得从医院建设理论与建设实践中进行研究和解决。同时，医院中的人、自然环境和具有绿色内涵的人工环境创造与维护，更是医院建设规划与设计的基本价值取向。基于此，绿色医院规划与设计应坚持以下基本原则：

（1）人性化原则。人性化包括两个方面：以人为本和以健康为中心[2]。"以人为本"中的"人"，既包括病患，也包括医护人员。"以病人为中心"的观点在绿色医院设计中永远是正确的，因为医院的功能主体是治疗疾病。因为患者是弱势群体，他（她）们从生理上到心理上都最应该得到关注。心理学研究成果表明，空间好坏对患者的心理有很大的影响，从而影响病人的康复速度，恶劣的空间会加剧患者的焦躁与不安。同样，医疗环境好坏的问题也会影响医护员工的精神状态，从而间接地作用于对病人的医疗和护理。医护人员的职业倦怠造成个人成就感降低，最终在工作中表现为失去关心和关爱他人的精神。职业倦怠在欧美国家发生率最高的就是医护人员。因此，医院的工作人员在医院设计中需要得到同等的关注。

"以健康为中心"从内涵上超越了单纯的"以病人为中心"，表达的医院功能延伸和对所有人群的关注。广义的"健康"，既指病人的健康，也包括医护人员的健康，既指肌体的健康、心理的健康，也包括健康且和谐的医患关系。

现代医院已经从原来的以住院治疗为主，发展为提供更为广泛的医疗保健服务。更多形式的服务主体形成了一个综合的卫生服务体系，为社会提供全方位的医疗保健。医疗机构必须注重改善医患双方之间的关系，让患者体验到自己受到尊重。通常就医者对其与医护人员之间的接触最为重视，而一个良好的环境也有助于医患双方的沟通和了解。因此，当前医院建筑设计应着重于全面改善病人和医务人员的环境和质量，使好的医疗设施的设计满足那些使用它们时处于迷惑紧张状态的医患人群的需求。

绿色医院更应关注患者，对患者自身以及医患关系的关注，必将提高患者对于医护人员以及医疗机构的满意程度。好的医疗建筑最基本的要素就是要注意病人及其家庭的需要，只有抓住这一点，医院才能为病人以及医务人员创造一个充满温馨和亲情的医疗环境，并在保证病人隐私和尊严的同时，帮助医患双方建立一种更为和谐的关系[3]。

本着这个原则，在设计医院内部交通流线、出入口、环境和建筑细节等问题时，都要以病人为中心，要考虑方便病人就诊，提供人性化服务，同时也给医护人员创造安全、舒适、方便的医疗空间。本着这个原则，要营造良好的室内外环境，在医院建筑总体规划设计中就应着手，力求为病人创造舒适的治疗与康复环境，并为医护人员创造良好的工作环境。

一系列研究表明，医院创造优美的外部环境、舒适的公共空间，美化就诊与治疗用房，不仅仅可以改善环境，还将有助于病人的痊愈。人们已经充分认识到医院应提供一个更加人性化、艺术化的空间，营造绿色的室内外环境，使得医院不单是治疗人们肉体痛苦的单纯的医疗活动空间，同时还为病患在精神和心理上提供帮助和安慰。因此，绿色医院规划与设计，说到底，就是要为医院增添更多的人文主义色彩。

以人为本，首先就是要满足人体的舒适性，如适宜的温度、湿度以满足人体的舒适。其次，要有益于人的身心健康，如有充足的日照以实现杀菌消毒，有良好的通风以获得新鲜空气，以及无辐射、无污染的室内装饰材料等。在心理健康方面，绿色医院建设既要保证患者与医生之间良好的交流环境，又要满足患者就医所需要的安全性、私密性等要求。

（2）能源高效节约原则[4]。医院建筑是一类能源消耗量大、占有土地较多的公共建筑类型。生态文化的建设要求医院建筑设计必须坚持节能、节地和高效的原则。医院建筑设计应做到既节约能源又保证建筑环境质量，通过技术进步、合理利用、科学管理等途径，以最小的能耗争取最大的经济、社会和环境效益。在医院总体规划上，宜采用集中式布局，尽量缩短管线，最大限度地留出绿化地带；设计中应尽量减少能源的损失，合理选择系统和设备。当然，建筑师还应该积极挖掘建筑设计的潜力，在医院设计特别是高层建筑的设计中采取"生态建筑"的设计手法，真正达到节能、节地和改善环境的目的。

"高效节约"主要是医院功能运营方面的基本要求，它是医院得以生存的基本保证。医院自身是一个复杂庞大的系统，它包括错综复杂的功能科室、仪器设备和人员物品构成，各个部门的特性要求功能分区相对独立，但同时医院特殊的救治护理功能又要求各个部门之间能够密切协作，使医护工作有条不紊地顺利完成。同时，面对激烈的市场竞争，医院建筑更需要能够满足功能的高效运营。而另一方面，医院是资源耗费巨大的功能类型，现代化仪器设备的购买，高标准的医院建设，庞杂的功能科室及高精尖的设备运营都需要以雄厚的经济基础为支撑。随着 20 世纪 70 年代世界能源危机的到来，人们越发认识到资源节约的重要性。现在即使是在发达国家，医院的发展也日益重视资源节约，并朝着集约化方向转型。

☞ 合理的规模：医院建筑的高效节约设计，首先要对医院进行合理的规模定位，它是医院良好运营的基础。如果定位不当，就会造成医院自身作用不能充分发挥和严重的资源浪费。

☞ 科学的平面布局：医院建筑布局的关键，是要具有建筑的整合思维，既对医院各功能部门的联系全面了解，又对具体的功能科室的运作能够深入掌握。设计中既考虑建筑单体的特性，又使之成为医院整体中有机的一部分，打破原有建筑单体见缝插针的医院建设模式，建筑单体与整体同时进行，达到高效节约的目的。

☞ 便捷的流线：流线是医院功能部门的联系骨架，对于复杂的医院功能部门组成，要实现运营高效节约，通过流线设计使各部门有机整合显得尤其重要。

☞ 资源节约与有效利用：医院是能源耗费巨大的社会功能类型。现代化仪器的购买，高标准的医院建设，庞杂的功能科室及高精尖的设备运营，都需要以雄厚的经济基础为支撑。面对日益尖锐的国际能源短缺问题，医院必须实现资源的节约利用。传统的医院建设活动多是从医院本体的狭小视角和短期效益去思考问题，而忽略了建筑与环境的物质和能量的互动，在很大程度上把医院逼入资源浪费的窘境。而要实现医院建筑的高效节约，医院生态文化的设计就要注重追求适宜技术的选择，强调在尊重客观规律和继承传统绿色技术的基础上，尽可能地发掘自然资源的潜在价值，促进资源的再开发利用。土地资源的节约可利用地下空间和覆土建筑，充分发挥土壤的物理性能，有效地防御或减弱不利的气候因素影响。

（3）因地制宜原则[5]。绿色的概念包含因地制宜。我国幅员广大，气候条件、地理环境、自然资源、城乡发展与经济发展、生活水平与社会习俗等差异巨大，对医院环境的综合需求因此也有很大差异。这就要求在绿色医院规划与设计的技术策略上坚持"因地制宜"的原则。因地制宜，就是不要盲目地照搬国外技术，或生硬地采用某种技术。例如，气候的差异使得不同地区的绿色设计策略大相径庭。医院设计应充分结合当地的气候特点及其他地域条件，最大限度地利用自然采光、自然通风、被动式集热和制冷，从而减少因采光、通风、供暖、空调所导致的能耗和污染。例如，在日照充足的西北地区，太阳能的利用就显得非常高效、重要。北方寒冷地区的医院应该在建筑保温材料上多投入，而南方炎热地区则要更多地考虑遮阳板的方位和角度，从而防止太阳辐射和眩光。

因地制宜还要做到与自然和谐共生。医院一旦建成，将成为自然环境的一个组成部分，因而在建筑选址、朝向、布局、形态等方面的设计，应充分考虑周边的自然条件和当地气候特征，尽量保留和合理利用现有的地形、地貌、植被和自然水系；医院也是其所在的城市或社区的一部分，应承担相应的城市与社区功能，符合城市与社区规划的要求，与周围的其他建筑相和谐，共同完成相应的使命。在当今国内国际形势的要求和启示下，建设健康城市的呼声与日俱增，而绿色医院是健康城市建设的重要组成部分，绿色医院建设更是意义重大[6]。

（4）全局考虑与全寿命周期理念。绿色医院规划设计必须强调"整体设计"思想，结合当地气候、文化、经济等诸多因素进行综合分析、整体设计，而不能盲目照搬所谓先进生态技术，也不能仅仅着眼于一个局部而不顾整体。例如，对于寒冷地区，如果窗户的热工性能很差，使用再昂贵的墙体保温材料也不会达到节能的效果。因此，全局考虑与全寿命周期的理念将直接影响绿色医院的性能及成本。全局考虑与全寿命周期的理念要求站在全局的高度、从长远的角度考虑医院的规划和设计，从医院的整体布局上、在医院寿命周期的各个阶段都体现绿色理念。

医院建筑本是一个复杂的项目，由若干部分组成，各部分在结构上、功能上、形式上各有差异，但它们应构成一个完整的体系。因为在医院设计与规划时，应从医院整体角度对各部分进行合理规划与设计，使它们之间相互协调、相互补充、相互呼应，共成一体。在设计过程中，不能因为某块布局、某个细节、某项技术而牺牲整体布局与功能。

医院从最初的规划设计到之后的建造、装修、运行、改造及最终拆除、垃圾处理，环环相扣，形成一个全寿命周期。绿色理念应体现在全寿命周期的每个阶段。在各个阶段，规划与设计是关键时期，影响并决定着其他阶段，在该阶段就应对整个建筑周期的相关理念的运营做充分考虑，使得各个阶段都有绿色医院理念的应用和体现，这也要求设计者、施工方及相关部门的通力合作，以实现医院全寿命周期的绿色。

在医院规划设计中运用全寿命周期理念，主要在于借鉴全寿命周期理论与方法，根据医院建设项目的特点，通过研究其他工程项目全寿命周期（包括建设前期、建设期、使用期和翻新与拆除期等阶段）造价和成本问题，探讨建立适合医院建设项目的全寿命周期管理的框架和基础方法论，综合考虑工程项目的建设造价和运营与维护成本（使用成本），从而实现更为科学的建筑设计和更加合理地选择建筑材料，以便在确保设计质量的前提下，实现降低项目全寿命周期成本的目标[7]。

5.1.2　绿色医院规划与设计内容

医院绿色规划与设计的主要内容包括：①全面的绿色医院服务：医疗建筑耗能审计，合同能源管理服务，系统升级与改造，绿色建筑咨询、培训。②医院效能管理平台：就地能源管理系统，远程能源管理系统。③智能的医院建筑控制系统：楼宇控制系统，安全防范体系，综合布线系统，智能环境控制系统。④高效的电力设备：符合国家节能标准的配电设备、变压器和母线，无功补偿和谐波抑制装备，医用隔离电源系统，光伏发电设备等。

绿色医院规划与设计首先要明确设计目标，即从医院项目规划到正式运营，实现全过程的绿色开发，确保项目充分满足绿色节能的要求，并最终获得绿色医院认证。为此，要求有：①更佳的医院投资策略：优化投资策略，缩短投资回报期；满足政府要求，获得绿色建筑补贴。②提升价值、降低运营成本：打造绿色地标，增强与同类医院的差异，提升资产价值；通过技能、节点、节材、节地，最大限度降低运营成本。③扩大市场影响力：通过第三方认证，体现在绿色领域的投入，彰显绿色品牌价值；吸引更多稳定的患者；提高医院形象。④体现社会责任：减少垃圾数量，降低温室气体排放，实现环境友好；对医院员工、患者体现医院的关怀和社会责任[8]。

打造绿色医院的过程如图 5-2 所示。

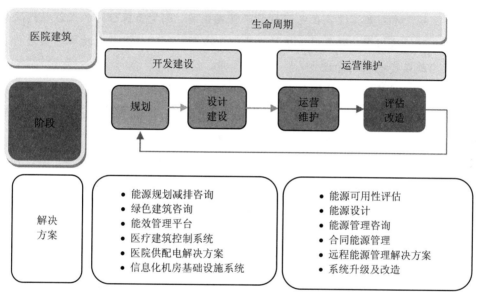

图 5-2　打造绿色医院

由上可见，打造绿色医院要注重采取以下措施：

（1）医院增值——合同能源管理。能源设计要做到：①对现有能耗状况进行测量和分解。②与国际或国内医疗行业先进的能效医院或企业比对。③结合医院自身状况制定年度能效目标。④制订解决方案和投资回报分析报告。⑤制订年度节能增效项目计划。

系统升级及改造要注重零件保养与维护、改造、升级、启动与调试，从而提高现有设备流程的系统可靠性。

同时要注重培训和能源管理，对医院建设人员进行标准的绿色医院建设专业培训；项目实施后，进一步管理和优化能源的使用，保持能效效果，实现可持续的节能增效。

（2）就地能源管理解决方案。提高电力系统可靠性，保障供电连续性；提高电力系统的管理效率，降低运营成本；改善电能消耗方式，促进节能降费；检测电能质量问题，减少故障风险；有效的诊断工具，缩短故障停电时间。

☞ 历史数据集趋势分析：追踪水、电、燃气及其他能源，并将能耗分摊至各建筑、各部门。通过数据分析可以有效识别能源浪费、潜在系统能力，以及设备性能和生命周期的途径。

☞ 报警和控制：设置在电能质量事件发生时、测量值极限时和设备状态变化时快速报警，避免严重故障发生。其协调控制可以需量或功率因数进行负载或发电机的管理。

☞ 电能质量分析：对整个系统范围内的电能质量和电能量可靠性状况进行持续的检测及评估电能质量是否满足相关标准，并且可以通过记录扰动时的波形，进行电能质量分析和故障分析。

☞ 自定义报表：利用复杂的负荷和信息计算能力，按照管理需要，通过预制模板自定义所需报表，并按照权限的不同，以多种形式分发至相关人员。

（3）远程能源管理解决方案。利用电气远程能源解决方案，让医院的能源管理不只是局限于某一固定的空间，让用户通过访问远程能源管理平台，追踪不同地点医院的能源使用和碳排放情况，获得能效管理专家基于大量数据分析得出的节能建议。

☞ 识别节能空间：对比行业内具有相似设施的能源使用情况，从而建立起对比的基准。考虑天气、产量以及其他相关因素，并将设施的能源消耗量归一化，从而测量真实的能源使用状况。

☞ 减少能源消耗并节省能源账单：使用历史能耗数据曲线的对比，以衡量多方面节能增效努力的结果。将使用情况与能源账单对比，确保能源供应商的计量表记读数准确，优化设备的运行时间和设定，以避免造成昂贵的用电量峰值。

☞ 生成报表，实施并验证节能减排行动：生成预先定义的能源分析报表，以图像和表格的形式全面了解负载情况和历史耗能数据。通过 E-mail 自动接收报表，定制一个能源服务的集成包，包括能源审计、诊断和能源管理建议[9]。

5.2 绿色医院建设

5.2.1 绿色医院建筑

医院建筑是医院建设的关键部分，而医院建筑又是建筑中的一种特殊类型，是最为复杂而且变化最快的民用建筑之一。与一般建筑相比，医院建筑具有如下一些特点[10]：

（1）综合性。医疗建筑具有综合性，一般大型医院除了门诊和住院治疗外，还承担着科学研究和教学培训的任务。医疗建筑是一项系统工程，它融合医学科学、生物医学工程、卫生工程、医院管理工程等多种学科。科学的进步，对医院建筑也不断地提出新的要求。

（2）专业要求更新频繁。由于医院建筑涉及专业多，并且要求技术性强，因此医院建筑专业要求更新频繁。

（3）变化快，投资建设复杂。由于它涉及的知识范围远远超过了建筑师所能掌握的范围，具有综合性和专业性并要求更新频繁等特点，因此医院建筑变化快，而且复杂。

（4）投资巨大、运营费用高昂。医院建筑作为建筑中的一种特殊类型，相对于其他类型建筑，投资巨大、运营费用高昂。

当前，我国深化医疗改革，医院建筑正处于蓬勃发展期，各方面对医院建设的要求都在发生快速的变化。在各种变化因素中，医疗理念的变化是对医院建筑影响最广泛、也是最深刻的，绿色医院的理念，需要首先体现在医院建筑之中。没有绿色医院建筑，就没有绿色医院。相对于一般绿色建筑，绿色医院建筑的特殊性已清晰地反映在我国的评价标准中。

2011 年，中国医院协会组织编制了《绿色医院建筑评价标准》，在国家 2005 年颁布的《绿色建筑评价标准》基础之上，突出了医院建筑与一般公共建筑在绿色评价中不同的侧重点。《绿色医院建筑评价标准》并没有采用与《绿色建筑评价标准》相同的组织架构，而是从规划、建筑、设备及系统、环境与环境保护、运行管理这五方面展开论述，把"四节一环保"（节地、节能、节水、节材、环境保护）

作为绿色医院建筑必须遵循的原则融入各章的叙述当中。

另外，《绿色医院建筑评价标准》还对医院的规划和设备系统作了较大篇幅的论述，其中在建筑设计之前专门加入"规划"章节，这对于其他类型的建筑并不常见。在"规划"章节中，除了有一般性的节地与室外环境要求外，《绿色医院建筑评价标准》还特别要求重视医院的总体规划设计（具体见条文 4.0.3、4.0.4、4.0.5），包括合理的场地开发和通过总平面设计减少对化石燃料能源的需求，并要为病人提供康复的环境[11]。

5.2.1.1　医院场地设计

（1）绿色医院选址[12]。新建或迁建医院，院址的选择首先必须符合城市规划和医疗卫生网点的布局要求，要考虑符合居民人数及服务半径。新建或迁建医院基地应选择在交通方便的地段，一般要面临两条以上城市道路。有些医院仅面临一条城市道路，这样势必对医院出入口的设置带来困难。医院的出入口一般情况下应设主出入口、供应出入口、污物出口。如果医院院址仅面临一条道路，必将造成院前交通混乱。医院院址还应便于选择城市基础设施，如上水、排水、供电、供气、通讯、城市公共交通等，还要求处在环境安静、远离易燃易爆物品的生产和储存区。因为医院是患者治疗、休养之场所，应该创造良好的内外部环境。在医院基地上不能有高压线路穿越，不应邻近少年儿童活动密集场所，如幼儿园、小学等。

就选址本身而言，应力求地形规整。但是一个医院的选址往往不那么容易就能确定理想的地块。环境和人类的活动作为两个不同型的系统在相互作用着，并由此连成一体，人类的生产、活动系统，自觉不自觉地受制并作用于周围环境系统。良好的自然环境孕育着人类。人类的生产、生活又对环境造成损害。在这种人与环境的复杂关系中，如何结合医院的实际需要对外在环境进行明智的选择，值得高度重视。如果院址东面或者南面有山，那么对该地块的环境必然造成较大的影响。东面有山，夏季的东南风必定受阻，冬天的西北风使该地块接风量更大。南面有山，不仅情况同上，而且天空的日照还受到很大影响。由于受条件的限制，有些医院建在山北坡或建在山的西侧，这些由于选址的原因，给医院的工作带来难度，也让建成后的医院给管理使用带来不便。因此，在医院选址时应尽量避免上述情况出现。此外，还应考虑城市未来发展对现有场地的影响。

（2）总平面布置。医院的急诊部、门诊部、住院部、医技科室、保障系统、行政管理及院内生活 7 项设施按其功能关系，可以组合成五大功能区，即医疗区、感染医疗区、清洁服务区、污染服务区、行政管理区。急诊部、门诊部、医技科室、住院部组成医疗区；传染病房应自成一区，即感染医疗区；医院职工食堂、营养厨房、值班公寓为清洁服务区；锅炉房、冷冻机房、太平间等为污染服务区。根据上述分析，医院总平面的布局可概括为"七项五区"。

医院总平面设计时，应以"医疗区"为核心进行外部出入口的设置及组织外部交通流线。医院的外部出入口不应该少于两处。供门诊、急诊病人，住院病人及家属和其他工作人员出入为主要出入口，其位置应标注明显，一般应设在城市主要道路上；供应出入口主要提供食物、药物、燃料，货运出入口最好布置在城市次要道路上；污物出口主要供垃圾车进出及尸体的外运，应该远离医疗区及生活区。

医院的主要出入口应直接联系门诊、急诊，而且在该出入口处应有较大的院前广场，供外来车辆停放。建筑外部流线的组织主要在于将清洁物品与污染物以及与非传染人员在总平面上的运行路线上加以区分，不发生交叉。至于病人、探视者、医护人员在流线上实在难以分开的，因为医护人员、探视人员、陪护人员都必须与病人接触，既不可能也没有必要各设专用路线。对某些特殊部门，如手术部、产房、ICU（重症监护病房）、传染病区，应分别专设医护与病人的通道，以及洁物与污物的通道。

总之，医院总平面的布置要集中、紧凑，避免零乱、分散，要以急诊部、门诊部、医技科室、住院部组成的医疗区为主体，清洁服务区为其附属。污染服务区可利用其主体建筑的地下层，以增加主体建筑的层数，缩减其基地面积，增加绿化和地面停车面积。医疗区中的住院部要以保证主要病室日照要求为目的，来确定相邻建筑的间距。急诊部、门诊部则在保证自然采光的前提下确定相邻建筑的间距。另外，还要注意控制开发的密度，以提高建筑物寿命。

（3）医院节地[13]。现代医院用地紧张已成为多数城市医院改建和扩建中面临的一个实际问题，用地紧张限制了医院进一步的发展。近年来，越来越多的设计者已经逐渐意识到土地资源的不可再生性。在医院建设中，如何有效利用地形地貌合理布局，在保证医疗使用面积足够而医疗环境人性化的情况下，争取最多的室外绿化，并考虑预留医院未来发展用地，是摆在设计师面前的重要课题。医院的节地，并不是要过分压缩医院用地。医院用地的大小应有利于医疗卫生条件和将来发展的需要。但在保证用地标准的前提下，应进行紧凑合理的布局，节省用地，以求扩大绿地面积，预留发展用地，从而改善医疗卫生条件，有利于医院的可持续发展。

医院建筑节地方式归纳起来主要有以下几种：

☞ 集需为整，沿周边布置：医院的辅助性用房可按功能和流程分别组合成栋，使建筑和绿化面积都能相对集中，这样在建筑密度较高的情况下，仍能保留较为完整的绿化面积和发展用地。

☞ 合理利用不规则地形，使其与医院总平面设计有机结合起来：这样不仅节约用地，而且可丰富医院立面造型。

☞ 充分利用地下空间：地下空间可用做设备用房，医院职工管理或后勤用房，停车库房或医疗设备库房等多种用途。如香港北区医院把地下室布置成餐厅，通过设计把外墙铺满玻璃窗，室外窗井植满绿化，把地下室变成一个明媚爽朗的空间，既节约了土地又丰富了室内外空间环境（图 5-3）；湖南湘潭第二医院利用建筑前后地势高差设计三层地下室，地下一层布置了餐厅、厨房和相应设备用房，地下二、三层为车库。可见，在有限的土地内挖掘地下空间的潜力，是节约土地的可行方式。

☞ 有效利用屋顶空间：可将屋顶绿化，使其成为休闲空地或设备空间。日本东京都丰岛医院利用屋顶种植绿化，布置休息平台和活动场地，创造适合人疗养的、接近地面的自然环境，同时节约了占地面积（图 5-4）。

资料来源：《世界建筑》1967 年 7 月刊。

图 5-3　香港北区医院地下餐厅

资料来源：《世界建筑》1967 年 7 月刊。

图 5-4　日本东京都丰岛医院

5.2.1.2　医院建筑设计

建筑设计是在建筑物建造之前设计师或者设计者按照设计任务,把施工过程和使用过程当中存在的或可能发生的问题事先做好设想,拟订出解决方案,然后用图纸和文件表达出来,作为备料、施工、组织工作的依据。

医院建筑设计要考虑以下问题:

(1)建筑的朝向问题。在总平面布置和设计时,医院建筑宜利用冬季日照,并避开冬季主导风向,利用夏季自然通风,建筑的主要朝向宜选择本地区最佳朝向或者接近最佳朝向。

(2)交通的组织问题。要注重垂直与水平交通的组织。医院如果人流组织不当,空间序列不流畅,将会造成拥挤现象,使病人烦躁,增加其心理压力,加重病情,增加相互交叉感染的机会。因此,医院人流组织和相应的空间变化在医院设计中显得极为重要。在门诊楼设计中,应尽量减少病人在楼内的往返流动。由于诊室不可能与检验科集中在一起,一定范围内的往返在所难免。因造成不必要往返的主要原因在于,做各种检查治疗前必须先进行划价交费,因此在门诊楼中每层设划价收费处可以取得较好的效果。此外,理顺就医人流、减少病人往返还有赖于科室的正确安排,相互密切联系的科室集中布置在一层楼上,如外科与放射科、门诊手术、内科、妇产科与检验科及特检科,如此布局,将极大地方便病人。还有,科室层次安排对人流的影响较大,一般是将门诊量大、活动不便病人安排在低楼层,反之诸如眼科、皮肤科等向上安排。这样既方便患者,又缩短病人在楼内滞留的时间总量,对整个医院环境的优化产生很好的作用。

近年来,医院设计广泛引入了医院主街和交通廊的概念,也为医院内部交通组织设计提供了更加广阔的思路。

5.2.1.3　医院物流组织设计

医院是看病治疗的地方,作为病人,理应得到比正常人更舒适优雅的治疗环境。但是,目前很多医院的环境离这一目标相距甚远。其原因固然较多,其中一个重要原因是,看病的流程及传输物品的方法较为落后。在看病流程上,医院在会诊、化验、取报告结果、划价、付费、取药品等繁杂程序中,要求病人及其家属楼上楼下跑,挤电梯,多处排长队,使病人及其家属不胜其烦,增加医患之间发生矛盾和纠纷的风险。如果采用物流传输系统,则可以大量减少人员的流动,缓解或解决这一问题。

在传输物品的方法上，目前医院大多采取庞大的专职传递队伍+手推车+电梯。这一方法使得人流物流混杂在一起，更加加重了本来人流就混乱的局面。而现代物流传输系统所采用的通道，一般设计在专用的垂直井道及吊顶内部，与人流分开，从而为从根本上解决这一难题提供了硬件基础。

应当承认，在目前许多医院的规划与设计中，还未充分意识到物流规划和物流组织设计的重要性，对于物流设计还未将其提高到新的、应有的高度。但在不久的将来，规划与安排合理简洁的运输路程，并配合合适的物流运输机械，实现物流存储的标准化、模数化、系列化以及物流传输的自动化、机械化、智能化，是实现绿色医院建设的必然要求。

5.2.2　绿色医院室内环境

室内环境设计，是根据建筑空间的使用性质和所处环境，并运用艺术处理方法，安排内部空间设立的形状、大小，满足室内环境中舒适性的生活和活动，从而整体考虑环境和用具的布置和实施设施。室内设计的根本目的在于创造满足人的物质与精神两个方面的空间环境，提高空间的价值。

医院建筑室内环境设计的绿色设计不仅只是理念的注入，更重要的是从相关基础理论出发，从心理、生理以及病人的需求角度去进行设计的考虑，然后再分析其他的决定因素和设计的方法，达到一个真正绿色空间的实现。绿色医院的规划设计除包括主体建筑的绿色规划设计外，还包括两大方面：绿色医院室内设计和室外设计。从医院的土地规划开始，单体建筑、室内建筑、室内设计一系列的程序串联下来，是一个系统化的绿色医院规划设计方案。绿色医院需要的就是这样一套完整的解决方案，包括绿色建筑环境、绿色室内环境和室外环境。医院的室内环境，不仅是整体医院形象的体现，还是与病人最为息息相关的环境要素。医院室内环境的影响也逐渐显现，它不仅是对环境质量的改善，还对病人的健康有着重要的影响。医院室内环境作为特殊的医疗手段，也要应用到实际的绿色医院设计中。而绿色设计在医院室内环境的应用体现，更能反映出绿色设计的基本特性。因为医院是一个特殊的空间，它本身就象征着生命和希望，也是病人接触最多的场所。因此，医院的室内空间绿色设计是现代绿色设计理念的重要应用。

就建筑设计与室内设计的关系而言，如果说建筑设计是给一座建筑物做个模子，专业的室内设计还要做医疗工程，进行医疗流线的分布。建筑设计是给建筑物创造生命，室内设计是给建筑物注入精神，好用不好用，它里面的内饰和外观设计有没有协调统一起来，这些是室内设计应考虑的问题，关键要考虑到最后内装的材料使用、环境的营造，满足不满足要求，达到不达到使用效果，这些是由内装设计来决定的。可见，建筑设计与室内设计这两方面是相互包容，互有联系的。

5.2.2.1 绿色医院室内环境目标指向

室内设计更讲究的是一体化风格设计。医院的建筑设计和室内设计一定是一体化的，而且还要融入医院业务需求和医院文化的元素。一般来说，医院不管是百年老院、十年新院，还是一年新院，都有医院文化在里面。设计医院首先必须从满足公众需求出发，从医院室内环境目标指向来讲，第一要符合满足公众需求，第二要符合医院业务的需求，二者本质上是可以统一的。

绿色医院室内环境的目标指向除以上基本考虑以外，还要更加细化、具体，如医院室内环境装饰所用的颜色、材料要协调，以造就一个温馨和谐的气氛，不管是工作人员，病患、家属都能够觉得舒适，而不是紧张。对于舒适环境可能从颜色、灯光、环境绿化等，都会影响医疗工艺优化，科室安排合理性，会不会让病人往返跑路。标识系统的建议，现在也提到日程上来。医院引导标识是指在医院院区内门诊、急诊、病房、医技等区域所设置的各种具有指示性、引导性和警示性的标识和标牌。医院引导标识根据其指示功能的不同分为一级、二级和三级导向标识，要求能引导就医者迅速、准确地到达目的地。但目前，很多医院设计过程当中标识没有设计，后期挂上的标识和室内的颜色和整体内装修都不搭配。医院引导标识所使用的文字为简体中文，对二级以上医院建议采用中文、英文两种。少数民族地区还应尊重当地习俗增设相应民族文字标识。引导标识如使用图形符号应符合国家标准。

5.2.2.2 绿色医院室内环境建设要求[14]

根据中国城市科学研究会绿色建筑与节能专业委员会和中国医院协会医院建筑系统研究分会 2011 年 8 月颁布的《绿色医院建筑评价标准》（CSUS/GBC 2—2011），绿色医院室内环境质量要求分为"控制项""一般项"和"优选项"。

绿色医院室内环境质量"控制项"要求如下：

（1）一般而言，室内温度、相对湿度和气流速度对人体热舒适感产生的影响最为显著，也最容易被人体所感知和认识，医院是病患聚集的场所，患者体质往往较差，对温度、相对湿度和气流速度等往往更敏感。医院某些科室病房甚至对温度、相对湿度的要求十分严格以利于病人的康复，如灼伤病房要求温度高、湿度低。因此将这三个参数作为评判室内热环境参数的重要指标，根据《综合医院建筑设计规范》（JGJ 49）中的设计计算要求，上述参数在冬夏季分别控制在相应区间。

（2）医院属于公共建筑，又因具有手术室、ICU、中心供应室等洁净用房，而与办公建筑、影剧院等常规公共建筑不同，最小新风量的设计不仅要符合《公共建筑节能设计标准》（GB 50189），还应符合《医院洁净手术部建筑技术规范》（GB 50333）、《军队医院洁净护理单元建筑技术标准》（YFB 004）等，而这些标准要求在《综合医院建筑设计规范》（JGJ 49）均已有所体现，故此条文指出"新风量符合国家标准《综合医院建筑设计规范》（JGJ 49）的规定"。医院建筑所需要的最小新风量应根据室内空气的卫生要求、人员的活动和工作性质、人员在室内停留时间、是否相邻相通房间之间有静压差等因素综合确定。此外，为确保引入室内的新风为室外新鲜空气，新风采气口的上风向不能有污染源。

（3）医院建筑不同于其他公共建筑的最大区别在于，很多功能房间需要进行污染控制，故与其相邻相通房间之间往往有静压差要求。当需要保护某房间室内环境，避免临室污染渗透至该房间内时，该房间与临室之间需要保持正压差；当需要避免某房间室内污染渗透至临室而污染外部环境时，该房间与临室之间需要保持负压差。尤其是对于手术室、无菌室、中心供应室等洁净用房，呼吸道传染病区、负压隔离病房等污染用房，静压差的控制更显重要，因此将静压差作为控制项指标。

（4）医院是病患聚集场所，建筑内往往细菌、病毒、过敏原等微生物数量较高，污染严重，而病患体质又偏差，所以容易发生交叉感染，尤其是流行病暴发期间。室内沉降菌浓度（或浮游菌浓度）是医院污染控制的主要目标，甚至可以说是首要目标，故将其作为控制项指标。

（5）室内环境性能参数是医院洁净用房的重要控制参数，其是否符合相关国家标准要求是应该受到重视的。

（6）呼吸道传染病区根据微生物潜在污染的风险分析，可划分为污染区、半污染区、清洁区，在这些区之间保持由清洁到污染的定向气流是必须得到保证的，否则可能会导致污染的外泄，这是因为污染区的排风往往具有高效过滤等处理措施，而半污染区、清洁区往往不设置。这是很危险的，尤其是对于烈性传染病而言，如2003 年 SARS 暴发期间，多家医院内部发生了交叉感染，这与室内气流流向是否有序有一定关系。

（7）医院建筑作为民用建筑的一部分，室内空气污染造成的健康问题近年来得到广泛关注。轻微的反应包括眼睛、鼻子及呼吸道刺激和头疼、头晕眼花及身体疲乏；严重的有可能导致呼吸器官疾病，甚至心脏疾病及癌症等。为此，应根据《民用建筑工程室内环境污染控制规范》的规定，严格控制室内的污染物浓度，从而保证人们的身体健康。

（8）医疗过程产生的废气主要有手术室麻醉废气、ICU 的一氧化氮呼吸废气和病理室废气等。这些废气如不可靠排放，将对医护人员的健康产生很大的危害，因此对于麻醉或呼吸废气应该设置可靠的排放系统，其安全性应符合国家医用气体工程建设规范的要求。其他如病理室产生的危害性废气等也应该可靠地排放至建筑物外的安全处。

（9）室内照明质量是影响室内环境质量的重要因素之一，良好、舒适、健康的光环境不但有利于提升医护人员工作效率，更有利于医护人员、病患的身心健康。照度、统一眩光值、一般显色指数是影响照明质量的 3 个重要因素，要满足《建筑照明设计标准》（GB 50034）、《综合医院建筑设计规范》（JGJ 49）的有关规定。

（10）内表面结露，会造成围护结构内表面材料受潮，在通风不畅的情况下易产生真菌，影响室内人员的身体健康。

绿色医院室内环境质量"一般项"要求：

（1）自然通风是在风压或热压推动下的空气流动，自然通风是实现节能和改善室内空气质量的重要手段，提高室内热舒适的重要途径。因此，对空气污染控制无特殊要求的房间，宜优先采用自然通风的措施，如导风墙、拔风井等。

（2）空气过滤是最有效、安全、经济和方便的除菌手段，采用合适的过滤器能保证送风气流达到要求的尘埃浓度和细菌浓度，以及合理的运行费用。纵观国内外各相关标准规范，如日本医院设备协会《医院和卫生设施的设计与管理指南》、美国建筑协会《医院和卫生设施的设计与建设指南》、英国卫生与社会服务部《医疗卫生建筑的通风和空调》、国际标准化组织标准 ISO/DIS16814（2005）、俄罗斯联邦国家标准 GOSTR525392006，这些标准规范规定的措施只有不同效率（级别）的过滤器（ISO 提高到 F7/F9，前面还希望加 F5/F7），没有提到其他的空气净化消毒技术，空气过滤是空气净化消毒技术的主流方向。

（3）研究结果表明集中空调系统的大量尘、菌污染来自回风，占到 80% 以上，回风管的含菌量比送风管的甚至高出 10 倍。卫生部 2004 年 2 月至 4 月调查的 937 个公共场所，其集中空调系统污染合格的仅 58 家，严重污染的 441 家（风管底面积尘大于 20 g/m²，最严重的达到此值几十倍）。如果在回风口上加设中效或高中效的净化过滤设备，则风管内积尘量将显著减少，清洗周期延长，节省显而易见。关于过滤器阻力、滤尘效率、滤菌效率等数据的选用，可参见"用于污染控制的回风口净化装置的三个必要条件——空调净化系统污染控制与节能关系系列研讨之三"[15]。

（4）在欧洲这几年的有关标准中，都将新风过滤器由一道改为两道，通常是中效+高中效，我国有关医院的标准也是如此，参照大气尘的浓度等级确定新风过滤级数，特别是我国已有超低阻高中效过滤器，使得实现本条规定有了可能。据文献报道，这样可保证风管十几年甚至更长时间不用清扫，而冷器翅片上每增加 0.1 mm 厚的灰尘，阻力增加 1%，因此运行能耗和制冷制热能量都要相应增加。所以这一措施是节能的措施。

（5）医院建筑人流密度较大，建筑内微生物浓度往往较高，洁净用房、严重污染的房间都有微生物污染控制要求，为防止交叉感染，清洁区、半污染区、污染区的空调系统应自成体系，各分区应能互相封闭。

绿色医院室内环境质量"优选项"要求：天然光环境是人们长期习惯和喜爱的工作环境。各种光源的视觉试验表明，在同样照度的条件下，天然光的辨认能力优于人工光，从而有利于提高工作效率。医院建筑自然采光的意义不仅在于照明节能，而且为室内的视觉作业提供舒适、健康的光环境，是良好的室内环境质量不可缺少的重要组成部分。故鼓励医院建筑在进行建筑设计、结构设计时最大可能地考虑采用借用自然光照明的方法，对医院室内环境中人员聚集地进行照明，充分发挥天井、庭院、中庭的采光作用。

5.2.3　绿色医院室外环境

5.2.3.1　绿色医院室外环境评价标准

2011 年 8 月颁布的《绿色医院建筑评价标准》，对绿色医院室外环境保护的评价标准也分为"控制项""一般项"和"优选项"[14]。

绿色医院室外环境保护"控制项"要求：

（1）医疗和生活的废水、污水排放符合国家和《医院污水处理设计规范》（CECS 07）的排放标准。

（2）医疗和生活固体废弃物排放及处置符合现行国家标准《医用放射性废物的卫生防护管理》（GBZ 133）的规定。

（3）放射性污水应经过衰变处理。核医学按照《临床核医学放射卫生防护标准》（GBZ 120）相关规范设置。

（4）实验室所产生的各种物理、化学和生物污染排放浓度、强度和处理方式符合国家和所在地区的标准。

（5）设置有预防措施或多重保障设施，防止燃料储存室、埋地液体储罐、各种液体、气体储存物等泄漏。以医院一般都会设置的柴油发电机为例，如果设置了埋地储油罐，应该有防止其泄漏的保障措施，如使用双层罐体等。某些燃料、气体泄漏时会影响周围的环境质量。

（6）室外照明设置、玻璃幕墙安装等所造成的室外光污染符合国家和所在地区的标准。

（7）呼吸道传染病区、负压隔离病房排风处理符合现行国家标准《传染病医院建筑设计规范》（GB 50849）第 7 章的规定。

（8）医院放射防护符合《医用 X 射线诊断放射防护要求》（GBZ 130）的相关规定，核防护符合《临床核医学放射卫生防护标准》（GBZ 120）的有关规定。

（9）空调制冷机房设置制冷剂泄漏报警装置。

绿色医院室外环境保护"一般项"要求：

（1）空压站、真空泵站、锅炉、燃气轮机、柴油发电机、制冷机、水泵等各种动力源的噪声控制，符合现行国家标准《声环境质量标准》（GB 3096）的规定。

（2）医院设有专门区域接收、回收或安全处置危险材料，如医疗垃圾、致病传染性物质、有毒物质、放射性物质的安全存放、运输和处理。由于诊断治疗、病理研究的需要，医院需存放、使用和产生大量有传染性、毒性或放射性的物质，为避免对病患和医护人员以及外部环境的危害和污染，宜有专门区域存放和运输。

绿色医院室外环境保护"优选项"要求：

（1）生产过程中或公用设备所使用的温室气体是破坏臭氧层物质，其排放符合我国已签署的国际公约。

（2）医院内普通生活污废水和病房、门急诊和医技等医疗污水分开排放。

医院建筑室外空间环境和建筑体量的处理要力求做到"以人为本",实现建筑空间的人性化。过分追求医院建筑的标志性,建设超大尺寸广场,冷峻而高大气派的建筑,不能够令病人感到亲切和轻松,不利于缓解病痛及紧张情绪,也不会让医院看起来像法院那样威严而有权威性。相反,一种"润物细无声"的平和"近人"姿态,对不同人群施以关爱,更能获得人们的认可。对于医院建筑室外的功能空间,除考虑对普通病患群体的关注外,还应对残疾人、老年人等特殊群体予以关怀。

5.2.3.2　绿色医院庭院环境质量建设

绿色医院庭院设计绝非单纯地在医院营造山水景观,更不是简单地"克隆"绿色园林于医院之中,而是借鉴园林的思想、理念、风格、布局、设计和形式等,并以此为基础,结合医院实际,考虑医患的需求;针对患者特点,立足医疗方便,设计和营造出适合医院功能,具有医院特色,对患者康复发挥最大效益的"医院庭院"或"医疗、康复特色景观"。医院庭院环境质量应解决的问题的主要途径有[16]:

(1)增加户外绿量。当前,制约医院户外环境绿色发展的一个重要因素是绿地率的不足,医院多被高密度的建筑所覆盖,绿地量十分有限。在这样的情况下发展外环境,需要尽可能增加绿量。

☞ 要因地制宜,根据绿地特征,在满足景观质量的前提下,采用多样化的配置模式,并以复层植物群落为主。以小灌木、大灌木、亚乔木、乔木由低到高种植,地面加以地被植物,植物在空间上的分层分布,在有限的地面积上,扩大了植物的空间容量,有效地增加医院绿地量。

☞ 可考虑阳台、窗台及墙面的利用:在阳台、窗台布置些花草,既可以美化环境,又可以提高外环境的绿量,还能改善室内环境。如绿萝、鹅掌柴、酒瓶兰、文竹等植物;建筑物的垂直绿化,种以爬山虎等植物,可以柔化建筑及高科技带来的冷漠。

☞ 可以进行屋顶花园建设:随着建筑高层的发展,医院建筑也逐渐高层化,高层使病人远离地面,不可避免产生一些负面影响。屋顶花园的建设,可以缓解这一处境。屋顶花园与地面景观建设相似,只是受到建筑形状的影响。另外,屋顶花园对植物的选择有一定的限制,不宜种植高大的乔木,宜以小乔木及花灌木为主。良好的屋顶花园建设,形成了外环境中又一处良好的景观。

☞ 还可注重室内空间与户外环境的交融:中庭绿化是当前出现的增加医院绿

量的途径之一。很多医院建筑为适合就医环境，建有宽敞的内庭，在这一环境中布置花草树木、假山流水，同样给患者心理一个安静的去处。

（2）优化户外环境。当前，医院外环境整体布局存在一些不合理的地方。外环境绿地多是见缝插针的布置，是在建筑间隙布置绿地，没有整体的规划与设计，没有考虑到使用者的具体要求，如门诊部人流的"动"、住院部患者的"静"、医院整个环境的"变"等要求，只是根据空间的实际来安排。要改变这一现状，在医院建设之初，就应该有建筑师、医学家、心理学家、景观规划师综合的探讨与设计，把医院外环境作为一个不可或缺的部分加以重视，对外环境各部分的联系与通透进行细致的设计与规划，使各部分相互联系，互相渗透，形成一个有机整体。加强室内与户外环境的渗透，以窗台、阳台为途径，使室外环境向室内延伸，室内环境向室外发展，形成有机的体系，扩大外环境的使用范围，不断优化户外环境。

（3）增加户外设施。当前医院外环境，不论是休息设施还是健身设施，都是十分缺乏的。在实地调研中，我们可以发现，座凳的数量十分有限，而且没有考虑到人的行为心理，降低了使用率。医院庭院中的休息设施，多是抬高的路缘及花台边缘，硬质石块不适合病痛在身的患者，也降低了使用率。外环境中应尽量设置多种形式的座凳，以适于不同人群的需要。

外环境中健身设施也十分缺乏。医院户外环境几乎很少设置健身设施，它的缺失必然使外环境建设不够完善。现在强调全民健身，适当的健身活动，有利于病情的康复，而且患者在一起健身，增加了交流，心情舒畅了，也会有助于病情的恢复。

（4）关于停车场。随着经济的发展，私家车逐渐进入人们的日常生活，去医院就诊的患者多是驾车而去。这不仅增加了医院的交通负担，对医院停车场的压力也不断增大。当前，医院内停车场的形式通常有3种形式：周边式、树林式、建筑前广场兼作停车场。应用最多的是建筑前广场兼作停车场。这种形式使用非常方便，绿化布置形式也较灵活。但是，由于机动车噪声和排放气体对周围环境的污染，使得这种停车场对医院环境影响较大，污染环境及影响病人的休养。生态停车场也是现在应用较广泛的一种方式，地面铺装方式有利于改善医院环境（图5-5）。但这两种停车场占空间都较大。为节约用地，留出更多空间进行外环境建设，不得不另辟新径，寻找更加适合的停车形式。地下停车场及立体式停车场成为当前解决停车难的有效途径（图5-6），当前地下停车场在各大医院几乎都有应用，立体式停车场还有待进一步发展应用。

图 5-5　北京解放军总医院生态停车场

图 5-6　济南省立医院生态停车场

（5）特定地段植物选择。当前，医院外环境植物种类过于单一化。在所调查的大量医院中，多是雪松、国槐等几种树木的大量使用，既不能很好地满足视觉效果，对改善医院环境也不明显。从医疗效果来说，结核、白喉等患者集中的地方可选择桉树、槐树；葡萄球菌感染患者和百日咳患者多的区域则种植白皮松、油松等树木；另外对安静环境要求较高的患者可以到白榆、丁香、水杉、日本云杉、日本落叶松等树木多的地方，这类植物枝叶茂密而富有弹性，具有较强吸收声能的作用，有效减缓噪声危害。出于对易过敏性患者及儿童的考虑，不宜种植有飞毛及有毒、有刺的植物。

（6）屋顶花园的发展。医院外环境建设是一项重要的内容，也是城市绿地建设的重要组成部分。但是，在寸土寸金的现代化大都市里，医院所占面积本来就不大，建筑已占据绝大部分，留有的绿化面积有限。为提高医院的绿地率，增加景观绿化效果，建设屋顶花园是一个好的解决措施。屋顶花园就是将绿化与城市里占物质实体较多的建筑物相关联，因地制宜，因"顶"制宜，巧妙地利用主体建筑物的屋顶、平台、阳台、窗台和墙面等开辟绿化场地，并使这些绿化具有园林艺术的感染力，既源于露地，又有别于露地；充分运用植物、微地形、水体和园林小山等造园要素，组织空间，创造出具有不同使用功能的屋顶花园。这种方法使空间变得富有情趣，同时也使离地面较远的高层住院病人拥有了一片自己的"空中草坪"，在收获一片风景的同时，也获得了清新的空气。

由于屋顶花园的空间布局受到建筑固有平面的限制，屋顶平面多为规则、狭窄且面积较小的平面，屋顶上的景物和植物选配已受到建筑结构承受的制约。因此，屋顶花园与露地造园相比，其设计既复杂又关系到相关工种的协同，是一项难度大、限制多的园林规划设计项目。但随着科学技术的不断进步和广泛应用，屋顶花园的建设必将越来越普遍，成为绿色医院发展的一条新途径。

5.3 德国绿色医院发展借鉴[17]

5.3.1 德国绿色医院的发展

5.3.1.1 德国医院发展和能耗概况

德国医院的大规模建造大致分为 3 个阶段：20 世纪初，德国新建了大批医院；20 世纪 60—70 年代又新建了一批医院，80 年代也建造了一小批；1990—1996 年，东、西德合并后，东德新建了约 50 家医院（西德同时期几乎没有新建医院）。德国现有 8 000 万人口，拥有约 2 100 家医院（外地医院分院不单独计算，如单独计算，则德国现有医院约 4 500 家）。目前，东德人口逐渐减少，不少医院空置率高，而西德的医院床位紧张，扩建需求较大。另外，随着德国人口数量的持续下降，预计到 2020 年，德国医院数量将减少至 1 700 家。

德国医院按照业务范围及规模大致划分为四类：①特级医院，主要为大学教学医院，类似于我国的大学附属医院；②中心医院；③跨社区医院；④社区服务医院。德国的老龄化问题比较严重，预计 10～15 年后，德国将有 30% 的人口超过 65 岁，因此老年人医院以及老年人疗养院在医疗院所中比例越来越高。

德国 2 100 家医院每年的总支出约为 600 亿欧元，其中 15 亿欧元为能耗费用。年均床位电耗约为 6 000 kW·h，年均床位热耗约为 29 000 kW·h，医院年均能耗费用约为 50 万欧元，能源费用占医院总成本的 2%～3%。根据专家估计，德国医院电能和热能的节约潜力分别在 40% 和 32% 左右。

德国医院节能的动力（或者讲压力）主要来自高昂的医疗成本；因人口减少导致的医疗机构间日益激烈的竞争（德国千人病床拥有率高达 8.5 张）。德国联邦政府和各州政府都相当重视医院的节能工作，先后资助相关研究机构开展了多个医院节能降耗的研究项目，其中比较有影响的项目和研究成果有：

由北威州能源署主导开展的"医院合理用能项目"。该项目历时 10 年（2000 — 2009），于 2009 年在广泛调查和研究的基础上编制出版了《医院能效导则》。

由卡尔斯鲁尔理工学院主导开展的"医院流程优化项目"（OPIK）。该项目历时 11 年（2001—2012），采集了 30 多家医院的数据，将医院后勤管理分解为 30 个服务项目，并对各项服务项目的流程和成本进行了分析研究，得出了相应的对标值。

弗劳恩豪夫环境、安全和能源技术研究所开展的"医院能耗分析和最佳案例"项目，该项目对德国 20 家床位数在 300～600 张的医院的能耗进行了分析，并于 2009 年提交了研究报告。

由德国环境基金会资助，德国 Viamedica 基金会主导开展的"klinergie2020"（德国能效）项目，该项目以医院后勤院长为主要对象，介绍医院节能降耗的技术措施和最佳案例，已出版了《德国医院能效和再生能源在医院的应用》等宣传材料。

5.3.1.2　德国绿色医院建筑评价

（1）绿色医院建筑评价体系。德国关于医院评价方面的评价体系主要有 DGNB 可持续绿色医院评价认证体系和莱茵兰-普法尔茨州的绿色医院认证体系，奖项主要有"节能医院"奖，下面分别进行简要介绍。

可持续绿色医院评价认证体系：德国可持续建筑认证（DGNB）体系是由德国可持续建筑委员会和德国交通、建设与城市发展部共同开发的第二代可持续建筑认证体系。DGNB 协会是 2007 年注册成立的协会，现有的近2 100 名成员来自建筑事务所、工程事务所、建材部品研究和供应公司等多个领域。DGNB 是一个性能导向的评估系统，从理论值分析的角度出发，考虑了建筑从建材生产、建筑建造、运营使用到拆除回收的整个生命周期过程。评估指标分成六大方面：生态质量、经济质量、社会文化与功能质量、技术质量、过程质量和场地质量，其中"场地质量"是单独评估的，不包括在建筑质量总体测评中。每大类又分成多项指标，共有指标 60 多项，每项指标下又细化出几项到十几项的细则要求。每项指标满分是 10分，每一个指标在每个大类中有不同的权重，计算总分时生态、经济、社会、技术、过程五类指标又有一个权重。DGNB 体系对每条指标要求都给出明确的测量、计算方法和目标值要求，并依托强大的数据库和计算机支撑，逐条展开评价，核算出各部分达标度后，根据达标情况判定建筑等级：各部分达标 50%以上为铜级，65%以上为银级，80%以上为金级。DGNB认证过程要求由接受过 DGNB 认证体系培训的第三方审计师协调整个项目的规划、施工过程，完成后递交自评估报告到 DGNB 总部进行认证，认证分为设计阶段的预认证和施工完成后的正式认证两个阶段。

DGNB 可持续绿色医院建筑认证体系具有以下特点：①未考虑医疗功能、流程及其能源消耗（医疗设备的耗电量、洗涤、消毒等）。②需说明节能设备的要求（流程质量）。③未考虑医院流程（厨房、杀菌、洗涤）的需水量。④医院现有功能区的不同造成生命周期成本的不同。⑤未对医务室（化验室、手术室）的室内空气卫生要求进行评估。⑥首次使用时应检测，检查和治疗区以及手术室的室内声学评估是否合理。⑦对"社会文化与功能质量"的屋面设计部分进行了彻底修订，包括：A 部分——设计的屋顶和室外区域占多大比例；B 部分——该区域及其他区域的质量如何：对水、土地、植物和生物多样性的利用是否促进了自然物质循环；是否考虑了个人关注的事项，例如走道系统、住宿、日照和背阴区域、活动场所；该区域是否通过明亮区域、绿化等对微气候作出了贡献。此外还有该区域的能效和监控。⑧将区域效率因数从 0.75（办公室）调整至 0.55。⑨调整了使用功能可变性与适用性的标准：维护和管理区域的结构标高是否小于 3.20 m；手术室、加护病房、检查区域的结构标高是否小于 4.20 m；是否可以用很小的花费完成非承重墙的建设；维护和管理区域天花板的有效载荷是否小于 3.5 kN/m²；维护和管理区域天花板的有效载荷是否小于 5 kN/m²；是否可以在后期进行顺利的多媒体线路安装；建筑物技术设施（水、暖、电、通风、通信设备等）（TGA）是否有 20%的储备空间。⑩调整了易清洁性（其中包括缝隙和边缘形成）。⑪在设计中对功能区的关系优化进行了查问。

DGNB 可持续绿色医院建筑认证体系还存在一些缺点和不足，主要表现在：规划评估花费精力和成本较大；医院认证体系处于在编过程中，存在不安全性和不确定性；铜级认证要求偏低；目前体系只针对新建医院而不针对既有医院；不考虑医疗流程需求。

可持续建筑协会（DGNB）编制的"可持续建筑评价体系"是德国应用最广的绿色建筑评价体系，目前已推广到奥地利、瑞士、丹麦、卢森堡、保加利亚等国家。该体系涵盖了建筑生态、建筑经济、建筑技术设备、建筑流程、社会人文、建筑场地选址等六大质量要求，注重建筑全寿命周期成本和建筑碳排放量的计算，被称作是第二代建筑认证体系。DGNB 已先后开发了新建办公楼、商场、住宅、饭店、医院、会展中心、剧院和图书馆的评价体系模块，以及办公楼等既有建筑的评价体系模块。不同类型的建筑采用不同的评价模块，但这些模块的架构和核心内容（80%左右）基本相同，只是在标杆值和评分量化权重设置方面各有不同。

DGNB 已基本完成专门针对医院建筑的评价体系模块的编制工作，该体系称作可持续医院建筑评价体系（DGNB-HC）。DGNB-HC 主要包括建筑生态、建筑经济、建筑技术设备、建筑流程、社会人文、建筑场地选址六大内容，与其他建筑评价方法基本一致，但各项指标的量化值有所不同。

☞ 莱茵兰-普法尔茨州的绿色医院认证体系：莱茵兰-普法尔茨州的绿色医院认证体系是由该州州政府组织相关部门以及建筑事务所（sander.hofrichter 设计事务所）编制的，只适用于莱茵兰-普法尔茨州。

与 DGNB 医院体系相比，莱茵兰-普法尔茨州的绿色医院认证体系额外有 10 项指标要求，其中有 4 项是必须要满足的：绿色管理、医疗供应质量、资源效率、建筑物本身功能；有 6 项属于可选项，总分达到相应要求即可。这个认证体系中的很多要求都是建议性的，医院可自选适宜方案，自由度较高。

☞ "节能医院"奖：德国联邦政府于 2001 年推出"节能医院"奖，主要面向通过改造实现了显著的节约能源和减排二氧化碳的既有医院项目，此奖每 5 年评选一次，同一项目可多次获奖，但要求会越来越严格：第一次获奖要求改造后比改造前节能 20%以上，第二次获奖要求在之前基础上再节能 10%。此奖项仅作为荣誉奖，不配套资金、补贴等物质奖励，但若想获此奖项，确实需要在医院的设备、系统、管理等方面展开实实在在的工作，并落实到最终实际能耗上，因此是具有说服力和影响力的。

（2）医院能耗对标体系。尽管德国绿色医院建筑评价标准编制工作上年才刚刚起步，但针对医院建筑能耗的评估工作却开展已久，其中最常用的是"能耗对标体系"（Energy Benchmarking）。德国 3 种较为知名的能耗对标体系中，OPIK Benchmarking（以下简称"OPIK 对标体系"）因参与评估的医院数量多而最为出名。

OPIK 对标体系应用已有 11 年历史，由德国卡尔斯鲁尔理工学院的技术和建筑运行管理研究所提供技术支持。11 年中，有 30 所医院参与到 OPIK 对标体系中，除德国外，瑞士、奥地利、卢森堡的部分医院也有参与。

OPIK 首先将医院流程分为两种：一种是一级流程，主要是医疗流程；另一种是二级流程，主要是为医院主营业务（即医疗服务）提供支持的流程，如医疗设备维修等。接着，再将这几百种二级流程分为 30 个大类 [OPIK 对标体系中二级流程 30 个大类主要包括餐饮、行政、清洁（主要是地板清洁，不包括洗衣房、医疗设备维修保养、热能供应、供电、洗衣房被服供应等）] 进行对标。对标一般分为 3 个阶段：①方案制订阶段，主要是确定对标内容及对标对象；②数据分析阶段，主要是收集数据并进行处理分析，如对收集数据的合理性进行现场核实、对大型医疗设备的能耗进行剔除、依据德国气候修正相关标准对不同地方、不同年份的气象参数进行修正处理等；③对标阶段，除整理对标结果外，还提出相应的改进建议。

5.3.2 德国绿色医院建设典型案例

5.3.2.1 施派尔基督教基金会医院

施派尔基督教基金会医院 2004 年由施派尔基督教教会护理机构和施派尔市基金会医院合并而成。该院目前共有约 1 000 名员工，444 张病床，2011 年共接待约 2 万名住院病人和 1.9 万名门诊病人，实施各类手术 6 640 例，接生新生儿 2 059 例，年营业额 8 370 万欧元。

施派尔基督教基金会医院目前正在进行扩建，扩建工程于 2009 年开始设计，预计于 2014 年完成。正在实施的扩建工程占地面积为 3.4 万 m²，建筑面积为 12.1 万 m²，住院部扩建 50 个病房，总投资为 6 500 万欧元。扩建工程采用的主要绿色措施包括：优化建筑平面，扩建后的重症病人与普通病人入口将不同；采用内院结构（图 5-7），保证绝大多数房间都有充足的自然采光和通风；良好的围护结构保温（图 5-8、图 5-9），以减少冬季的采暖负荷；采用热电联产和蒸发冷却，近 20% 的电能将由热电联产提供，以减少医院的运行能耗；院区开辟专属地供住院部的老年人种植花草，以帮助他们尽快康复。该扩建工程已取得了 DGNB 可持续医院建筑的铜级预认证。

图 5-7 施派尔基督教基金会内院自然采光

图 5-8 屋顶保温材料——泡沫玻璃

图 5-9 隔墙材料——轻钢龙骨外覆石膏板内填充岩棉

医院扩建工程正在进行，医院未扩建部分仍在正常营业（图 5-10）。值得一提的是，尽管扩建部分与其只有一墙之隔，但是由于良好的布局规划和防噪声措施，无论医护人员还是院区病人，几乎没有受到任何噪声或者堆积建筑材料的影响。

图 5-10   扩建期间原医院正常运行

5.3.2.2   路德维希哈芬市立医院

路德维希哈芬市立医院始建于 1892 年，早期是一家教会医院，1995 年转为市属医院。该院目前是德国莱茵兰-普法尔茨州的第二大医院，医院占地面积 13 200 m²，共有病床 940 张，员工 1 920 名。2011 年全院总费用约为 2 亿欧元，其中能源成本约为 334 万欧元（含燃气 16 万欧元，自来水 46 万欧元，市政采暖 44 万欧元，制冷 24 万欧元，电 204 万欧元）。2011 年医院用于医院设备维修更新的费用为 813 万欧元（其中楼宇技术 272 万欧元，医疗技术设备 318 万欧元，特殊技术措施 155 万欧元，信息技术 68 万欧元）。该院已通过德国"医院透明和质量管理体系"（KTQ）的认证。

医院采用的主要技术措施包括：窗外遮阳以减少夏季热辐照；设置内院结合大面积的落地窗以保证整个医院良好的自然采光；屋顶绿化；实时监控耗能设备运行参数并且可以集中控制设备运行状态；建筑外设置了设备输送梯，以保证今后需要添加大型医疗设备时免去对围护机构不必要的拆改（图 5-11 至图 5-16）。

图 5-11　院外维护结构

图 5-12　外遮阳

图 5-13　内院良好的采光

图 5-14　机房管道布置

图 5-15　屋顶绿色

图 5-16　医疗设备输送梯

5.3.2.3　柏林胡贝图斯基督教医院

2001 年，柏林胡贝图斯基督教医院是德国首家由德国环境和自然保护联合会（BUND）授予"节能医院"称号的医院。该院建于 1931 年，目前共有 170 名员工，210 张病床，2011 年门诊量约为 1.3 万人次，住院病人约为 6 500 人次。该医院在 2000 年开始采用合同能源管理模式开展节能减排，并一直坚持采取节能措施，取得了良好的效果。该院采取的采暖锅炉改造使 CO_2 排放量减少了 50%。2000—2001 年度，全院能耗降低了 30%。自 2001 年以来，该院外购电量减少了 75%，能源成本减少了 45%，已连续 10 年被德国环境和自然保护联合会（BUND）评为"节能医院"。

该院采取的主要节能改造措施有：①减少通风设备系统的压力损失。②为室内空调和通风设备安装变频设备，做到按需调控。③改进采暖、热水系统和蒸汽系统的水力平衡和优化锅炉运行。④改进自来水管网的水力平衡。⑤将紧急用电柴油发电机组改建为小型热电联产机组。⑥2004 年又用一台 330kW（电）和 450kW（热）的燃气热电联产机组替代了原有的柴油热电联产机组。⑦安装一台 DDC 设备用来优化电器的调控。⑧淘汰原有的活塞制冷机，改为采用 R134a 制冷剂的高效螺杆制冷机；淘汰原有陈旧的冷水泵和冷却泵，采用高效的变频泵。⑨将原有的冷却塔改建风机带变频的冷却塔。⑩将原有的燃油储存罐改装为一个可储存 120 L 的雨水收集容器，为院区绿化、厕所、消防等提供充足水源。

5.3.3　中德绿色医院建设比较

5.3.3.1　中德医院综合对比

（1）医院占地规模。德国一般医院规模在 400 床左右，也有少量规模达 1 000 床及以上的医院，住院平均周期为 7.9 天。从床均占地面积指标来看，德国远远高于中国。德国国土面积相当于我国云南省，人口大约 8 000 万，基本是平原和丘陵地貌。因此，由于土地的可利用率高，医院的土地供应量比较充足，医院的停车场基本也都采用地面停车的方式，医院的地下空间一般用来解决医院的物流运输和布置设备机房等保障系统。

（2）床均建筑面积。德国医院的医疗水平以及建造标准均高于我国。考察团所参观的几家德国医院的患者使用空间和住院部内交通空间相比我国要宽敞。值得注意的是，这并不意味着德国医院的床均建筑面积就远大于我国。德国大多数大学附属医院和教学医院的床均有效建筑面积一般约为 80 m²/床，大多数综合医院或专科医院床均有效建筑面积仅 40～70 m²/床，这些数据表明，德国医院床均建筑面积仅略大于我国新建医院，但并未高出很多。为什么德国医院拥有较高的医疗水平和建造标准但床均建筑面积仅是略高于我国呢？原因主要有两点：其一，德国社会保障水平较高，医院物流自动化水平也较高，在护理单元的管理上采用护理层或护理中心的方式来管理同层的 3～4 个护理单元，也就是说医护人员用房和医疗辅助用房建筑面积得到集中和压缩。其二，德国医院呈现专科化的设置模式，而我国较为常见的是科室全面的综合医院，德国医院在设备配置上的专门化，既保证了设备的使用效率，也压缩了医院的建筑面积。

（3）医疗功能区设置。德国是个高福利的国家，实行全民医疗保险制度，除急诊病人直接去医院外，病人一般通过家庭医生或诊所执业医生就诊，有需要才到医院治疗。因此德国大部分医院都不设门诊部，或门诊部比较小。

（4）功能配置。功能配置方面，德国一般医院重症加强护理病房的床位数量大致为医院总床位的 4%，急救医院更高些，高于我国医院 2%左右的配置水平，且每床都布置双吊塔的形式，两国医疗体制和经济水平不同，这种差异是可以理解的。在手术间的设置方面，德国为 40～60 床/间，每个手术间完成手术 1 000 例/a 左右，与我国接近。德国医院在大型医疗设备的配置方面相当理性，并不是想象的那样多而全，预约制使整个医院的各个部门运行井然有序。

（5）医院投资。从医院的投资比较来看，德国医院床均投资远高于我国，达到 36 万欧元。北京大学附属医院第二住院部从医院的内容到形式都与德国医院相仿，也是我国近年投资比较充足的医院，其床均投资约 83 万元人民币，两者大约是 3.4 倍的比例关系。单位建筑面积造价约 3 000 欧元，与中国医院的平均造价也是相似的比例关系。

5.3.3.2 绿色医院建筑评价

中德两国都在编制本国的绿色医院建筑评价标准，将我国绿色医院建筑评价标准编制思路与德国绿色医院建筑评价体系（DGNB-HC）进行比较，见表 5-1。

表 5-1　中德绿色医院建筑评价体系对比

比较内容	中国绿色医院建筑评价标准	DGNB-HC
评价对象	新建+既有医院建筑	新建医院建筑
主要内容	四节一环保+运行管理	建筑生态、建筑经济、建筑技术设备、建筑流程、社会人文、建筑场地选址
认证等级	一星、二星、三星级	金、银、铜级
与基础绿色建筑评价标准关系	主要内容及评价方法与《通风与空调工程施工规范》（GB 50738）基本一致，但内容上略有增加，各内容具体指标不同	主要内容及评价方法与 DGNB 几乎完全一致，各内容指标量化值不同
与绿色医院评价标准关系	中国医院协会组织力量开展绿色医院评价标准研究工作，并将其划分为绿色医院建筑、绿色医疗、绿色医院运行管理三个部分	德国莱茵兰-普法尔茨州有绿色医院评价体系，该体系的前提之一是已经获得 DGNB 的认证
试评	计划至少选择 10 家已经获得绿色建筑评价标识的医院试评	选择 4 家新建医院进行试行
主要特点	一星级评价标准门槛较低；量化指标与要素指标相结合	铜级认证标准门槛较低；量化指标较多，需投入大量精力，成本较高

5.3.3.3　绿色医院建筑技术措施

在德国，不同医院虽然建筑年代、服务群体定位不尽相同，但在医院节能方面却有一些相似的技术措施，其中比较有代表性的包括：

（1）合理的规划设计。德国人的严谨、理性和逻辑与德国啤酒一样著名，这些特性也充分体现在医院设计中。从布局及形体组织看，德国医院尽管用地限制很少，但形体组合大都以规整的柱网、矩形的形式相组合，强调功能的便捷，环境空间的可识别，并不刻意求变，强调功能和形体组合的逻辑关系。在很多医院中都能清晰地看到模块化、单元化的串联等逻辑关系，在公共空间的规模、尺度和设计手法上更为实用、平和，没有夸张和刻意。

德国医院的理性不仅表现在平面和立面上，也体现在色彩方面。德国医院较多采用黄、绿等柔和色彩，很少用跳跃而刺激的纯色，这有助于减缓病人的压力和烦躁情绪。作者以前曾参观过一所德国医院，不同的区域按照室外园林落叶树四季不同的色彩，表现在家具、墙面和窗帘上，建筑内部与环境融为一体。

（2）良好的围护结构保温。德国纬度与我国哈尔滨接近，采暖度日数与北京接近。但德国外围护结构的保温性能明显优于我国。德国医院几乎都采用大面积窗型式来增加自然采光，而这种形式在我国哈尔滨、北京地区是不可能的。其原因是多方面的，如德国建筑节能标准的外墙传热系数值相对较小，而保温厚度相对较大；德国医院采用的玻璃也多为中空玻璃、充氩玻璃等高性能玻璃，减小了窗户的散热损失；我国建筑节能标准中对窗墙比的限值也不同于德国；成本方面原因等。

（3）遮阳设施。德国医院几乎无一例外都采用了遮阳设施，且多为外遮阳，这对减少夏季空调负荷及空调系统运行成本有重要意义。基于成本、外观、产品质量等方面的考虑，国内项目采用遮阳设施较少。因地制宜的遮阳设施采用对于减少空调系统能耗是有积极作用的。

（4）良好的自然采光和通风。德国医院多采用内院结构来实现自然采光和通风，在节省照明和空调能耗的同时，也为医护人员和病人提供一个有益的工作及治疗环境。在我国，自然采光和通风也是提倡合理采用的。但是，由于我国医院建筑一般体量较大、楼层较高，医院的内院结构是无法保证中低楼层的采光，故我国内院结构相对较少。

（5）能源计量与管理。能源支出是医院后勤运行支出的一个重要组成部分，近三四十年，德国医院非常重视能源计量和管理，对于能耗的监控相比我国精细很多，德国许多医院建立了有效的能耗监控体系，不但能"监"而且还能"控"，比如中央空调设备可做到定时、定区控制，我国许多医院目前也在建立能耗监控体系，但部分医院由于没能与楼宇监控系统有效地匹配，往往只能收集能耗数据，很难做到对相关设备进行定时、定区的调控。另外，德国还通过开展医院能效对标、合同能源管理等方式，不断挖掘医院的节能潜力，这是非常值得我国医院借鉴学习的。

5.3.3.4 中德医院建筑节能技术差距及原因

中德医院建筑无论是建筑技术、环境质量还是人性化管理都还存在一定差距。下面以外墙外保温和供暖供冷节能技术为例，介绍中德医院建筑节能技术差距，并分析主要原因。

（1）外墙保温。建筑围护结构外保温是实现建筑节能的重要措施之一。德国外墙外保温技术与应用发展已有 60 余年历史，经过长期的技术研发和实践积累，日臻完善。而我国虽高度重视外墙外保温技术，且近些年来发展迅速，但其发展历史也才 30 余年，在保温板厚度、施工工艺、节点处理、保温材料性能及相关检测验收方法上与德国仍存在不小的差距。

（2）供暖供冷节能技术措施。经过近 30 年节能工作的大力开展，我国供暖供冷节能技术的框架体系是基本完备的，地源热泵、辐射供冷供暖、气候补偿、热回收、风机变频、温控行为节能等措施在我国均有研究和应用工程。随着实践工程经验的丰富，由最初完全照搬国外经验到现在逐渐建立起更适合我国国情带有明显中国特色的技术体系，并且不断提升产品的可靠性，总的发展趋势是值得肯定的。但不可否认，受基础水平和研究时间的限制，一些细节技术研究尚处在起步阶段，部分性能有待提升，最为甚者，个别种类产品的核心元器件需要国外进口才能保证其可靠性。比如，海德堡艾提阿努姆美容医院里空调设备热回收率高达95%，这在我国几乎是不可能做到的。

5.3.3.5 正确认识中德医院建筑差距

中德医院建筑的差异和差距与两国的经济、文化背景都有一定的关系，不可否认，德国医院建筑无论在建造工艺还是节能管理上都比我国先进一步。但学习德国的先进经验，切不可生搬照抄，一定要立足我国国情，结合我国医院建筑的实际，逐步从行业管理上推动建设绿色医院建筑和引导既有医院建筑绿色化改造。比如对于海南地区，尽管空调运行能耗较高，如若照搬德国经验，不加思考地全面安装外遮阳，在我国产品质量尚未得到全面保证的情况下，几次大台风就会使外遮阳设施毁于一旦。再如，海德堡艾提阿努姆美容医院的无纸化办公也不能生搬硬套在我国实施，因为目前在我国医疗卫生体系中，电子诊断书尚没有明确可以替代纸质诊断书作为诊断凭证。

5.3.3.6 全面推动我国绿色医院建筑发展

我国医院总体数量远远大于德国，单体医院建筑规模也远比德国更大，用能方式和能源种类也与德国有着差异，为了全面推动我国绿色医院建筑的发展，建议从以下几个方面开展工作：

（1）加强精细化管理和对能源成本节约的重视。目前，德国医院普遍具有较高的节能积极性，精细严谨的能源计量和成本支出账单，而我国大多数医院能源消耗没有做到能源的分项和分部门计量，导致医院建筑能耗细账无法统计，这给我国医院建筑节能和绿色医院建筑发展带来了不少阻力。

（2）借鉴德方的医院能耗统计、汇总、分析的系统方法，完成我国绿色医院建设和既有建筑能耗改造研究的数据平台搭建。依据平台的研究成果，政府管理部门应针对性地出台相应的管理措施，并就建设绿色医院建筑和既有建筑节能改造给予积极的政策引导和相应的财政支持（公立医疗机构）。

（3）行业的发展需要以先进的标准为先导。德国 DGNB-HC 相比我国相关标准最明显的特点是很多条文设置经过了严密且精细的思考，其中值得我国《绿色医院建筑评价标准》借鉴和学习的做法主要包括两方面：其一是以实际运行的医院作为标准的试评项目，结合试评结果对标准进行修改完善；其二是考虑到医院对于场地选择不具有太多的自由度和灵活性，场地质量的内容虽然参与 DGNB-HC 的评价，但并不计入评价总得分中。

（4）积极引导和要求医疗机构提高能源使用和管理水平，致力于培养相应的专业管理人才，积极推动和培养各个大学和第三方的研究机构参与整个绿色医院建设工作，为行业发展提供足够的智力和技术措施支持。

（5）研究建立规范的、科学的市场机制，鼓励更多企业力量参与医院能源系统建设和能耗改造，吸引全行业供应链向绿色医院建设发展，形成政府、医院、研究机构、企业厂商联动机制，共同建设具有中国特色的绿色可持续发展医院。

总之，德国绿色医院建设经验值得我们借鉴。2014 年 1 月，由住房和城乡建设部建筑环境与节能标准化委员会主办，中德技术合作"公共建筑（中小学校和医院）节能"项目（EEPB）及中国建筑科学研究院建筑环境与节能研究院共同承办的"中德绿色医院建筑研讨会"在北京召开。德国可持续建筑协会（DGNB）Dominic Church 先生等出席会议，与会专家就当前德国绿色医院建筑评估体系 DGNB-HC 中体现出的医院建筑特色、DGNB-HC 与 DGNB 的区别与联系、我国绿色医院建筑评价标准等相关问题进行交流与讨论。此次研讨会对我国借鉴国际先进经验，制订国家标准《绿色医院建筑评价标准》起到积极的促进作用，并为推动我国绿色医院建筑发展及医院建筑节能工作迈上一个新台阶起到重要作用[18]。

第 6 章

绿色医院服务

医院服务主要包括医疗技术服务、医疗保障服务和后勤服务三方面。2012年，中国医院协会建筑系统研究分会启动了中国《绿色医院建筑评价标准》的编制，该标准认为，绿色医院涵盖"绿色医疗""绿色管理"和"绿色建筑"3个方面内容，并要在三者之间求得平衡[1]，绿色医疗技术服务是绿色医院服务的核心内容，绿色医疗保障服务是绿色医院服务的经济基础，绿色医院后勤服务是绿色医院服务的基本保障。

6.1 绿色医院医疗服务

6.1.1 医疗危机与绿色医疗

6.1.1.1 医疗危机的发展与蔓延

当今世界，在应对国际金融危机过程中，许多国家都被不断攀升的高额医疗费用危机所困扰，因而都把改革完善医药卫生体制作为社会领域改革的重点，以解决长期积累的社会和经济问题。医疗危机是当代医学科技飞速发展与社会公众健康期待之间矛盾的集中体现，是当前医疗卫生服务所面临的重大困难与严峻挑战，其核心是医学当前的现状满足不了人民日益增长的健康需求。医疗危机在当今世界各国的具体表现如下：

（1）现代医疗卫生服务把注意力过分集中在某些少见病、疑难病的诊治上，医疗卫生投资虽然越来越大，但卫生资源分配不公和使用不当，造成效率低下。

（2）在征服某些疑难病、慢性病方面抱有不切实际的幻想，试图找到根治这些疾病的方法，没有对这些疾病的患者提供真正有效的服务。

（3）把力量集中于疾病的治疗，忽视了预防，造成预防医学与临床医学日益分离，而对于一些慢性疾病，最重要的恰恰是预防。

（4）只把医疗卫生服务看成是使用药物、手术及其他物质手段的诊断和治疗，忽视了关心和照料等非物质手段的作用，在精神心理社会服务方面欠缺。

（5）过分热衷于大医疗中心的建设，忽视了社区服务和初级卫生保健组织的作用，缺乏对家庭医疗和自我保健的足够重视[2]。

（6）异化消费。指人们为了补偿自己那种单调乏味的、非创造性的且常常是报酬不足的劳动而致力于获得商品的一种现象，异化消费不是建立在人们真实需求的基础上，而是建立在被广告所支配的虚假需求的基础上。医疗行业的不合理诱导如各种药品广告、医院宣传也刺激并助长了医疗异化消费[3]。

（7）医疗行业造成的环境污染。医疗服务行业作为能源消耗的密集型行业，在为能源消耗支付庞大开支的同时，各种污染也增加了人们面临的危险，并对周围环境产生负面的影响。

以世界经济最发达、科技最先进、人均卫生投入最高的美国为例，1950—2011年，人均实际 GDP 平均每年增长 2%，而国家医疗卫生支出人均每年增长 4.4%。两者之间的增长速度每年差距为 2.4%，导致相关医疗卫生支出在国内生产总值的份额从 1950 年的 4.4%增加至 2011 年的 17.9%，大多数专家认为，接近于这种规模的差距在未来许多年将对联邦政府和美国经济产生灾难性的影响[4]。此外，美国医疗危机还包括许多公民没有医疗保险，医疗费用增加的速度高于通货膨胀和工资增长，这些费用多从雇主转嫁到员工[5]。

在过去的 10 年中，我国的消费支出在国内生产总值（GDP）中的份额从 45%下降到 35%。国内消费支出受到抑制，医疗成本的负担却在持续上升。2003—2010年，中国的 GDP 增长了 193%，而医疗成本的负担却增长了 197%[6]。我国曾经就医疗改革进行过讨论，其结论包括医疗的不平衡和不公平，却没有过多地涉及医疗供给本身增长的空间和合理性。然而，这一问题并非不重要[7]。城市大医院仍在迅速扩张，对医务人员的需求不断增长，引起了低级别医院和农村医院的人才流失。由此导致的低级别医院和农村医院医护人员的短缺削弱了政府加强农村和社区医疗机构建设的努力[8]。

6.1.1.2　绿色发展与绿色医疗的兴起

当今世界，在面对气候变化、环境污染、能源危机等现实问题时，世界各地区都开始对传统的发展模式进行了反思，探索新的发展方式，以减轻对自然的破坏以及人与自然的和谐。2002 年，联合国开发计划署在《2002 年中国人类发展报告：让绿色发展成为一种选择》中首先提出"绿色发展"的概念。绿色发展作为经济、社会、生态三位一体的新型发展道路，并不是简单地与自然环境保持和谐均衡。绿色发展的最终目标是"经济—自然—社会"三大系统的整体绿色，具体地说，就是自然系统从生态赤字逐步转向生态盈余；经济系统从增长最大化逐步转向净福利最大化——扣除各类发展成本（如资源成本、生态成本、社会成本等）情况下的增长数量与质量的最大化；社会系统逐步由不公平转向公平，由部分人群社会福利最大化转向全体人口社会福利最大化[9]。

医院医疗服务提供的过程及医疗消费过程都是耗能"大户"。随着社会经济的发展，人们愈加关注环境污染、生态不平衡给人们生活带来的问题，也更加关注药品毒性、医源和药源性疾病等问题。顺应当前世界绿色发展的浪潮，绿色医疗成为应对医疗危机的必然趋势。根据绿色发展理论，为应对医疗危机，发展绿色医疗不仅仅是减少耗能、低碳、环保，而是在现有条件下采用有利于提高医疗服务绩效的方法。解决医疗危机，其要求应包括安全、适宜、有效、人性化、持续改进。具体来说，就是致力于实现医疗体系内"经济—自然—社会"三大系统的全面绿色转型。经济系统建设的目标是，优化医疗资源配置、扩大医疗服务供给、转变医疗服务模式、合理控制医疗费用和提升医疗机构管理能力；自然系统建设的目标是，为人们提供健康、舒适、安全的医疗环境，符合节能、环保和生态的要求；社会系统建设的目标是，强调医疗服务的社会服务功能，实现医疗服务的公益性，提高医疗服务的效率、可及性、公平性以及适宜性。

总之，绿色医疗是医学发展的一个新阶段，而不是医学的一个新门类。它不仅是一个医学概念，还是一个经济、社会、环境和生态概念，其研究内容应包括对健康的最大益处、对资源的最少消耗、对环境的最小污染等，研究内容包括：①以自然的疗法，在一般规律的基础上按照个体的生理、病理治病的自然疗法；②个体享有的最长寿命；③对健康的最大益处；④对资源最小消耗；⑤对环境的最小污染[10]。

6.1.2 绿色医院医疗技术服务

6.1.2.1 绿色医疗的定义及内涵

文献资料显示，目前很少有对绿色医疗有较明确的阐述，大多数资料都是在阐述绿色医院时，部分内容阐述了与绿色医疗服务相应的观点，主要是坚持以病人为中心，提倡以现代医疗技术和人文关怀为基石，畅通绿色急救通道，有效控制院内感染，做到医患关系"零距离"、医疗保障"零障碍"、医护质量"零缺陷"为主要内容。王吉善在"什么是绿色医疗"中提出，绿色医疗至少应包含 6 个方面，即绿色医疗应有公园一样的就诊环境；绿色医疗应是清洁的医疗；绿色医疗是畅通的服务流程；绿色医疗更加关注患者安全；绿色医疗主动减少医源伤害；绿色医疗共建医患和谐等。这是人们的良好愿望，也是社会文明进步与医疗科技发展的必然趋势[11]。

可见，所谓绿色医疗，是指一种以优质高效安全低耗和低损伤为特征，以正确发挥高新医疗技术作用、合理利用卫生资源为主要原则，充分尊重并主动适应自然规律，有益于维护生命健康、提高生命质量、促进人类健康发展的人性化医疗服务理念。绿色医疗带来的是一种服务理念和服务行为上的变革与创新，它要求我们不仅要提供高品质、高效率、高安全性的诊疗服务，还要尽可能降低资源的消耗和减轻病人的痛苦，以适应社会发展和人类健康的需要[12]。

总之，绿色医疗是一个全新的概念，明确其定义、指标体系及评价方法，对指导和促进绿色医院建设产生引领推动作用。在建立指标时，要着重考虑以下 4 个方面：①指标要以人为本，以患者和医生为核心；②指标要具有代表性，操作性强且可以带动其他指标；③指标对医院、医生有驱动力，能引领医院做出品牌，吸引病人；④标准要有生命力，并有持续性。理解绿色医疗的概念应特别注意，三级医院不等于就具备了绿色医疗，或只有公立医院才具有绿色医疗的资格。

关于绿色医院与绿色医疗概念之间的关系，应明确的是，绿色医院建设包含绿色医疗，或者说发展绿色医疗，是绿色医院建设的主要内容。目前，理论界对绿色医疗与绿色医院还没有形成一个完整系统的定义。但对于绿色医院来说，绿色医疗应充分体现现代医院医疗布局的整体性、合理性和实用性，充分满足患者的个性化需求；严格遵循国家制定的环保、安全和节能标准；全面展现厚德、精业、创新、至善的医院文化特色。绿色医疗应该是安全、有效、清洁、流畅、自然、简洁、和谐的医疗服务，与卫生部提出的"安全、有效、方便、价廉"的医疗服务目标是一致的。除此之外，还包括合理的就医流程、针对性强且必需的检查、规范和热忱的医疗服务、对预防疾病的健康教育等。

6.1.2.2 绿色医疗的基本要求

综上所述，绿色医疗是以患者为中心（以人为本），以促进患者生理、心理健康为目标而提供的安全、合理、有效、人性化的医疗服务，并注重医疗服务的持续改善，以及医疗服务与环境资源的协调发展，它应达到以下一些基本要求：

（1）绿色医疗是安全的医疗服务。当前，医院质量主要关注的焦点是病人安全。关注病人安全，共创医患双赢的局面，已成为现代医疗服务所追求的关键目标。世界卫生组织的报告指出，医疗差错致死人数已经越过了人类十大死亡原因中排位第八的数量[13]。据有关文献报告，在美国、加拿大、新西兰、澳大利亚、英国等国，住院患者所做的医疗不良事件发生频率的调查研究显示，发生医疗不良事件的比率在 2.9%～16.6%，平均每 10 名病人中就有 1 名病人受医疗服务不安全因素的影响。其中导致病人死亡占 3%～13.6%，导致病人永久伤残占 2.6%～16.6%，而这些事故中的 30%～50%是可以预防的[14]。可见，医疗服务中的不安全情况，不但给病人带来了痛苦和巨大风险，还给政府公共卫生财政支出增加了负担，导致更多的经济损失。

近年来，我国各类医疗风险大幅增加，病人安全问题不容忽视。由于目前我国没有医疗风险方面的监测和预警，无论是政府部门还是学术研究单位都没有全面掌握国家级的医疗风险管理相关数据。根据国际上有关医疗错误的大型流行病学调查研究的结果显示，急性住院患者中有 3.5%～16.6%发生医疗不良事件。但按我国 2004 年入院患者 6 669 万人推算，每年可能发生医疗不良事件至少也有 233 万件，如果其中的 40%可以预防，则每年可以避免 93 万例不良事件发生[15]。资料显示，约有 75%以上的医疗伤害事故来自医院运作系统错误或制度设计的缺失，25%是来自医疗人员疏忽或训练不足。因此，必须建立、完善医疗机构的医疗运行机制和纠正缺陷，同时提高医务人员遵守医疗法律法规和各项诊疗常规开展医疗活动的自觉性，从而提高病人的医疗安全。

（2）绿色医疗是合理的医疗服务。随着人类文明的进步，医疗技术飞速发展，各种高新医学治疗、检查技术日新月异，医务人员有了更多进行临床疾病诊疗和健康监测的现代化医疗技术手段。先进医疗手段的使用可较准确、及时地向医师提供患者的相关机体信息，极大地提高医务人员临床诊断的效率和对患者疗效及预后观察的效果，给人类健康的修复和维护带来了莫大的福音。然而，在医疗技术、检查的日常应用中，却存在着许多不规范、不合理的现象，主要表现为人们常说的"过度或防御性治疗""过度或防御性检查""不合理用药"等形式。医学治疗和检查等的不规范、不合理，不仅无助于提高临床诊疗质量水平，虚耗了有限的医疗卫生资源，增加了患者的身心痛苦和疾病经济负担，还不同程度地涉及医疗职业道德危机等问题。

因此，无论在发展中国家还是发达国家，过度医疗的现象都引起了卫生管理专家、社会学家以及经济学家等多方面的关注。世界卫生组织调查指出，全球的病人有 1/3 是死于不合理用药，而不是疾病本身。我国医院的不合理用药情况也相当严重，不合理用药占用药者的 12%～32%。台湾的一项统计资料显示，每年死亡人口所花医疗费约占同年保健医疗费用支出的 12%，平均每名死者医疗费用是活人的 26 倍，这种情况下花费的医疗资源对其他的患者产生排挤效应。过度医疗的直接损害在宏观上的表现是有限医疗资源的浪费，致使另一部分人享受不到应有的公平的医疗服务。这完全违背了公平医疗和平等待患的医学道德原则，增加了社会的不稳定因素，影响医疗卫生事业发展环境的建立。微观上导致了患者医疗费用的上涨和疾病经济负担的加重，在一定程度上加剧了"看病难、看病贵"，还会损害患者的身心健康，有悖于医务人员救死扶伤的道德责任和义务，进而影响医患关系的和谐[16]。

综合多数学者的观点，医疗合理性主要有以下几个方面：在条件允许的情况下，疗效是最好的；安全、无伤害或将伤害限定在最小的范围内；痛苦小或无痛苦；便捷是提高医疗可普及度的重要条件，应当和疗效较好地联系起来；经济可承受性，即经济耗费最小；适度医疗所要求的医疗既不是过度的，也不是不可及的。医疗合理性的不断提高，就是绿色医疗的不断发展。

（3）绿色医疗是有效的医疗服务。有效性是医疗服务所固有的核心特性，它包含两层含义：一是医疗服务工作的合法性，即医疗服务机构及医疗服务人员在开展诊疗活动时是否遵循国家的有关法律法规，是否遵循有关的诊疗规范操作程序完成诊疗工作，医务人员的资质是否符合国家相关法规承担相应医疗工作，绿色通道和抢救工作是否符合相关的诊疗规范等。二是医疗服务活动的效用性。对患者来说，即医疗服务是否有益于病痛的减轻和健康的改善，是否有利于挽救患者的生命；各种诊疗手段是否对疾病治疗有效果但又无过度与不足；各种医疗服务措施和就医环境等是否能得到患者的满意或有利于提升患者的健康水平。对医疗机构来说，其效用体现在是否能在保证医疗服务质量的情况下，降低医疗服务的运行成本，节省医疗资源。

（4）绿色医疗是人性化的医疗服务。随着人民对健康和医疗服务期望值的增加，患者除了关注获得最佳的医疗质量外，更加关注非医疗技术服务的质量。如医疗卫生人员和卫生服务对象之间的关系，卫生系统是否尊重服务对象，是否满足他们合理的需求；是否能够自由选择医疗机构和卫生人员；去医疗机构后能否获得及时的医疗卫生服务，能否获得足够的保健信息，能否参与诊疗决策，能否获得医疗机构的支持，医疗卫生人员能否缓解服务对象的心理焦虑，并为服务对象提供干净舒适的环境，等等。

2000 年世界卫生报告提出了一个分析国家卫生系统的新框架，认为卫生系统应该有 3 个主要目标，其中一个目标就是加强人民所期望的回应能力。回应性（responsiveness）是指卫生系统在多大程度上满足了人们对卫生系统中改善非健康方面的普遍的、合理的期望。这个概念主要强调两点：非医疗技术服务和普遍合理的期望。人们在和卫生系统打交道时如果能够获得医疗机构及卫生人员的尊重、获得快捷舒适的服务就能获得一定的满足，能给他们的身心带来"快乐"，最终达到改善健康状况的目的。2000 年 WHO 公布我国卫生系统回应性指数分布 0.911（0.899～0.922），排位是世界 105～106 位[17]。因此，我国医疗机构有必要了解卫生系统面临的机遇和挑战，关注患者在医疗活动全过程中的人性化管理，改进卫生系统的工作绩效，真正做到以服务对象为中心，从而缓解日益紧张的医患关系，维护医护人员安全并提高人民的健康水平。

（5）绿色医疗是持续改进的医疗服务。绿色医疗还必须坚持可持续发展战略。随着病人对医疗服务的要求越来越高以及医疗技术和医学模式的不断发展，医疗技术服务应遵循以人为本的理念，与时俱进，不断满足新需求，开展新服务，开拓新标准，更好地服务于人类健康。同时，医院也强调要规范医疗活动，控制和减少因各种医源性废弃物污染环境造成的疾病传播，促使医院与周边环境和谐发展。

6.1.2.3 绿色医疗技术服务的指标体系

根据绿色医疗的定义和绿色医疗相应的术语及指标体系，绿色医疗服务的指标体系包括"安全、合理、有效、人性化、持续改进"5 个方面的指标，各指标中的具体指标分为控制项、一般项和优选项三类。其中，"控制项"是绿色医疗服务的必备条款；"一般项"是绿色医疗服务的基本要求；"优选项"主要指实现难度较大、指标要求较高的项目。对同一项目，可根据需要和可能分别提出对应于"控制项、一般项和优选项"的指标要求。

（1）安全的医疗服务。医疗机构及其医务人员在医疗服务过程中，遵守医疗卫生法律、行政法规、部门规章和诊疗护理规范、常规，不发生因过失而造成患者人身损害的事故。

☞ 控制项：①设立负责医疗安全管理的科室，落实相应管理制度；②建立分级治疗制度；③规范购置、储存、使用医用耗材；④规范建立急诊绿色通道；⑤对患者实施唯一标识管理；⑥对饮食、饮水的安全管理；⑦建立、实施医院感染质量管理体系。

☞ 一般项：①医院绩效管理有医疗安全质控目标并与考核结果挂钩；②建立手术分级制度；③医用耗材信息化管理；④有急危重症患者优先处置的制度与程序；⑤对患者实现"腕带"识别管理；⑥对医院各类人员有针对性地开展医院感染知识培训。

☞ 优选项：①医疗安全考核结果与专项技术人员的聘任、晋升等挂钩；②建立手术病人安全制度；③建立院前急救与院内急诊绿色通道联动制度；④对重点部门或病情特殊的患者实现无线射频识别技术（RFID）身份识别管理；⑤确保医院感染质量管理体系持续改进的有效性。

（2）合理的医疗服务。以医院现有的设施、仪器为基础，以向患者提供最适宜的医疗服务为前提，以医疗资源的最少消耗为目标的医疗服务。

☞ 控制项：①建立统一、规范的药物临床使用管理机制，推进临床合理用药；②抗生素使用管理制度；③特殊药品管理制度；④检查报告等候时间；⑤大型医疗设备开机率；⑥价格公示制度；⑦诊疗费用查询。

☞ 一般项：①对各类人员进行针对性的药品知识培训；②药品管理信息化；③检查结果互认；④大型医疗设备检查阳性率；⑤自助的费用查询系统；⑥设置静脉输液配制中心。

☞ 优选项：①合理医疗考核结果与专技人员的聘任、晋升等挂钩；②电子病历系统有提示安全用药功能；③建立医院间检查、用药信息化查询系统；④建立单病种收费管理体系；⑤临床医疗技术管理。

（3）有效的医疗服务。通过医疗服务过程制度建设、人员素质、设备运行的积极管理，达到改善医疗流程、加强医患沟通、提高医疗效率的目标。

☞ 控制项：①建立医疗效率指标考核管理制度；②门诊预约服务率；③门诊、检查等候时间；④建立医患沟通制度；⑤多学科联合门诊；⑥门诊出院诊断符合率；⑦设立电子病历系统。

☞ 一般项：①建立医疗效率指标评价制度；②门诊就医排队次数；③疑难病人远程会诊系统；④均次费用（同地区同级同类医院比较）；⑤住院病人三日确诊率；⑥建立 HIS、LIS、PACS 系统。

☞ 优选项：①确保医疗效率指标持续改进的有效性；②平均住院日；③人均服务量（同地区同级同类医院比较）；④临床"危急值"报告时间；⑤信息化实现全线无线覆盖。

（4）人性化的医疗服务。医院在给患者提供服务的同时，为患者提供精神的、心理的和情感的服务，把患者看作是有思想、有情感且生活在特定医疗环境之中的社会人，最大限度地满足病人疾病诊治以外的需求。

☞ 控制项：①医疗环境整洁、流程合理；②设立便民服务中心；③医院标识清楚、准确；④患者就医隐私保护；⑤院内禁烟；⑥医院健康教育宣传；⑦提供院内生活配套服务。

☞ 一般项：①就医环境空气清新、温度适宜；②实行二次候诊；③开展日间手术、日间化疗；④设立便捷、有效的投诉接待处；⑤提供自助的医疗服务项目；⑤成立专门的陪检队伍。

☞ 优选项：①"一门式收费"服务；②设立幼儿照顾处；③个人医疗信息Web 方式查询；④设立患友俱乐部；⑤开展临终关怀服务。

（5）持续改进的医疗服务。根据医院的实际情况，以质量改进为目标，设计和修改各种系统和流程。医院建立医疗服务质量的监督机构，并制定指标和考核体系；通过对各项医疗考核指标的分析，对全体员工开展相关教育与培训；改进措施的制定和落实，对各项整改情况进行监管和评价，对整个管理体系进行持续改进。

6.2 绿色医疗保障服务

当今世界，医药科技发展、医疗费用上涨、病人不堪重负，使发展完善医疗保障服务成为绿色医院服务的经济基础和关键举措。由于资源总是有限的，西方许多国家不断出现医疗危机。美国是全球医疗费用投入最多的国家，目前每年的医疗费用占 GDP 的 17%，人均医疗费用高达 7 500 美元，但仍有近 20% 的人口享受不到合适的医疗服务。可见，世界各国都面临着如何利用有限的资源维护人民健康的问题。绿色医疗主要通过践行合理医疗理念，在有效保障生命健康的前提下，避免无效消耗甚至不利于病人健康的消耗，最大限度控制医疗成本，降低医疗费用，以达到节约卫生资源的目的。如何建立既能妥善解决病人看病费用问题又不至于消耗过多资源，必须发展绿色医疗保障服务。

6.2.1 我国医疗保障制度的建立与发展

6.2.1.1 新中国成立后医疗保障制度的建立[18]

回顾我国医疗保障制度发展的历史，我们可以发现，新中国成立后，我国进行过"免费医疗"的尝试，公费医疗、劳保医疗都是免费医疗的实践。那时，医疗机构都是全额拨款养机构养人，同时通过公费、劳保医疗或交费报销或单位直接向医疗机构拨款的方式对医疗消耗性医药物资产品进行成本补偿，公费和劳保职工免费获得医疗服务。当时我国农村的合作医疗也是按这个思路设计的，但其免费医疗的水平很低。公费、劳保医疗从其建立之日起，几乎年年都要发文控制医疗费用支出，即便是在经济极度困难的时期都是如此。可见，免费的公费、劳保医疗制度从其制度本身就有控制不住医疗费用增长的本性。只是那个时候，全民物资短缺，医药物资也是如此，只有少数特权可以免费占用有限的资源。

6.2.1.2 改革开放后我国医疗保障制度的改革

改革开放初期，生产、流通企业包括医药物资生产领域市场经济体制改革带来了物资供应的快速增长，公费、劳保医疗免费制度难以控制医疗费用的弊病日益显露，再加上计划经济的公费、劳保医疗制度根本就不适应市场经济体制，这才对其进行彻底的改革。在 1994 年进行职工医改试点之前，也曾经进行过公费、劳保医疗制度内的政策修补，包括将公费医疗经费全部划拨给公立医疗机构，建立公费医疗医院等，然而均以失败而告终。而在 1994 年通过"两江"试点，确定了走社会医疗保险制度之后，中国的医疗保障制度才有了新型农村合作医疗、居民医保，继而实现全民医保。应当肯定，中国走社会医疗保险的道路，是在公费、劳保医疗的免费医疗制度失败的教训上建立起来的。

过去 20 年的医疗保障制度改革，我国政府从来就没有改变医疗保障制度的模式及发展的道路，即以基本医疗保险制度为主题的多层次医疗保障体系。1993 年底的中共十四届三中全会通过的《中共中央关于建立社会主义市场经济体制若干问题的决定》明确提出，要建立包括社会保险、社会救济、社会福利、优抚安置和社会互助、个人储蓄积累保障在内的社会保障制度。建立统一的社会保障管理机构。城镇职工养老和医疗保险金由单位和个人共同负担，实行社会统筹和个人账户相结合。《决定》第一次明确了我国医疗保障制度的主要制度模式，确立了发展道路。根据中央的决定，1994 年进行"两江"（江苏镇江市和江西九江市）试点，1996 年扩大试点，1998 年全面推开。

6.2.1.3　21 世纪我国医疗保障制度的发展

2003 年中共十六届三中全会通过的《中共中央关于完善社会主义市场经济体制若干问题的决定》明确提出"继续完善城镇职工基本医疗保险制度、医疗卫生和药品生产流通体制的同步改革，扩大基本医疗保险覆盖面，健全社会医疗救助和多层次的医疗保障体系"。加快城镇医疗卫生体制改革。改善乡村卫生医疗条件，积极建立新型农村合作医疗制度，实行对贫困农民的医疗救助。据此，建立了以政府补助加个人缴费的具有社会保险性质的新型农村合作医疗制度。2007 年，在职工医疗保险的基础上建立城镇居民医疗保险制度，将基本医疗保险的覆盖面扩大到城镇居民。

2009 年《中共中央　国务院关于深化医药卫生体制改革的意见》也明确提出"城镇职工基本医疗保险、城镇居民基本医疗保险、新型农村合作医疗和城乡医疗救助共同组成基本医疗保障体系，分别覆盖城镇就业人口、城镇非就业人口、农村人口和城乡困难人群。"明确了全民医保体系的制度框架。2010 年 10 月通过的《中华人民共和国社会保险法》规定，"国家建立基本养老保险、基本医疗保险、工伤保险、失业保险、生育保险等社会保险制度，保障公民在年老、疾病、工伤、失业、生育等情况下依法从国家和社会获得物质帮助的权利。"

总之，如今我国的医疗保障制度体系以社会医疗保险模式为主体，是改革开放以来中央根据实践探索和中国实际确立的基本制度和基本道路，并通过法律的形式确定下来，其基本框架已经形成，目前的关键是找准我国医疗保障制度运行管理中的问题，加以巩固完善。

6.2.2　我国医疗保障服务存在的问题与完善策略

在我国近年医疗卫生体制改革的进程中，步伐最快、成效最明显的无疑是医疗保障制度改革，目前已形成三大体系：①城镇职工基本医疗保险制度；②城镇居民基本医疗保险制度（简称"城居保"）；③新型农村合作医疗制度（简称"新农合"）。此外，公务员和部分事业单位人员依然沿袭公费医疗制度。一般认为，对低收入群体医疗消费进行补贴有助于改善低收入群体的福利，这也是政府补贴的初衷。然而，医疗保障制度运行的结果并不必然减轻低收入群体的医疗负担。就我国目前的情况看，现阶段医疗保险的报销比率并不高，尤其是新型农村合作医疗，只有 30%～40%，而且还有封顶线，此时道德风险并不是最主要的问题。医疗保障制度报销规则的设计应该更多考虑公平，满足低收入群体的医疗消费需求，减轻他们的医疗负担，而非照搬国外研究的结论，单纯从效率角度出发。我国医疗保障制度存在的问题主要有[19]：

6.2.2.1　对供方缺乏约束　医保导致医疗价格上涨

医疗保险在人群间发挥风险分担功能，降低消费者自付的医疗费用。对于低收入人群，即使是极少的保险费也会构成其参加社会保险的制约，因而医疗保险费主要由政府补贴，其目的在于调节收入分配。然而，理论和国际经验都表明，如果对医疗供给方缺乏适当的控制，医疗保险会导致医疗价格上涨，在此情况下，价格上涨会冲销政府补贴的收入分配效果，补贴实际上是补给了供给方而非消费者。

美国经济学家 Feldstein 在 1970 年最早指出，随着医疗保险程度的加深，医生所收的费用会增加。之后他的几篇文章研究了医疗保险的福利效应，医疗保险存在两个相反方向的福利效应，一个效应是保险通过降低医疗支出的不确定性改善福利，另一个效应是医疗保险使得医疗价格上升而降低福利。随后这一思路在理论上得到不断完善，1997 年另一位经济学家 Chiu 首次将医疗保险导致的价格上涨和对福利的影响模型化，其结论表明医疗保险的引入会降低消费者福利，但他假设了医疗服务供给完全无弹性，而这一假设并不被经验证据所支持。澳大利亚经济学家在2006 年修正了 Chiu 的假设，假设了不完全竞争的医疗市场，采用古诺模型，当边际成本较低时得到和 Chiu 相同的结论。还有文献刻画了垄断市场的情形，具有垄断力量的私人医院首先决定价格和质量，而后消费者决定是否就诊，并推导出医疗保险的引入促使医疗价格上涨。

6.2.2.2 新农合导致县医疗价格上涨

利用"中国健康和营养调查"村层面和县层面的数据，比较新农合试点县和非试点县在政策实施前后医疗价格的变化，我们可以发现，新农合导致县医院医疗价格上涨，且报销比率越高，价格上涨幅度越大，报销比率每增加 10 个百分点，医疗价格会上涨 9.5%，补贴和价格涨差不多相互抵销。其原因在于，县级医疗机构具有盈利性和垄断性的双重特征，一方面县医院的投入主要来自经营收入，政府拨款仅占 7%左右；另一方面县医院数量少，按照传统布局，每个县通常只有一所公立的县医院，此时引入医疗保险将会改变供给方行为。同时也发现，新农合对村诊所的价格并没有影响，这是因为村诊所和县医院所处的市场地位不同。

村诊所数量较多，且地理分布较为密集，竞争性较强，其自身没有价格决定能力时，引入新农合后，如果市场提供服务的边际成本不变，则新农合并不会改变村诊所的价格。应该看到，这一竞争是在低水平上进行，村诊所设备简陋，人员素质不高，只能提供最简单、最基本的服务，并不能满足农民对医疗服务的需求。因此，在目前医疗服务供给体制改革相对滞后的背景下，对农民的补贴并不能改变有病不医或因病致贫的状况。要改变这一状况，还需配合以对医疗服务供给方的改革，减少其盈利动机，增强市场的竞争性。

6.2.2.3 医疗保险 穷人获益有限

即使医疗卫生体制改革能够保证公立医院的公益性方向，控制医疗价格上涨，为保障低收入群体的利益，医疗保障制度还面临另一个制度设计方面的问题，即医疗保险是补偿众多一般风险还是补偿小部分重大风险？

对这一问题，经济学文献主要从效率的角度考虑：①依据风险程度，医疗保险主要用于补偿风险概率较小、但损失较大的服务，如住院服务；②依据道德风险的程度，医疗保险中的道德风险主要指事后道德风险，即医疗保险导致的过度消费。所谓过度消费指医疗服务的边际收益小于边际成本时所发生的医疗服务数量，道德风险显然会带来社会福利的无谓损失。而道德风险的大小和医疗服务的需求价格弹性有关，需求价格弹性越小，则道德风险越小，因而医疗保险应该多补偿需求价格弹性较小的服务。住院服务和门诊服务相比，前者的价格弹性较小，所以医疗保险更应补偿住院费用。

从收入分配的角度看，上述思路就不再适用。对于低收入群体而言，即使是门诊费用，占其收入的比例也是可观的，如果医疗保险不报销门诊费用，则其医疗负担仍然比较重。另外，住院治疗除了医疗费用外，还包括保险不负担的其他费用，如家人陪护发生的费用和误工成本等，因而低收入群体选择住院治疗的概率也比较小。如此，住院服务对象更多集中在较高收入群体，医疗保险的使用者主要是较高收入群体，由此出现穷人补贴富人的情况，或者穷人从政府补贴中获益十分有限。

6.2.2.4 改进医疗保障服务的策略

采用"中国健康和营养调查" 中 2000—2004 年的农户数据，按收入分成五等分组，可以看到医疗负担呈现累退趋势，最低收入组四周医疗费用占家庭人均年收入比为 48.7%，最高收入组这一比例为 5.3%。采用灾难性医疗支出发生率这一指标衡量医疗保险对减轻医疗费用的作用。灾难性医疗支出指医疗负担超过一个临界值的情况，给定样本中发生灾难性医疗支出的人所占的比重即为灾难性医疗支出发生率，这一临界值一般占消费或收入的 10%～25%。

比较门诊及住院费用均补偿和不补偿门诊只补偿住院费用这两类方案，将灾难性医疗支出的界定标准设定为 10%。模拟表明，门诊和住院均报销 55%与只报销住院费用的 80%相比，两个方案的政府财政补贴成本类似，前者略小于后者，但前者却可以使得灾难性支出发生率多下降 4 个百分点，从没有医疗保险时的 46.1%下降到 28.6%，这是因为报销门诊费用能够进一步降低低收入群体灾难性医疗支出发生的概率。更多模拟表明，门诊和住院都补偿的模式优于住院补偿模式。

党的十八届三中全会通过的《中共中央关于全面深化改革若干重大问题的决定》指出，"建立更加公平可持续的社会保障制度"，"整合城乡居民基本医疗保险制度"。这一表述的意义在于：医疗保险制度仍然是我国医疗保障体系的基本制度模式，已经有一定的公平性和可持续性，下一步的任务是使其更加公平和可持续。不可否认，我国的医疗卫生领域还存在"医疗体系的痼疾"。然而，问题的实质不在于我国基于成功实践建立的基本医疗保险制度，而在于至今尚未改革的、在计划经济时期形成的医疗卫生提供体系的诸多制度机制没有得到改革，如政府垄断的国营医疗服务体系、僵化的医疗机构人事薪酬管理制度、单位化的医师执业制度等，这些制度与我国的基本医疗保险制度、市场化的医药流通体制产生的冲突，是一些"医疗体系痼疾"得以延续的根本原因所在。

可见，我们应以党的十八届三中全会通过的《中共中央关于全面深化改革若干重大问题的决定》的精神为指导，进行医疗保障服务的持续改进。十八届三中全会提出的一个重要理论观点，就是要充分发挥市场配置资源的决定性作用，对医疗卫生服务体系中限制市场发挥作用的制度机制进行改革。目前改进医疗保障服务的切入点，就是要整合城乡基本医疗保险管理体制，形成强有力的医疗服务市场的购买方，并通过医疗保险的付费方式改革等措施，根本解决人民群众"看病贵"问题，使绿色医疗保障服务成为现实。

6.3 绿色医院后勤服务

6.3.1 绿色医院后勤服务的重要性

俗话说，兵马未动，粮草先行。向绿色医院转型，不仅仅是要努力实现医疗技术和医疗保障服务的绿色化，还要坚持节约资源、绿色发展和低碳环保的管理理念，努力实现医院后勤服务的绿色化。医院后勤服务的绿色化，体现在环境优美化、服务人性化、流程规范化和管理信息化等方面，这就需要创新管理模式，构建节约、高效的后勤服务体系。在医院的管理工作中，后勤管理约占 60%[20]。建设绿色医院，特别需要加快后勤管理科学化发展。医院后勤管理绿色化，要依靠社会力量，寻求政府、医院、投资方都能接受的途径来推动绿色医院建设。

医院后勤保障作为为患者提供服务的重要组成部分，必须通过变革来实现绿色化，以适应患者的就医需求，这些对医院的后勤管理提出了新的挑战。《绿色医院高效运行评价标准》（以下简称《标准》）正是在这样的背景下提出的，该《标准》是根据中国医院协会的要求，中国医院协会医院建筑系统研究会会同上海申康医院发展中心等单位从"高效医疗""人力和资产效率""高效后勤"3 个方面加以制定的。医院高效后勤管理主要是指运用现代技术，通过科学管理，有效控制后勤运行成本，提高后勤运行效率，提供优质、便捷和人性化的后勤服务，实现绿色医院安全、高效、低碳的运行目标。

6.3.1.1 医院后勤管理和运行难以高效的症结

尽管伴随后勤社会化、专业化的推进，医院后勤管理服务水平有了一定程度的改善，但由于后勤服务的专业性要求较高，涉及范围又广，因此在医院后勤改革进程中，后勤服务模式的创新、效率的发挥和科学管理等方面并没有实现大的突破，这些因素都将成为绿色医院创建、运营、评价的障碍，必须引起足够的重视和持续的关注。综合起来看，目前医院后勤的管理运营服务主要存在以下一些问题：

（1）基础工作薄弱，管理粗放、效率不高。不少医院的后勤管理仅仅把目标定位在基本的保障功能，管理制度往往流于形式，设备运行台账不全，基础历史数据采集困难，日常保养维护不到位，精细化管理不够。所有这些，导致日常管理家底不清、制度不实、职责不明、保障不力，而且一旦出现危机事件，则无法调集足够的力量，采取及时的应对措施，无法达到最佳的解决效果；缺乏对后勤管理运行效率发挥的关注和研究，不能合理地优化服务流程，同时出现人浮于事的现象，不能有效地控制运行成本，导致成本居高不下。

（2）人员结构老化，激励缺失、活力不足。一方面，由于后勤保障系统不是医院的核心业务部门，加之为了控制人员编制和成本，所以医院往往忽视后勤的队伍建设，导致后勤人员的学历结构和知识结构老化严重，甚至没有团队的年龄、知识、学历梯队可言。另一方面，由于医院对后勤保障系统的关注度不够，对于后勤人员以及引进医院的后勤专业服务公司的考核激励机制不到位，导致团队的积极性不高，责任心不强，整体活力明显不足。

（3）培训体系不健全，团队发展跟不上技术进步步伐。后勤技术密集性的服务岗位涉及专业面很广，对从业人员的专业技能要求也很高，同时伴随医药新技术、新产品层出不穷，更要求从业人员必须有高度的敏感性，关注技术发展动态，加强自身学习，不断更新自身知识结构。而这一部分岗位的后勤社会化比例比较低。这就要求医院对这些岗位进行系统的管理，形成系统的培训计划。但目前较多医院并没有对后勤专业培训给予足够重视。因此，后勤服务人员的专业技能往往跟不上技术发展的步伐。

（4）设备设施管理系统性不强、先进性不够。不少医院对医疗设备设施的保养和维护缺乏系统性、前瞻性计划，往往头痛医头、脚痛医脚，等到十万火急的情形出现，才临时仓促维修。这既要花费大额资金，又影响医疗设备设施整体效率的发挥。面对医药新技术快速发展的年代，较多医院对于在后勤管理与服务中应用和推广新技术往往过于保守和谨慎，其原因除了传统的后勤保障人员自身素质，管理者的管理理念的转变至关重要。如信息技术在很多行业都得以全面推广，即使是在技术解决复杂的医疗信息管理中也在逐步推广，而医院的后勤服务中很多信息技术都可以加以应用，比如"一卡通"的技术整合，物流信息技术的应用，后勤设备设施智能管理平台的应用等，但所有这些目前在医院推广应用的步子还比较缓慢，明显不适应绿色医院建设的需要。

（5）用能管理针对性不强、计划性不够。用能管理是医院后勤管理的一个重要组成部分，是确保设备设施发挥效率的重要手段，也是节能降耗的有效途径。但很多医院在用能管理上缺乏计划性，没有对医疗设备设施的运行进行长期的跟踪管理，用能情况基础数据不全。医院即便意识到节能技术改造的必要性，但对于改造方案的合理性和针对性缺乏认真评估，有的甚至盲目跟风。而且医院在落实节能技术改造中，过分依赖政府财政投资，忽视市场化资源的整合利用。

近年来，随着专业技术服务业的发展，很多新技术、新模式都应运而生，比如合同能源管理的服务模式，能够使得医院借助社会专业服务公司的资金、技术、管理优势，达到医院自身节能降耗的目标，值得在绿色医院后勤服务管理中推广和应用。

6.3.1.2 医院实现高效后勤的策略

保障和推进医院后勤服务运行的安全、低碳和绿色化，实现医院后勤劳动效率的最大化，实现医院后勤的科学管理、优质服务和高效运行，为患者提供满意的服务，达到绿色医院建设对于医院高效后勤的相关要求，必须理清管理思路，转变管理理念，寻找科学的管理方法，运用科学的管理手段，落实科学的管理举措，完成科学的量化指标，具体如下：

（1）实现高效后勤必须进行科学管理。随着患者对就医服务要求的不断提高，随着医疗服务行业的竞争日趋激烈，医院后勤保障部门已经逐渐演变为以物业服务、物流管理和能源保障为核心的要害部门，后勤管理水平的高低，已经直接影响到医院的医疗质量和经济效益[21]。因此，医院所提供的传统后勤保障服务必须改变，通过科学的管理来适应新的形势下对医院后勤服务的新要求。

☞ 要制定科学的作业方法：科学的作业方法包含相关的制度、工作职责和操作流程，它能够对操作者的操作方法进行必要的约束和有效引导，消除各种不合理的因素，即管理学之父泰勒所认为的用科学的管理代替个人经验[22]，后勤服务才能更具标准化，从而提高后勤管理服务的水平。

☞ 要科学地选择和培训队伍：科学的作业方法要有优秀的操作者来完成，因此医院要对后勤服务人员进行科学的培训，使他们按照作业标准进行工作，以改变以往凭个人经验进行作业的做法。当然，医院同样可以通过选择后勤专业服务公司，并强化和督促专业公司进行专业技术培训来实现上述目标。

☞ 要建立后勤绩效考核制度：绩效考核是过程改进和目标评价相结合的一种科学管理模式。通过绩效考核，实行激励性的薪酬制度，可以奖勤罚懒，有效地调动员工或后勤专业服务公司的积极性，从而使后勤设备设施发挥最大使用效率，为患者提供舒适的服务，让患者获得较好的服务体验，提高患者就医满意度。

（2）实现高效后勤必须体现优质服务。当今医院的发展，重点不仅仅在于医院的规模，不仅仅在于拥有先进的医疗设备和高端的技术，不仅仅在于有优秀的专家团队，还在于如何整合上述资源，提供优质的医疗服务。优质服务的竞争体现了服务理念、服务态度的竞争，其中也涵盖了后勤保障服务的内容。服务决定效益，服务造成差异。要实现后勤的优质服务，必须在后勤服务过程中强调"以病人为中心"，关注生病的"人"，为患者提供人文性的关怀。这就要求医院后勤服务在以下方面达到"优质"：

☞ 硬件服务的优质：硬件服务的优质包括提供宽敞明亮的诊疗环境，设计便捷顺畅的就医流程，营造易于沟通交流的温馨空间，提供日常生活配套的公共服务设施。这些有形的医疗环境是生动的、具体的，也是医院管理者能够管理和控制的。良好的医院环境往往有助于让患者得到初步的良好印象，让患者产生信任感，还能够向患者传递正面的信息，让患者在就医过程有更加方便和舒适的就医体验。

☞ 软件服务的优质：后勤服务人员中的物业维修部门、电梯运行、电话接线、餐饮配送等部门，都需要与患者以及家属直接接触，医院后勤服务人员的仪表、服务态度，直接影响到患者就诊的满意与否。因此，相关人员要具有丰富的感情交流、沟通的技巧和良好的服务精神；要与患者保持亲密的、朋友般的医患关系；要善于帮助患者解决问题、满足病人的合理需要。

☞ 管理环节的优质：建立安全管理相应机构和制度，制定详细的应急突发事件的预案，使政府节能、环保要求在管理中得以体现。周密的环节管理和良好的技术服务质量支撑，容易让患者在就医过程中获得安全感、提高满意度。

（3）实现高效后勤必须体现运行高效。如今，越来越多的有识之士将医院后勤保障能力的提高视为增强医院核心竞争力的重要因素。后勤管理逐渐从经验型、事务型发展成为具有一定理论性、科学性的专门化职业[23]。因此，后勤的高效运行势必要体现专业服务，体现成本降低，体现新技术、新方法的有效运用，体现后勤服务的持续改善。

节约成本有很多方法，可以通过后勤外包给后勤专业服务公司，充分发挥集约经营优势，提高综合服务能力，从而使管理成本降低。也可以通过先进技术的有效应用，如利用信息技术进行物流信息整合，通过技术革新和作业模式改变，实行动态跟踪，及时掌握临床需求，在保障临床需要与安全的基础上，兼顾库存量与采购量的关系，减少资金的积压，减少库房场地空间的占用，客观上实现成本的降低，提高医院的经济效益。

体现设备设施的完好，要求员工应急处置能力和操作技能的不断提高，要求制定设备设施定期检修维护保养制度，建立完善设备设施运行、检修档案，定期排查运行隐患，提高日常巡检质量，通过设备设施安全运行、保养、维修、更新改造、报废全过程链条式的管理，细化到每一个风险点的控制，防止任何一个环节出问题，保证设备设施的安全平稳运行，保障医院不间断地提供医疗服务，保障患者在诊疗救治过程中不出现意外的伤害。

用能管理的高效是政府对于医院管理的约束性指标要求。因此，医院必须采取措施降低能源消耗。医院的节能可以通过如下3条途径实现：①通过节能技术改造来实现；②通过建立能源智能管理平台，对用能设备的监管、控制，对能源消耗数据的采集检测等管理来实现；③通过合同能源管理的方式，吸纳社会资金，利用社会专业公司的资金、技术、管理优势来实现。同时，医院应建立一整套用能管理制度，定期进行节能诊断、审计和评估，不断调整医院的用能策略，达到政府提出的节能目标要求。

6.3.2　医院高效后勤的指标设置

为了对医院后勤服务的运行进行系统评价、推进医院后勤服务绿色化进程,可以就绿色医院高效后勤指标进行如下设置[24]。

(1)控制项。①水、电、气和物资供应满足医院运行需要。②制定后勤保障各类突发事件的应急预案。③设立"一门式"报修受理服务,接收报修及时、快速。④建筑设施和设备运行符合国家关于保护资源、节能减排的法律法规和规范要求。⑤设立医院能源管理机构,建立能源管理制度,落实管理职责,制订节能降耗方案,开展能源计量、监测、统计、分析和节能宣传工作。⑥有节能专项投入和技术节能、管理节能具体措施,定期进行评价并落实改进措施。⑦实行后勤服务项目社会化,合理配置后勤服务岗位与人员。⑧建立医院安全生产管理机构和管理制度。⑨后勤重要设施设备完好率100%。⑩医疗废弃物和污水处置符合环保要求。⑪设立后勤运行成本控制目标并进行管理;设施设备维护成本占总支出比例;能耗支出占总支出比例;万元业务收入能耗支出。⑫控制单位建筑面积能耗量。

(2)一般项。①后勤管理采取信息化手段。②有针对后勤各类突发事件的应急预案演练和应急事件处置记录。③建立节能奖惩考核机制,并纳入内部绩效管理。④安全生产管理机构定期分析安全生产情况,提出管理措施。⑤公共服务设施完善。⑥后勤运行成本低于同地区同级同类医院平均水平;设施设备维护成本占总支出比例;能耗支出占总支出比例;万元业务收入能耗支出。⑦单位建筑面积能耗量低于同地区同级同类医院平均水平。

(3)优选项。①建立后勤信息化管理系统。②完成节能降耗指标并有持续改进措施。③医院根据自身特点开展如下能源管理工作,包括选用能源的规划、能源转换的管理、能源分配和传输管理、建筑能源审计。④积极采用节能新技术、新工艺、新材料和新设备。⑤开展合同能源管理。⑥有现代物流技术的运用。⑦建立供应链管理和供应商评估考核机制。⑧医院实现"一卡通"管理系统。⑨后勤运行成本位于同地区同级同类医院前列;设施设备维护成本占总支出比例;能耗支出占总支出比例;万元业务收入能耗支出。⑩单位建筑面积能耗量位于同地区同级同类医院前列。

绿色医院高效后勤评价指标的设置,主要目的是在体现医院后勤服务舒适便捷、低碳环保、高效安全的总体目标的同时，真正促进医院重视"以人为本"，促进医院增强节能环保意识，促进先进智能工具在医院后勤管理中的应用，促进医院后勤管理和运行实现精细化、规范化、专业化、科学化，从而推进绿色医院建设的进程。

6.4　古巴绿色医疗发展与借鉴

当今世界，绿色发展已成为各国实施可持续发展战略和提升国家竞争力的重要内容，绿色医疗也成为医学发展的必然趋势。古巴与我国是社会主义国家，美国对古巴近半个世纪的经济封锁，极大地影响了其医药卫生事业的发展。为应对美国经济封锁，古巴积极发展绿色医疗，取得了举世瞩目的卫生成就，成为世界上少数实现全民免费医疗的国家之一。古巴发展绿色医疗的经验对我国深化医疗改革、发展绿色医疗具有深刻的启示和重要的借鉴作用。

6.4.1　古巴发展绿色医疗的背景

古巴是加勒比海中一个由 1 600 多个岛屿组成的岛国，人口为 1 100 多万人（2010 年底数），国土面积 110 860 km²，稍大于我国的江苏省。从 2011 年起，古巴全国分为 15 个省，下设 167 个市（县）、一个特区（即青年岛，按市建制）。尽管受到美国长期的封锁和敌视，古巴一直坚持走社会主义道路，是西半球唯一的社会主义国家。古巴驻华大使白诗德认为，古巴能够坚持走社会主义道路，重要原因之一是在社会领域取得了成果[25]。目前，古巴医疗系统专业人员有 20 多万人，医生近 7 万人，其中家庭医生 3 万多人。2005—2007 年古巴人平均预期寿命为 77.97 岁，2008 年婴儿死亡率 4.5‰，这些指标使其健康保障制度步入世界先进行列[26]。

古巴长期遭受美国的经济封锁，经济发展缓慢，物质资料匮乏。1960 年起，美国对古巴实行禁运，古巴传统的医药和医疗设备供应来源中断。后来，美国制裁古巴的经济措施逐渐系统化、法律化，直至形成一套完整的经济封锁系统工程。相关文献显示，从 20 世纪 60 年代初到 2001 年底，美国封锁造成古巴进出口严重受阻，用于进口的外汇严重匮乏，人民生活维持在一个比较低下的水平，药品、食品短缺，个人日常生活用品只能定量供应[27]。1959 年之前，古巴的卫生资源分配极不平衡，农村缺医少药，只占全国人口 22% 的哈瓦那集中了全国 60% 的医生和 80% 的病床。1959 年古巴革命胜利前夕，全国有医生 6 300 多人，随着大量医生外逃，到 1963 年人数减少了一半。在这种形势下，古巴的卫生和健康指标下降，一些传染病发病率出现反弹，同时，人口的快速增长加重了问题的严重性，古巴的医疗卫生事业陷入困境[28]。

1992 年，美国对古巴进一步加强了持续 30 年的经济封锁，经济制裁对古巴的金融体系、药品供应和卫生保健措施都产生了很大冲击，给其医疗卫生事业带来了极为严重的影响。美国的制药业居于国际领先地位，并拥有相当多的专利权，美国的禁运使古巴失去了获得许多新药的途径，美国制药公司还禁止 1980 年以后获得专利权的全部药品进入古巴市场。1992 年《古巴民主法》(Cuban Democracy Act)颁布更是雪上加霜，所有美国子公司同古巴在药品方面的贸易也被终止了。这项法案并没有直接禁止古巴从美国企业或其在国外的下属企业购买药品，但是想要获得相关的购买许可在程序上却是不可能的[29]。

为应对美国对古巴实行经济制裁的政策后果，古巴通过实行合理的制度，自力更生，积极发展绿色医疗，较好地满足了国民的医疗卫生需求，并取得了许多高于发展中国家甚至堪与部分发达国家相媲美或更高的医疗卫生成就，现在古巴绿色生物制药产业不仅可以制造出基础处方中的绝大多数药物，而且还成为一项出口行业[30]。古巴在其经济危机和食品危机的现实背景下，依靠发展绿色医疗在医疗保健方面取得的奇迹，其原则和经验对我国都具有重要的参考借鉴价值。

6.4.2　古巴绿色医疗的发展与经验

6.4.2.1　积极发展绿色医药

绿色医药是指在传统医药基础上发展起来的自然、无副作用、无污染、无创或微创的医药[31]。20 世纪 90 年代，美国对古巴的禁运引起了很多问题，其中由美国向古巴的药物出口就被这项政策禁止了。因此，绿色医药在古巴的出现，是基于其经济近乎崩溃的残酷现实，美国对其实行经济制裁，使其药房和医院昂贵药品的货架几乎空无一物，古巴政府和人民不得不自力更生，积极发展绿色医药。

为了克服美国封锁造成的药品短缺，古巴政府大力提倡"传统疗法"，即"绿色医药"。这种被美国人称为"替代疗法"的草药对某些疾病有很好的疗效，加上价格低廉，逐渐成为一种新时尚。此后，古巴政府就开始支持并大力推广草药、顺势疗法和针灸等高效、廉价的医疗，如在军队医院开始进行针灸培训。在农村地区，传统药物使用增多，每个小区有"绿色制药"，在那里生产、销售绿色医药，用于之前弥补负担不起的制药[32]。

从历史上看，那些没有在医学院校接受过培训的社区医生在这之前就已经提供了基于传统草药和其他植物材料的绿色医药。在这种情况下，古巴科学家开始调查传统草药的药理基础。19世纪90年代，经过广泛的讨论，加上由于美国封锁和与东欧贸易优势丧失所造成的可用药物的减少，古巴将绿色医药结合到原先占据主导地位的西医医疗体系中，绿色医药由此开始在古巴蓬勃发展。

古巴卫生部向全国医务人员发布了由17位杰出的医学和生物学科学家编写的国家绿色药品集和绿色医药培训材料。对于每个"药用植物"，药品集提供了以下信息：常见的名称、学名、植物物理描述、起源地、在古巴的位置、临床特性验证实验、制药描述、管理方式、副作用，其他用途，化学成分、种植和剂量。在当地的大多数诊所和医院，都有一个说明草药疗效的推荐列表张贴在显著位置，用来引导病人和医生获得绿色医药。为了宣传这些信息，卫生部把绿色医药的推荐范围限制于那些已经经过权威医生一致判断，证明其安全且在初级保健方面有效的绿色医药。最初，一些家庭医生基于他们的训练和临床经验，并不推荐绿色医药，但随着时间的推移，他们开始应用这样的治疗，尤其在由于短缺对症疗法的药物无法获得时，绿色医药取得了令人满意的结果[33]。

6.4.2.2 大力发展绿色生物医药技术

古巴绿色医疗的一个重要内容就是绿色生物医药技术。古巴领导层一直重视医疗卫生和药品的自主研制开发，通过利用传统知识加速新药的开发，以使传统医学可能得到更好的利用。美国对古巴的经济封锁是古巴下决心自主研制开发药品的重要因素。因为一直遭受严重的供应短缺，古巴必须自力更生，例如依靠自己的技术能力来开发新的疫苗，以预防脑膜炎。古巴自身的刚性需求推动了生物医药创新。经过几十年来的不懈努力，目前古巴绿色生物医药物研发已居世界前列，特别是利用基因工程开发出的新药如干扰素、疫苗等取得显著成就。联合国开发计划署2001年度《人类发展报告》中指出发展中国家最值得称赞的3项具有世界意义的技术成果之一，就有古巴的脑膜炎疫苗。古巴生物医药研究的主要重点是自主研发、开发产品，而不是基础研究。20世纪80年代开发的乙型脑膜炎疫苗是世界上第一个脑膜炎疫苗,现在其疫苗生产已成为一项重要产业。古巴生物医药专注于基因技术和岛上天然产品的开发,目前的研究项目包括重组登革热疫苗,还有霍乱疫苗、抗癌药,在研发过程中古巴也十分重视对产品的知识产权保护[34]。

古巴绿色生物医药技术达到目前的高精水平,主要归功于在政府领导下,卫生系统和生物技术部门密切配合,采取经济有效的治疗方案,鼓励基础和临床研究人员进行合作。在研究机构之间和内部共享知识也是古巴体系的重要特色,公立研究机构是生物技术部门的核心,常常设立从事产品生产的商业分部,其中许多机构集中在西哈瓦那科学城。西哈瓦那科学城的建设是为了鼓励科学、教育和卫生之间更密切的结合。古巴还通过参与全世界私立部门公司的合作获得了市场、资本和商业化技术。此外,古巴的全面教育体系及其大学在培训卫生生物技术专家也为生物医药技术发展起了重要的作用,古巴大学教育提供全面的生物医药技术领域培训,以减少对国外教育的需求[35]。

6.4.2.3 注重公共卫生在绿色医疗中的作用

绿色医疗贯穿在整个医疗卫生服务活动中,涉及经济、社会、环境和生态等相关方面。古巴提供的公共卫生服务不仅仅局限于卫生行业本身,还涉及社会的各个方面。古巴居民健康状况影响因素包括各种非医疗决定因素、卫生服务因素、社会基本因素,其中公共卫生在其绿色医疗发展中具有十分重要的基础性作用。

古巴在保证人民享有良好健康方面取得显著成绩,堪称中低收入国家的典范,其公共卫生情况与富裕的国家不相上下,挑战了经济形势决定卫生状况的传统假设。目前,古巴医疗系统专业人员有 20 多万人,医生近 7 万人,其中家庭医生 3 万多人。古巴的疫苗接种率和婴儿出生时能得到高技能医护人员照料的比例都处于世界最高之列,据世界卫生组织报告,2009 年,古巴 5 岁以下儿童死亡率(每千例活产中 5 岁死亡的概率)为 6‰,1 岁以下儿童麻疹疫苗接种率为 99%,同时期美国的分别为 8‰、93%。美国的 GNP(人均国民生产总值)超过 34 000 美元,但预期寿命为 76.9 岁,古巴的 GNP 低于 10 000 美元,但预期寿命为 76.5 岁,这些指标使其公共卫生步入世界先进行列[36]。

古巴公共卫生成就的取得,主要是由于其对教育、住房和卫生系统的重视。古巴始终承诺提供免费、全民义务教育直到 12 年级,并且尽量减小性别、城乡教育差异,当前古巴成人的识字率达到 96.7%。古巴的公共卫生系统还致力于限制不平等,重视普遍性和可及性的原则,卫生服务的获得没有与种族、社会阶级、性别和年龄相关的实质性障碍。由于医生和护士都住在社区诊所，稳固的初级卫生保健系统就能够为社区提供全面的保健，虽然经济紧张且基础设施有限，但初级、二级和三级卫生保健系统的良好协作仍然使古巴的公共卫生系统取得了卓越的业绩[37]。

古巴尤其重视对预防产品的开发，如预防性疫苗、生物医学创新。但由于缺少资源，古巴政府资助的科学研究的要求是：不崇尚学院式研究，个人兴趣服从于社会优先确定的目标，不以追逐利润为目的，医药创新成果应为适合当地卫生保健服务系统的实际情况，并应涵盖诊断、预防和治疗传染病和非传染病的适宜技术。

6.4.2.4　创新家庭医生制度，降低医疗费用

古巴发展绿色医疗，还有一项重要内容就是创新家庭医生制度。政府于 1984 年开始实行家庭医生制，并根据本国国情创造性地发展了这一制度，成为世界上人均家庭医生数最多的国家。其创新之处在于它是全国医疗网中的重要组成部分，是初级医疗服务网的主要载体。古巴家庭医生制要求每个社区配备若干家庭医生。通常每个家庭医生有一个诊所，配备一名护士协助医生工作，24 小时开放，平均负责社区中 120 户家庭的初级医疗保健工作。家庭医生和护士通常住在诊所驻地或附近，提供全天候服务。他们一般上午坐诊下午访视，为所辖社区或村庄内全体居民提供相关诊断治疗保健免疫以及心理咨询等各项服务，并负责健康知识宣传协助[38]。

目前，古巴全国建立了 8 000 个家庭诊所，有家庭医生 12 000 多人，覆盖全国一半以上的人口。省城和重要城市的中心医院为中级医疗保健网，初级诊所医治不了的病患者，就被送往中级医院。中央级医院为高级医疗保健网，负责中级医院无法诊治的严重疑难病[29]。家庭医生为管区内的居民定期进行体检，为每个家庭建立一份健康档案，为所负责的每位居民建立健康卡，为每个儿童建立卫生卡，充分掌握每个居民的健康情况。家庭医生诊所和综合诊所医治不了的患者，家庭医生不仅要负责送至上级医院诊治还要跟踪、掌握患者的病情发展配合其治疗[27]。

古巴家庭医生制度的有组织的创新、加强对慢性病防治的管理，都显著降低了"小病变大病"的几率，实现了大部分病人的分流，避免大医院发生拥挤，有效地控制了不必要的住院服务，提高了医疗资源利用率与公平分配，并降低了医疗费用[38]。

6.4.2.5　应对苏联东欧剧变，发展"医疗出口"和"医疗外交"

受苏联东欧剧变的冲击，古巴经济深陷严重危机之中，国家公共卫生预算支出

相应削减，药品、制药原料和医疗器械进口也被压缩，美国的经济封锁升级使进口渠道被堵塞；而且由于食品匮乏，导致居民营养不良，患病的可能性增加。

为应对此困境，20 世纪 90 年代后期，国家对公共卫生项目的预算支出逐年增加。进入 21 世纪，古巴家庭医生已超过 3 万人，做到了使所有社会成员"病有所医"。为进一步改善各种年龄的人的生命质量，2002 年古巴实行一个为期数年的庞大的"非常卫生计划"，使初级医疗保健服务更能为公众所享用，其主要措施有：①加强综合诊所的作用，使其有能力诊断和治疗大部分病症，使多数患者在初级网络范围内得到有效诊治。为此，补齐各区的综合诊所；增加和配齐医疗设备；增加综合诊所的康复、急诊等职能。②进一步提高综合诊所医务人员的医疗水平。为此，开展大规模培训工作，聘请知名专家、教授到综合诊所就地开办提高班，学员也可攻读硕士和博士学位。③改善药品服务质量。针对药品短缺、药品分配中存在的缺乏效率和不规范等问题进行改革，并使药品制造业的结构更加合理。

"非常卫生计划"实施后，综合诊所的医疗能力显著提高，病人在平均 6 km 以内的地方就能得到治疗，其最终目标是使古巴医疗方面达到"世界第一"。

2006 年 7 月 31 日，劳尔·卡斯特罗接手古巴最高领导职务后，要求改变思想以适应新的局面。2009 年 12 月，劳尔在古巴全国人大一次讲话中强调，要根据国家经济的实际状况，来调整卫生和教育方面的开支，要在保证医疗和教育质量的前提下，尽可能地削减或取消不合理的开支。2010 年 12 月 8 日，他指出："多年来，出于社会公正，革命政府采取过分的包办主义、理想主义和平均主义的做法，在广大民众中形成了扎根很深的对社会主义的错误的、站不住脚的观念，必须予以彻底改变。"[39]在 2012 年底劳尔采取的多种"节流"方式中，卫生部门已削减了数百万美元的预算，并且几万名医务工作者被裁员。最近两年，古巴政府本着节约开支、提高效率的原则对本国卫生部门实施必要改革。根据最新统计，古巴两年间一共关闭 465 家医疗机构，总数从 13 203 家缩减至 12 738 家，其中关闭二级医院 54 家、综合诊所 36 家[40]。

国外专家预言，古巴将面临更进一步的削减政策，同时也是在 1959 年革命后又一次社会主义制度的巨大变革。加州大学旧金山分校古巴外交健康计划主管南希·布克就指出："一些数据的公布让我们认识到，医疗保健的概念正在发生着巨大的变化。在劳尔的市场化改革和思想化进程中都提到了这一点。这是一个真正的改变，一个对于医疗保健概念的转变。"美国人口统计学家、《古巴健康改革》的作者塞尔吉奥·迪亚斯·布里克斯也指出："医疗系统花费昂贵是一个全世界普遍存在的现象，然而古巴也许不能像过去承诺的那样，全权负担起这种过于'昂贵'的服务。"[41]

值得注意的是，古巴在对本国经济社会模式进行更新的过程中，其卫生改革不仅注重"节流"，也注重"开源"，努力将医疗卫生服务从单纯的消费性服务变为具有生产性的服务业，为古巴国民经济社会发展作出贡献。另外，古巴注重开展"医疗出口"和"医疗外交"，更引起世界广泛的关注。目前，古巴每年有 3.5 万名医护人员分布在拉美、非洲、亚洲和大洋洲的 66 个国家和地区工作。如今，医疗服务成为古巴最重要的出口"商品"，古巴往发展中国家派出的医务人员相当于西方八国集团派出人数的总和。2006 年，古巴医护人员在国外的医疗服务收入达到 23.12 亿美元，占古巴出口和资本净收入的 28%。其中，古巴与委内瑞拉查韦斯政府的医疗合作规模最大，两国共同推动的"石油换医生计划"最为引人注目。作为回报，委内瑞拉向古巴每天提供 10 万桶低价石油。按 2010 年 2 月价格计算，古巴每年从委内瑞拉得到的低价石油接近 30 亿美元[42]。

6.4.3 古巴绿色医疗实践对我国的启示

通过多年的探索与创新实践，绿色医疗已经在古巴医疗系统扎根。据古巴专家介绍，系统的绿色医疗是一种非常好的医疗方法，并将持续到经济好转，即使美国封锁明天就会消除，古巴可以自由得到药物，绿色医疗仍然将继续保持[31]。尽管受到政治、经济、文化和历史的影响，古巴卫生体系存在一些问题，但其绿色医药的发展经验对于解决我国当前"看病难、看病贵"现象仍有值得借鉴之处。

（1）促进合作，激励生物医药自主创新。我国生物医药技术也处在发展壮大过程中，绿色技术是绿色医疗的关键，政府应当通过适当的引导，强调不同研究参与者之间保持密切联系的重要性。要将各种政治和经济力量拧成一股绳，鼓励研究部门之间进行合作和资源共享，吸引移居国外的专业人员；保证生物技术开发与监督管理齐头并进；发挥人口基数大的影响；注重政府的长远观点和政策连贯性、促进国内一体化。知识产权在刺激生物医药创新方面发挥着重要的作用，创新周期的各个阶段（从基础研究到新产品的发现、开发和推广）知识产权都发挥着不同的作用，因此，政府需重视知识产权保护并建立鼓励新产品研发的资助机制，激励生物医药的研发活动和技术创新。

（2）充分利用传统中医药，推广绿色医药。除了科学和技术力量日益增强外，我国拥有传统医学的大量本土资源、几千年积累下来关于天然绿色产品医药性能的知识以及独特的诊断和治疗体系，它与在西方世界发展起来的"现代"医学有着不同的模式。中医药强调天人合一、整体观念，辨证论治，注重自然与社会环境的影响，心理因素的特点，更加符合绿色医疗的趋势。我们可通过以下几个措施来充分利用中医、推广绿色医药：在安全性和疗效进行严格验证之后，将经科学和临床验证的中药疗法引入市场并进行推广；通过推广传统疗法和传统知识加速新药的开发；关注绿色医药的科学技术、监管、临床试验、技术转让以及知识产权等方面的能力建设问题。

（3）注重基层医疗，探索卫生体系协作机制。初级卫生保健体系不健全是我国医疗服务体系的弊端，缺乏明确的合理的分工与协作机制是我国"看病难、看病贵"、资源浪费与短缺并存的又一个重要原因。具体表现为居民无论小病大病都尽可能地到三级医院就诊，主要原因在于医疗保障体系中缺乏一种古巴式的家庭医生"守门人"制度。政府要立足于现有城乡卫生资源的优化配置，强化基层医疗，加强对社区卫生服务中心（中心村卫生室）的规划建设和投入等，将疾病预防和控制一般常见病与多发病等的诊断与治疗慢性病的管理和康复等任务转到基层医疗卫生机构，使其真正承担起居民健康"守门人"的职责。

（4）注重"医疗出口"和"医疗外交"。古巴近年来的卫生改革不仅注重"节流"，也注重"开源"，通过向国外派出大量医务人员、支援国际合作等方式，将医疗卫生服务从单纯的消费性服务变为具有生产性的服务业，为古巴国民经济和社会发展作出了贡献。古巴通过"医疗出口"和"医疗外交"不仅促进了与受援国之间的关系，提升了国家形象和"软实力"，突破了美国对古巴的长期孤立政策，恢复了与拉美一些亲美国家的外交关系，更为古巴带来了许多急需的外汇收入，从而使其卫生事业在古巴经济社会模式更新中发挥了重要的作用。

古巴以"医疗外交"为利器，积极开展公共外交，拓展外交视域与空间，向他国提供医疗援助和开展医疗合作，其医疗外交的战略重点主要集中在拉美和加勒比地区，并扩展到非洲和亚太国家。古巴的"医疗出口"和"医疗外交"是南南合作方式的有益探索，其实践表明，为解决双边或区域社会问题，发展中国家根据本国资源特点加强以"共赢"为理念的国际合作，是可以促进社会发展和进步的，因而是新时期世界社会主义发展的一条新路向[43]。

总之，借助古巴经验，我们可以从以下几个方面积极推动我国绿色医疗的发展：减少对外医药产品的依赖和促进本地医药产品创新升级；推动在本地基础上的本土创新；尽快实现绿色医疗制度化以及提高普及度；基层医疗卫生体系建设强调以社区为基础的行动、参与和管理；促进传统中医药和西方医学之间的结合；在现有医药卫生改革基础上，通过发展绿色医疗，不断完善中国特色医药卫生体制。

第 **7** 章

绿色医院管理

21 世纪绿色医院发展模式，可以具体化为"绿色环境、绿色服务、绿色管理"三大实践。绿色医院环境的培育与维护、绿色医院服务的提供与改善，都离不开绿色医院管理的创新与发展。"绿色管理"（Green Management）一词是 20 世纪 90 年代初随着西方绿色运动的浪潮，将"绿色"这一修饰语套用到企业经营管理领域而产生的。绿色管理要求企业"适应经济社会可持续发展的要求，把节约自然资源、保护和改善生态环境、有益于消费者和公众身心健康的理念贯穿于经营管理的全过程和各个方面，以实现企业的可持续成长，达到企业经济效益、社会效益、环境保护效益的有机统一"。[1]医院要做到绿色管理，重点是要加强医院管理人员的培训，更新陈旧的管理观念，核心是以人为中心，体现两个方面，一是以病人为中心；二是关心医护工作人员、提高综合医疗服务质量 [2]。因此，必须从管理体制和治理机制两方面推进绿色医院建设。

7.1 绿色医院管理体制

7.1.1 绿色医院管理体制存在的问题

绿色医院建设是我国医院建设的必由之路，社会各相关部门、各医疗机构和与医疗建筑相关的单位部门，应积极支持、参与绿色医院建设，使我国的医院建设提高到一个新的历史水平。然而，当前我国在绿色医院建设的过程中，还存在着多方面的不足，亟待解决。

绿色医院过程中存在的问题主要有以下几个方面：

（1）政府主导力不足。绿色医院建设是一项具有效益外在性的事业，政府应当承担起为绿色医院建设提供良好的社会环境的职责，主导绿色医院管理体制变革。但是，目前在绿色医院管理体制方面，政府的主导力不足。

从管理体制而言，2010年2月23日，卫生部等五部委联合发布《关于公立医院改革试点的指导意见》，选定16个城市作为国家联系指导的公立医院改革试点地区。各试点城市根据当地医疗工作实际，采用了不同的管理体制改革方案，大体可归纳为以下6类[3]：①管理委员会形式。由政府主管领导担任医院管理委员会主任，下设办事机构负责医院日常行政事务。②医院集团化运营形式。③医院管理局形式。由政府成立医院管理机构，承担办医职能。④医院管理/发展中心形式。中心受政府委托，承担建设公立医院的职能，对医院实施监督管理。⑤卫生主管部门主管形式。由卫生局承担具体职责，在内部实行管办分开。⑥医疗机构自主管理形式。卫生部门的管理职责完全交给公立医疗机构，由公立医疗机构实行法人自主权。

总体来说，近年来，我国公立医院管理体制改革取得了一定的成绩。但实事求是地讲，目前我国公立医院管理仍未完全走出计划经济的框架，产成了很多矛盾和问题。例如：政府主管部门的政企不分、管办不分；公立医疗机构缺乏独立的法人自主权；公立医疗机构自身管理水平较低；融资渠道单一，造成医疗费用飞涨、医患关系日益紧张等。

从具体制度而言，我国医疗机构建设缺乏统一规划，没有出台相应的宏观调控政策。导致绝大部分医疗服务资源配置在大中城市中，而小城市及农村地区医疗卫生服务资源稀缺，导致了医疗卫生服务整体效益偏低和不正常的医疗竞争。虽然我国已经放开社会办医限制，但民营医院和合资医院在数量、规模和医疗资源上的巨大差距，使得医疗服务市场发育不健全的现状一直无法改变[4]。

绿色医院建设需要政府通过具体制度来支持，特别是从制度上在经费、设施、宣传、评价考核等方面给予长效保障。"十二五"期间，医改主要聚焦在3个方面，其一即是积极推进公立医院改革。我国公立医院运行现状并不理想，没有能真正实现可持续的运营，仍存在医院成本缺乏控制、人力资源浪费、医院整体管理水平不高、运行效率低下、医疗费用使用不合理、医务工作者激励不足、物资浪费现象严重及使用不合理等诸多管理上与绿色医院理念相悖的问题，需要通过宏观政策引导加强医院内部管理，控制医院运行成本以提高公立医院运行效率。

（2）相关法律不健全。绿色医院法律法规是绿色医院建设的依据。我国绿色医院起步较晚，发展状况也不容乐观。导致管理落后的技术因素和非技术因素都客观存在。新技术、新材料、新配件以及相应的设计都属于技术层面的因素，在市场需求出现的时候必然会相应增加，而立法、政策、标准和管理模式等非技术的因素却更需积极主动地面对和解决。绿色医院相关法律法规的不健全，使得公共医疗卫生服务体系建设处于缺乏法律支持的状态。

中国医院协会组织编制了《绿色医院建筑评价标准》并自 2011 年 7 月起试行，但针对整个绿色医院的评价研究还没有成熟的评估系统。而且，当前绿色医院的推广，缺乏必要的强制性，很多工作都停留在一般的号召上面，远远没有达到实际应该达到或者要求达到的目标。国家对绿色医院建设没有法律层面的要求，对过度医疗消费既没有控管政策，也没有惩罚政策，有关绿色医院发展的实践动力不足。

（3）区域发展不均衡。对于任何公共服务而言，其重点都应当是提高覆盖率，促进均等化、普惠化。目前，全国各地先后有浙江、广西、陕西、太原、深圳等省市提出绿色医院评价的地方标准。山西省太原市在全国首次审定通过地方标准《太原市绿色医院管理规范》（DB14/T510—2008）。绿色医院建筑建设还有赖于国民经济的发展和国民总体素质的提高，许多地方特别是中西部地区的许多医院信息化程度不高，智能化系统不完善，这些因素都阻碍了绿色医院建设的全面推进。

（4）节能减排政策不明晰。绿色医院建设是基于全球环保共识和我国节能减排基本国策下的具体表现。由发改委牵头，卫生行政部门配合针对于公立医院节能改造的试点工作正在全国范围内广泛进行，试图以点带面，将具体能源改造措施做成本效益分析后探索推广。目前，我国已经出台《中华人民共和国可再生能源法（修正案）》等能源法律；中国政府关于哥本哈根气候变化会议的立场业已表明；对于部分产业和产品的节能降耗方案，诸如汽车产业、装备制造业、高耗能特种设备、交流接触器效率标识、海上风力发电等已经颁布配套文件进行指导。反观医疗卫生系统，由于牵涉面广、服务人群特殊、改造复杂等因素，目前尚未有相关政策出台，也给医院管理者带来了困惑。

7.1.2　推进绿色医院管理体制改革

鉴于以上绿色医院建设过程中客观存在的管理体制层面的诸多问题，实现绿色医院建设的目标将会遇到极大的挑战。因此，绿色医院管理体制改革需要一整套政策和实践相配合。在推进绿色医院建设过程中，应特别注意两个方面的问题：一是动因，医院绿色发展不能只是简单的跟随潮流，而应该以维护和增进全体人民健康、提升服务质量、促进医院持续发展为宗旨，不能一哄而上，与政绩挂钩，华而不实，从而造成巨大浪费；二是路径，以政府为主导、合作参与的发展思路，需要提出系统性的推进政策，促进绿色发展的动力，加强地方体制建设[5]。因此，要从以下方面着手推进绿色医院管理体制改革。

（1）推进政府主导作用。积极将绿色医院建设纳入社会建设规划中，加强沟通协调，推进政府主导、部门协同和全社会共同参与的绿色医院管理格局的形成。发挥公共财政的主导作用，建立绿色医院建设保障机制，将绿色医院建设预算纳入各级政府财政预算中，同时要在财政、税收、金融等方面给予政策支持。建立绿色医院管理标准和指标体系，推进全民绿色医院建设的规范化、标准化、精细化。健全绿色医院服务体系建设评价考核机制，逐步形成客观公正、多方参与、激励先进的评价考核制度，推动绿色医院管理体系建设。

（2）以绿色医院建设作为医院改革的导向。我国医院的绿色发展还处于起步阶段，应从战略高度出发，做好顶层设计，加快推进绿色医院的发展。领导层上越是重视，越是从政策层面大力推进绿色发展，绿色发展的公信力就越高[6]，因此，必须明确绿色发展在医院改革中的战略地位，给予其政策性保障，充分发挥其在运行机制改革与维护公益性等战略目标中的作用。政府与公立医院的财务关系该如何界定、有怎样的规则，是涉及公立医院最为重要的政府改革事项之一，但如果利益相关方关心的只是政府砸不砸钱，而不是规则的改变，这样就搞偏了改革的重点。如果规则不变，医院经营机制、管理方式不变，政府砸钱的过程，就会变成老百姓的纳税钱打水漂的过程[7]。因此，在政策制定与工作安排中，一方面，政府与卫生部门应运用各种管理手段，落实宏观调控在医院绿色发展中的作用。另一方面，强化医院自身在推动绿色发展中的责任和义务，不断完善法制与监督机制，坚持把完善体制机制、加强能力建设作为推进绿色医院的基本保障；综合运用有效的激励、约束手段充分调动医院的积极性，引导医院主动承担相关社会责任。

（3）制定推进绿色医院建设相关政策。卫生政策在引导医院绿色发展中的重要作用是毋庸置疑的。政府与卫生部门可针对绿色医院发展出台更多的鼓励和扶持政策，通过发布绿色医院相关指引性文件，建立绿色医院的规制与管理策略，在资源配置上优先向绿色医院倾斜，引导医院从战略层面认识到推进绿色发展的重大意义，自觉引入绿色理念，将绿色医院作为医院发展的长期发展战略，全面指导自身管理活动。一方面，坚持以绿色发展为导向，根据国家环保法律政策、卫生政策、绿色医院评价标准等规定，结合医院发展战略和发展特点，制定并完善绿色医院发展策略。另一方面，加强对绿色医院各个流程和环节的管理与严格考核，推动绿色医院发展的落实，提高绿色医院发展政策的执行力。

（4）制定绿色医院发展的激励约束机制。医院绿色发展离不开切实到位的激励、约束机制。恰当的、宏观层面的整个医疗系统对医疗服务机构的激励机制，可以引导培养合理有效的医疗行为方式，形成一个架构科学、良性发展的医疗服务体系[8]。因此，鼓励性的、补贴性的政策是必不可少的，可降低开展绿色医院建设的成本，提高医院的积极性，促进绿色医院长期发展。因此，要真正达到显著的效果，仅仅是"绿色烟雾"是不够的，还应包括一些表达明确的绿色项目概念、项目正面效益的目标、与其他相比这些项目的相对价值[9]。我国现行绿色医院政策与评价标准尚不完备，缺乏强有力的法律制约和详细、统一的规范标准，导致不同医院和不同地区医院绿色发展存在较大差异，严重制约了医院的绿色发展和功效的发挥。医院监管部门应强化现有政策的执行力度，统一和完善绿色医院监管体系，引入并完善绿色医院评估规范，结合本土实际，为医院绿色发展增添动力。

（5）发展绿色医院文化。就大多数公立医院而言，一般认为，我国公立医院投入严重不足。但如果认为唯有增加政府投入，公立医院才能实现公益性，这种观点又是不正确的。医院应深刻认识到，医院自身的绿色发展对实现公益性、解决医患关系紧张、控制医疗费用的重要性，应充分认识到医院环境与医疗建筑对周围环境的影响，将加快医院改革发展与履行社会责任结合起来，培育、倡导绿色发展理念，建设绿色医院文化，推动公立医院公益性回归。

绿色医院文化的内容主要包括：将绿色发展理念融入医院经营管理的各个环节之中，建立有助于促进绿色医院发展和创新的工作机制，根据自身发展方向与发展规模，制定有利于绿色医院业务开展的激励、约束和考核机制，在医院内部营造开展绿色医院活动的良好氛围等。

（6）创造绿色医院建设的社会环境。为了积极推动绿色医院的健康快速发展，需要创造一个没有污染的绿色社会环境和氛围。以往，医院在经营与诊疗互动展开的过程中，会有一些不正当的行为与不合理的现象，如果这些成为一种社会风气，就会影响医院功能的正常发挥，医院就可能不是从需求的角度考虑病人的实际需要。因此，倡议坚决反对和抵制各种破坏医院绿色发展的不正当行为，提倡医疗服务的绿色消费，使有限的卫生资源真正用在刀刃上，减少不必要的、无谓的浪费，为绿色医院创造一个绿色的、没有腐化污浊的社会氛围。

当前，日益严峻的医患关系挫伤了医务人员的工作积极性，必须让医务人员有尊严地获得与他们劳动付出相匹配的报酬。如今，人们经常议论、宣传甚至炒作医患矛盾问题，人们认识到，医患关系紧张与一些媒体的炒作不无关系。炒作有两类，一类是近似学术观点的讨论，并不会引起很大的误会，另一类则带有商业动机，往往造成误导。央视今年4月26日《焦点访谈》播出的《"标题党"制造的新闻》：病人欠下5万元的手术费用，颅骨被取下来一年多的时间没有人来安装。当这样的一条标题出现在网络上的时候，在很短的时间，变为了网友热议的一个话题。"欠手术费用，颅骨被取下来，没有人来安装"，极大地刺激人们关心医患关系的那根非常敏感的神经。实际上，这是一篇呼吁献爱心的报道，本来是医生护士救死扶伤高度负责，患者转危为安，家属感恩戴德。但一些网站偏要为这新闻起上一个意思相反的标题，来博取更高的关注和更高的点击率，而对于由此带来的恶果却完全不顾。本来医院在救助病人的过程中是尽心尽力的，看到网站的一些"标题党"把这东西转成医院不负责任，医护人员心里是很凉的。如果再这样下去，在目前医患关系非常紧张的情况下，这种断章取义误导误传，医患关系会雪上加霜。"标题党"所为，显然是有意歪曲事实，误导公众。在净化网络空间的今天，对这些"标题党"应该好好管一管。新闻媒体等舆论渠道的相关人士应当谨记：要从人民的立场出发，想人民之所想，急人民之所急，以更为公正、全面的立场，对医疗新闻事件、医疗纠纷与冲突进行客观的报道与评论，只有真正为患者的利益着想，才会少一些炒作和误导。对长期十分封闭的医疗界而言，也应主动与新闻媒体沟通，从而确保新闻报道的全面和公正，以减少医患纠纷冲突的发生。

7.2 绿色医院运行机制

7.2.1 绿色医院运行管理

　　绿色医院建设首先要求在医院建筑方面是"绿色"的。绿色医院建筑是绿色医院建设的基础，这也是美国医疗行业率先从绿色建筑评价体系 LEED^{TM} 汲取和修改条款，制定 GGHC 评价标准的原因。然而，GGHC 从一开始就不同于 LEED^{TM}，一个完整的 GGHC 评价体系包括建造和运行两个部分。对医疗机构而言，良好的运行维护对医疗环境和患者的健康有着更为重要和直接的影响，特别是在和患者健康密切相关的医疗设施的管理上更是如此，而且运行管理部分的条款在最新的 GGHCV2. 2-Ops-08Rev 版本中又进行了大量的修改和增加[10]。中国医院协会制定的《绿色医院建筑评价标准》也分为设计和运行两部分，条款涉及基于安全、合理、节约、适用、高效原则的医疗建筑运行管理有 22 项（占 18%）。由此可见，绿色医院建设除了医疗建筑要符合绿色标准外，还离不开良好的运行管理。在医院基本建设完成后，日常的运行管理是绿色医院建设的重要保障[11]。因此，一所医院的良好运行与科学管理，是其可持续发展的根本保证，在具备各种条件的基础上，运行管理是关键。绿色医院运行管理的本质应是，低成本、高效益，低投入、高产出，低排放、高效能，充分保障以医疗为中心的各项医疗工作与患者就医生活的需求与医院的可持续发展。

7.2.1.1 绿色医院运行管理机制创建路径[12]

　　（1）健全管理机构。运行管理机构管理的主体是人，缺乏管理的主体，即执行者，就无从实现管理。因此，健全管理机构是绿色医院创建的切入点。

　　☞ 成立绿色医院创建领导小组：绿色医院的创建是全方位的医院建设，是一项系统工程，涉及医院的方方面面，需要各个部门、全体员工共同努力、协调一致才能实现目标。因此，医院首先要成立创建工作领导小组，并由医院主要负责人亲自挂帅，加强对创建工作各环节和重要事项的部署、落实和检查督促。创建工作领导小组成员要积极参加环保和卫生管理部门组织的专业培训，熟悉环保法律法规，以便更好地负责指导本院的创建工作。

☞ 理顺运行机制，明确责任主体：医院要以满足绿色医院创建的要求作为出发点，在理顺内部运行机制的基础上，将机构设置、岗位设置与职责划分相对应，进一步完善机构人员配置，保证创建工作有机构承担，有人员负责。同时，将绿色医院的创建计划纳入医院正常工作日程，并及时检查落实各责任主体组织实施的情况。另外，医院还应为各责任主体提供必要的经费保障和技术支持，以保证创建工作顺利进行。

（2）完善相关管理制度。

☞ 绿化制度：医院要因地制宜，凡能绿化的地方都尽量栽上花木，做到见缝插针，力争可绿化地达到100%的覆盖率，并尽可能采用立体绿化手段，对花台、花圃绿地进行合理规划，努力营造"医院在林中，林中有医院"的意境。在管理制度方面，要求绿化养护人员定期翻土、施肥、补栽、补种、剪枝、打杈、除杂草、杀虫害，使植物正常生长，绿地整洁、美观；经常更换时令花卉，保持四季有花；做到经常巡视绿地区域，及时制止破坏绿化的行为。

☞ 污染防治制度：医疗活动中会产生大量的医疗废弃物，如手术包扎残余物、一次性塑料注射器、输液器、输血管、生物培养残余物、动物实验残余物、化验检查残余物、废药品，等等，这些医疗废弃物中含有大量病菌，如果处置不当，很可能成为疾病流行的源头。绿色医院的一项主要内容就是控制这些医疗废弃物，进行零污染化处理。为此，要建立一整套废气、废水、废渣及危险废物的管理制度以及污染防治操作规程与应急反应程序，尤其是要建立医疗废弃物与生活垃圾独立收集、分别处理的系统。如医院各诊室的垃圾暂存袋可分为不同颜色，分别代表污染性、传染性和生活性垃圾，并且日产日清，医疗废弃物在指定地点进行处理，一次性用品在指定地点进行回收。对产生的医疗废水、废气要进行相应的处理，做到达标排放，不对周边环境及居民生活产生影响。

☞ 节能降耗制度：节约型医院是绿色医院内涵的一个重要方面。绿色医院创建工作中积极倡导建设节约型医院。医院应尽可能选用节能低耗的环保型办公及医疗设备，在节水、节电、节油等方面措施得力，如废水回用、安装节水装置、使用节能照明器等，并定期考核评价。节约纸张等办公用品，提倡再生纸或纸张双面的使用。同时，充分运用计算机、网络等现代信息技术，实现办公自动化、无纸化。降低病房用品的消耗量，减少一次性用品使用量。

（3）强化环保意识。

☞ 加强环境保护教育：医院员工是医院建设的主体，其环境保护意识是绿色医院创建的关键。为强化全体员工的环境保护意识，提高环保素质，医院要有计划和针对性地做好经常性环境宣传工作，建立宣传阵地，努力营造"人人参与、人人响应"的良好氛围。例如，充分利用主要通道和宣传橱窗、宣传栏的窗口作用，广泛宣传创建绿色医院的目的、意义和要求，通过讲座、培训等多种形式讲解绿色医院、保护生态环境的有关知识，并配备环保书籍、报刊及声像等资料，从而使全体员工对绿色医院的创建有一个全面而感性的认识。

☞ 开展环保活动：医院应定期或不定期地组织开展形式多样、内容丰富的环境保护公益活动，如举办环保知识竞赛，参与社区环境建设，进行环境污染实地考察调研等。通过这些活动，使员工深刻体会到环境污染产生的巨大威胁和环境治理的必要性、迫切性、艰巨性，进一步增强员工的环保意识，树立牢固的环保责任感和环保使命感，并把环境保护思想融入本职工作中。

7.2.1.2 绿色医院运行管理机制创建要点

（1）建立绿色全面预算管理。我国公立医院普遍存在预算管理意识淡薄、预算内容不完整、预算编制方法不科学、预算执行软约束、预算考核缺失等问题，使得许多不合理的收支合理化，造成资源浪费。因此，医院要实行绿色全面预算管理。绿色全面预算管理制度包括预算编制、审批、执行、调整、决算、分析和考核等制度，增强预算监督评价的可行性和科学性。具体思路如下：①建立全面预算管理组织体系。医院所有部门都参与到预算管理中来建立预算管理组织体系。②建立平衡计分卡考核体系。预算考核关系到整个预算管理的执行力与约束力，平衡计分卡从财务、客户、内部流程和学习与成长4个方面设计指标，对绩效进行财务和非财务方面的综合评价，将公立医院长期与短期目标、外部与内部协调、结果与过程管理有机地结合起来，促进公立医院的长期发展。③培育预算管理文化。全面预算涉及各个部门的责权利关系，其顺利进行有赖于部门负责人的贯彻执行和全院思想认识的统一，要培养出全员主动参与的文化氛围，产生持续的竞争优势。④完善预算管理信息系统。绿色预算管理强调因地制宜。公立医院需结合自身预算管理需要,自行或联合开发预算管理软件,实现预算数据的自动收集、存储及分析,为全面预算管理的实行奠定基础[13]。

(2)积极推行绿色成本核算。要注重加强科学合理的成本分析。成本分析的意义是通过分析成本揭示成本消耗现状,认识成本变动规律,寻求成本控制途径,努力降低医疗服务成本,提高医院的社会效益和经济效益,促使医院走优质、高效、低耗的可持续发展之路。通过成本核算报表、经营分析评价指标所反映的成本信息得出的分析报告,以及提出的有效管理和控制成本的合理化建议,帮助医院管理者了解医院整体运营情况、做出相应决策,提高医院管理水平。

绿色医院管理要求医院积极推行绿色成本核算机制建设,促进医院高效低耗运行。应通过建立成本核算管理系统,有效利用资源,不断降低运行成本,更好地为病人提供优质高效、费用合理的医疗服务,提高医院综合实力,增强可持续发展能力。搞好医院绿色成本核算,要建立健全完善的核算系统,达到"全过程、全要素、实时、可视、可控、准确"反映医院物流、财流、信息流的运行状况。

- ☞ "全过程":就是要使成本核算流程包含医院运行中所有的收入、成本数据发生的起始点、中间阶段及终止点的整个生命周期。

- ☞ "全要素":就是要达到成本核算的对象应包括医院运行中所有的收入、成本构成单元,范围涵盖面最大化。

- ☞ "实时":就是应做到数据统计、传输、展现的及时性。

- ☞ "可视":就是成本核算的过程、结果都可以在系统终端按权限进行查询浏览,实行信息导航。

- ☞ "可控":即应通过成本核算系统,达到对医院经济运行的流程、走向进行调控,小到对每一个核算单元及收入、成本数据发生点根据需要进行调整。

- ☞ "准确":即指所产生的数据由人为统计报送改为系统自动采集,尽量减少人为因素的干扰,确保数据的真实性。

目前,多数医院并没有真正意义上的绿色成本核算。医院应设立绿色的统计与考核指标,建立"绿色成本核算体系",增加一些诸如单位收入能源消耗、污染物的排放量、绿化率、医疗纠纷次数等在内的有关绿色医院的约束性指标。推行绿色成本核算,将使医院的整体资源真正做到走优质高效低耗的质量效益型发展道路。通过计算机网络采集传输设备使用相关数据,统计当前各种医疗设备的使用情况,通过计算机网络化的管理，合理采购设备，提高设备使用率，降低单位成本，减少管理资源的消耗。总之，绿色成本核算是医院经济管理的一种新方法，医院可以按照绿色成本核算的要求规范医院的收支、结余，进行医院管理堵塞漏洞、增加收入、降低成本，最终提高医院的整体效益[14]。

（3）健全绿色医院绩效管理机制。医院内部管理水平的高低直接影响医院整体运作和经营效率。绿色医院要制定目标管理机制，引导医院向绿色方向发展，建立相应的监管机制，促进医院绿色技术的引进。绿色决策机制有利于医院在实施整体战略规划的同时避免盲目投资、节约经营成本、提高资金使用效率。规模扩张应以区域卫生规划的宏观战略部署为指导，以满足所在区域人群健康需求为中心，通过经济、行政等多种手段监督管理防止医院盲目扩张，对公立医院的建设规模、标准、贷款行为进行严格控制与管理，严格控制医院建设规模，确保公立医院的规模和建设标准与当地社会经济发展水平相适应[15]。

目前，公立医院实行的绩效工资制度，存在工资水平较低、奖励工资有限和激励作用不大等问题。医疗机构要引入多维绩效评估方法，可增加公众对医院绩效考核评价的话语权，实现内部评估与外部评估相结合。建立体现医务劳动价值的工资制度，让医务人员有尊严地获得与其付出的劳动相匹配的工资。要根据各级各类医疗机构的具体情况、因院制宜地增加奖励工资，缩小医务劳动价值与医疗技术价格的反差，提高诊疗费、手术费、护理费的技术价格，合理增加收入。

（4）制定绿色医院评价指标体系。绿色医院运行的评价需要建立一套科学合理的指标体系，主要包括高效医疗、人力和资产效率、高效后勤 3 个方面。高效医疗的评价指标覆盖医疗质量、安全便捷的医疗服务、医疗费用和运行成本控制、提高医疗资源运行效率等方面，要在确保医疗质量前提的基础上工作效率有效提高；人力和资产效率的评价指标包括人员的有效管理和成本控制、资产的有效和安全管理、提高人力和资产运行效率等，通过对人员有效管理、资本和设备的充分利用达到提高医疗质量和效率的目的；高效后勤的评价指标包括后勤科学与安全运行管理、低碳环保管理、提供优质便捷和人性化的后勤服务、后勤运行成本控制、提高后勤运行效率等方面。

（5）抓好基础能源计量分析，发展合同能源管理。要搞好医院设施设备的管理，力求实现医院设备管理智能化，楼宇管理网络化，物流传输管道化等。通过对水、电、天然气、热源等实行独立分级计量，利用智能化手段进行各系统运行状况的数据计量，确保能耗资料完整翔实，以及对其他物资消耗的全方位统计，为医院管理者和科室提供床均、人均能源和财物消耗等分析数据，以达到提高使用效率、节能降耗的目的。

节能管理是绿色医院高效运行重要衡量指标之一。合同能源管理作为目前比较流行的节能降耗模式，在医院也有实践基础。合同能源管理是一种新型的市场化运作节能机制，即节能服务公司和客户以契约的形式，对节能项目约定节能目标和商业运作模式，并主要通过以节省能源费用或节能量，支付项目成本取得收益的一种投资经营方式[16]。合同能源管理模式分为节能效益分享型、节能量保证型、能源托管型。对于改造型绿色医院建设而言，在财力有限的前提下，合同能源管理是一种有效的改良型推进模式。医院中最先采用合同能源管理模式进行节能改造的是能耗计量比较直接、节能量计算确切、效益投资比大及资金回收期短的用能设备，如照明系统、锅炉、电梯、太阳能供热系统等，往往由设备生产商（销售商）直接和医院签订能源管理合同，合作方式以节能效益分享型居多，按照投资大小成本回收周期约定双方节能效益的分配。

合同能源管理作为国家倡导的一种新兴的市场化的能源管理模式，在医院后勤节能管理中的应用尚不多见，如何有效地开展合同能源管理，并与医院后勤社会化、专业化管理相结合，是实现绿色医院高效后勤能源管理的重要途径[17]。对于改造型绿色医院建设而言，在目前时间紧迫、财力有限的前提下，合同能源管理是一种有效的改良型推进模式。而其中能源托管型是最贴近绿色医院建设标准要求的方式，但在国内未积极开展，值得研究与实践。

7.2.1.3 绿色医院运行评价指标体系

2010 年以来，国内学者在讨论绿色医院建设标准时提出，绿色医院评价指标体系不仅包括绿色医院建筑，还应包括绿色医疗和绿色运营或管理。那么，什么才是绿色运营或管理？综合文献描述，其内涵有科学规范、高效低耗、成本核算、节能环保、智能化建设、持续改进等概念，但尚未见系统的阐述和明确的定义。2011年受中国医院协会委托，上海部分市级医院专家成立了《绿色医院高效运行评价标准》编制组（以下简称"编制组"），就绿色医院运行管理提出了高效运行的概念[18]。编制组认为，医院不仅要提供安全、优质的医疗服务，还应注重运行效率、降低成本、资源节约和低碳环保，并始终将可持续发展的理念贯穿于整个医院运行管理过程之中，安全、高效、低碳的医院运行是绿色医院可持续发展的重要保障。随着中共中央、国务院关于深化医药卫生体制改革、推进公立医院改革试点工作的不断深入，绿色医院的运行管理还应符合深化医药卫生体制改革总体目标的要求，为群众提供安全、有效、方便、价廉的医疗卫生服务，在医疗服务、人力资源与资产利用、后勤保障方面做到全方位的高效运行。

因此，绿色医院高效运行，是指绿色医院具备高效的工作和服务能力，是建立区域协同医疗，具备与星级服务相匹配的医疗手段、救治效率和处理突发医疗事件的能力，包括医院的功能模式、资源配置（人、设施）、流程体系、洁污组织、信息模块（包括医院管理系统、能耗管理系统、智能化系统、消防系统）和医院标识等多领域的整合，以提高实现病患和医护的就诊和救治效率[19]。绿色医院高效运行是指医院通过绩效管理和成本控制，使医院的医疗服务、人力资源、资产利用、后勤保障等运行效率持续提高，从而达到舒适便捷、低碳环保、高效安全的目标。关于上述定义，需要做以下说明。

（1）绿色医院高效运行的最终目标是为了病人，医院应始终坚持以病人为中心，关注病患的安全和感受。高效是建立在安全、满意基础上的高效，是在确保医疗质量前提下工作效率的有效提高[20]，而非盲目地追求效率。

（2）绿色医院高效运行突出的是环保、效率和质量的协调统一。"环保"主要包括减少能耗、节约资源和降低污染；"效率"主要包括优化的流程设计、有效的时间安排和合理的成本控制；"质量"主要包括优质的医疗服务、安全便捷的处置和健康舒适的环境。

（3）绿色医院高效运行的内容涵盖医疗服务、人力资源和资产、后勤保障3个涉及医院运营管理的主要方面。高效医疗是指医院在保证医疗质量与安全的前提下，为就医者提供便捷的医疗服务并关注在医疗活动中控制医疗费用和医院内部运行成本，提高医疗资源的运行效率。人力和资产效率是指医院在运行过程中，通过对人员的有效管理，资产和设备的充分利用，从而达到提高医疗质量和效率的目的。高效后勤是指运用现代技术，通过科学管理，有效控制后勤运行成本，提高后勤运行效率，提供优质、便捷和人性化的后勤服务，实现医院安全高效运行的目标。

（4）绿色医院高效运行需要通过良好的绩效管理和成本控制来实现。随着国务院医改文件的下发和公立医院改革试点工作的推进，有关医院绩效管理、成本核算和成本控制的理论与实践越来越受到国内医院管理者们的重视。有学者指出，我国公立医院运行现状并不理想，未能真正实现健康、可持续的良性运营，存在人力资源浪费、医院成本控制乏力、资金使用缺少论证和评估、医院整体管理水平不高、运行效率低下、医疗费用使用不合理、医务工作者激励不足以及物资采购成本过高、物资浪费现象严重及使用不合理等诸多管理上的问题，需要通过加强医院精细化管理，有效控制医院运行成本以提高公立医院运行效率。

在新医改背景下，如何强化以绩效管理为基础的公立医院内部管理以及成本控制工作，国内医院和办医机构做了许多积极而有益的探索。上海申康医院发展中心从 2006 年起对所属 23 家三级公立医院开展了包括社会满意、管理有效、资产运营、发展持续和职工满意 5 个方面定量指标和平安建设、办院方向定性评价在内的院长绩效评价工作，上海复旦大学对医院效益、负债、营运、成本指标进行了研究。高录涛[21]等提出了包括人力资源配置、设备使用效率、就医流程优化、床位调配管理机制在内的全成本核算与管理办法。这些探索提示我们，绿色医院高效运行的目标、实施途径与新医改对公立医院的要求是契合的。

（5）绿色医院高效运行还应注重过程管理和持续改善，其评价着重考察：①有无制度及程序；②有无落实及监督；③有无结果的评价；④有无在实践中运用评估结果；⑤有无持续改进的措施并予以实施。

因此，绿色医院高效运行的评价，需要建立一套科学、合理的指标体系。编制组在考虑绿色医院高效运行评价指标的制定和遴选时，遵循了以下几项原则：

（1）科学性原则。评价指标的设立应建立在现有且成熟的医院评价指标体系的基础上。编制组认为，目前有关医院的管理要求已经比较全面，包括相关卫生法律法规、等级医院评审、大型医院巡查、卫生部"三好一满意"活动等，现有的要求中符合高效运行的指标要纳入，并运用文献法和专家咨询法对指标进行反复筛选。

（2）导向性原则。评价指标应对绿色医院高效运行管理起到指导和规范的作用，以符合绿色医院建设目标。

（3）可比性原则。评价指标要便于同级同类医院之间进行横向比较和自身前后的纵向比较，以利于持续改进。

（4）可操作性原则。指在满足评价目的需要的前提下，评价指标在设计时概念要清晰，表达方式简单易懂，相关数据易于采集，计算公式科学合理，评价过程简单，以利于掌握和操作，利于降低成本和提高管理的时效性。高效运行初定评价指标不宜过多，同时引入星级概念，要让医院有参与的积极性。

（5）高效原则。评价指标应涵盖医院运营管理的主要方面，突出关键运行环节的高效性。

（6）定量与定性相结合的原则。评价指标应尽可能量化，并辅以定性指标进行补充，有利于更为全面地进行评价。

《绿色医院高效运行评价标准》包括总则、术语、基本规定、高效医疗（医疗服务、成本控制、运行效率）、人力和资产效率（人力效率、资产效率、设备效率）、高效后勤（科学管理、高效运行、优质服务）6 个部分。具体指标分为控制项、一般项和优选项 3 类。其中，控制项为评选绿色医院高效运行的必备条款；一般项是在必备条款的基础上对医院高效运行提出的扩展要求；优选项主要指实现难度大、指标要求高的项目。对同一对象，可根据需要分别提出对应于控制项、一般项和优选项的指标要求。

绿色医院高效运行按满足《标准》中控制项、一般项和优选项的程度，划分为 3 个等级。在满足所有控制项要求的前提下，可评为"★★★"级；在"★★★"级的基础上，满足一般项中 90%指标要求的可评为"★★★★"级；在"★★★★"级的基础上，满足优选项中 90%指标要求的可评为"★★★★★"级。

对医院高效运行进行评价，原则上以投入运营一年以上并以医院为单位。

围绕绿色医院高效运行评价的 3 个方面（高效医疗、人力和资产效率、高效后勤），以及所要达到的舒适便捷、低碳环保、高效安全的目标，经过编制组反复讨论和筛选，初步拟定了 73 项指标，指标分布如表 7-1 所示。

表 7-1　绿色医院高效运行 3 方面指标分布

方面	控制项/项	一般项/项	优选项/项	合计/项
高效医疗	7	7	8	22
人力和资产效率	6	7	9	22
高效后勤	12	7	10	29
合计/项	25	21	27	73

其中，高效医疗的评价指标覆盖了医疗质量与安全、便捷医疗服务、医疗费用和运行成本控制、提高医疗资源运行效率等方面。人力和资产效率的评价指标覆盖了人员的有效管理与成本控制、资产的有效和安全管理、提高人力和资产运行效率等方面。高效后勤的评价指标覆盖了后勤科学与安全运行管理、低碳环保管理、提供优质、便捷和人性化的后勤服务、后勤运行成本控制、提高后勤运行效率等方面。

当然，上述绿色医院高效运行评价标准需要广泛征求和汇集国内专家的意见，在此基础上进一步讨论、完善和提升，进而纳入全国性的绿色医院建设指导意见。在具体指标的选择方面，还需要考虑如何不与绿色医院建筑、绿色医疗重复，如何与现有的医院等级评审等卫生行政部门规范标准要求相衔接。但毋庸置疑的是，绿色医院高效运行评价作为绿色医院评价体系不可分割的重要组成部分，必将有力促使医院运营管理效率进一步提升、成本得到有效控制、资源和能耗使用更为节约，推动医院朝着可持续发展的绿色医院方向前进。

7.2.2 急诊绿色通道的管理

医院急诊绿色通道运行管理状况如何，直接关系到人民群众的生命安全和医院的社会声誉，因而是绿色医院建设的关键节点。急诊绿色通道是指医院为各类急危重症患者建立的快速、高效的服务系统，包括急诊预检、抢救室、手术室、急诊重症监护室、药房、血库、体液检验、超声影像学检查等[22]。

7.2.2.1 急诊绿色通道的管理范畴

需要进入急诊绿色通道的患者是指在短时间内发病，所患疾病可能在短时间内（<6 小时）危及生命的急危重症患者。①急性创伤引起的内脏破裂出血、严重颅脑出血、高压性气胸、急性心力衰竭、急性脑卒中、急性颅脑损伤、急性呼吸衰竭等重点病种。②气道异物或梗阻、急性中毒、电击伤、溺水等；③急性冠脉综合征、急性肺水肿、急性肺栓塞、大咯血、休克、严重哮喘持续状态、消化道大出血、急性脑血管意外、昏迷、重症酮症酸中毒、甲亢危象等；④宫外孕大出血、产科大出血等；⑤消化性溃疡穿孔、急性肠梗阻等急腹症；⑥其他严重创伤或危及患者生命的疾病；⑦就诊时无姓名（不知姓名）、无家属、无治疗经费的"三无"人员也在绿色通道管理范畴内。

7.2.2.2 急诊绿色通道运行原则

（1）先抢救生命，后办理相关手续。

（2）全程陪护，优先畅通。

7.2.2.3 急诊抢救绿色通道的管理流程

（1）院前急救。现场进行必要的处理，尽快转运回医院，在转运过程中告知医院要求会诊的医生、仪器设备、药物的准备。

（2）院内抢救。①病人到达急诊科，医护人员应立即给予及时处理。②首诊医生询问病史、查体、迅速判断影响生命的主要因素，按照医嘱制度，规范下达医嘱。③会诊医生在到达急诊科进行会诊时，应详细了解病情、认真查体，并制定会诊处理意见，病人需转科诊治时，及时转科治疗。④经外科医生评估，病情危重，需要紧急施行抢救手术时，应快速做好术前准备，尽早实施手术。⑤多发性损伤或多脏器病变等特殊病人，必要时请示医务科、总值班、带班院领导及时组织多学科会诊，根据会诊意见，有可能威胁到病人生命最主要的疾病所属专业科室接收病人，并负责组织抢救。⑥急性危重病人的诊断、检查、治疗、转运在医护人员的监护下进行。

7.2.2.4 门诊抢救绿色通道

门诊需要抢救病人，由首诊医生和门诊护士负责现场抢救，同时应立即通知急诊科和相关科室会诊协助救治。

首诊医生在交接病人时要及时完成门诊抢救病历，与接收医生进行交接。

7.2.2.5 急诊绿色通道的要求

（1）急诊科入口通畅，有救护车出入通道和专用停车位，有醒目的路标和标识。

（2）进入急诊绿色通道的患者必须符合本制度所规定的情况。

（3）执行急诊与住院连贯的服务流程，收住院科室不得以任何理由拒收。①医院凡已设置的临床内科、外科专业科室均应提供"24 小时×7 天"连贯不间断的急诊服务。②药学、医学影像（普通放射、CT、MRI、超声等）、临床检验、输血、介入诊疗部门应提供"24 小时×7 天"连贯不间断的急诊服务。③进入绿色通道的病人医学检查结果报告时限：病人到达医学影像科后，急诊平片、CT 报告时限≤30 min；超声 30 min 内出具检查结果报告（可以是口头报告）；急诊检验报告时限，临检项目≤30 min 出报告；生化、免疫项目≤2 h 出报告；执行危急值报告制度。④医疗器械部门及保障部门应提供"24 小时×7 天"连贯不间断的抢救设备、后勤保障支持服务。

（4）在确定患者进入绿色通道后，需要相关科室会诊时，相应专业医师接到会诊通知后在 10 min 内到达现场，如有医疗工作暂不能离开者，要指派本专业有相应资质的医师前往。

（5）药学部门在接到处方后优先配药发药。

（6）手术室在接到手术通知后，要尽快做好手术前的准备工作，麻醉医师进行麻醉评估并制定麻醉方案，急诊手术要尽快实施。

（7）在急诊抢救的诊疗过程中，充分履行告知义务，严格执行《知情同意制度》。

7.2.3　绿色医院物流管理

医院的物流资源主要包括人力、物资资源，医院绿色物流管理是绿色医院运行的重要内容。但医院绿色物流研究作为绿色物流和医院物流系统研究的交叉课题，还没有相关的研究文献，可以说是一个有助于医院物流良性发展的新型课题[23]。

7.2.3.1　医院绿色物流概念

根据《中华人民共和国国家标准物流术语》（GB/T 18354—2001），绿色物流是指在物流过程中抑制物流对环境造成危害的同时，实现对物流环境的净化，使物流资源得到最充分利用。医院绿色物流是将绿色物流理论和方法应用到医院物流系统的改进过程中，使医院物流系统各个环节都能够满足绿色物流对净化环境和节约资源、能源的要求。简单地讲，医院绿色物流的概念可以归纳为在医院的物流过程中抑制物流对环境造成危害的同时，实现对物流环境的净化，使物流资源得到最充分利用。

医院的物流环境是医院物流相关作业环节所处的环境，可以划分为包装、运输、装卸、仓储和流通加工等功能环节所处的环境；采购、分配、逆向物流及废弃物物流等流通环节所处的环境；也可以划分为建筑环境、设施设备环境、人才环境、财力环境等内部环境，交通环境、政策环境、科技环境、社会监督等外部环境。

医院绿色物流系统基于医院物流和绿色物流系统理论建立，其系统运行模式和管理组织结构设计是在遵循绿色物流保护环境和节约资源的理念基础上，对医院物流系统进行优化设计的第一步，引领着医院绿色物流系统发展的方向，并能最终决定运行效果。

7.2.3.2　医院绿色物流系统运行模式设计

医院绿色物流系统运行模式设计应尽量遵循循环物流的减量化、再利用和再循环原则，需要供应链上下游企业的共同努力，以实现整个供应链上的物流绿色化。同时，医院物流系统主要包括产品流程的供应、分配、回收和废弃物处理4个环节，各环节均要采取相关措施，以节约资源、能源，实现循环利用，控制环境污染。在设计运行模式时，还应因地制宜，根据医院现有物流系统规模，选择合适的物流系统运行模式。特别是在医院规模日益扩大，需要集中精力发展核心业务的情况下，选择将物流业务整体外包的第三方物流运行模式，是值得医院管理者考虑的。医院绿色物流系统运行模式见图 7-1。

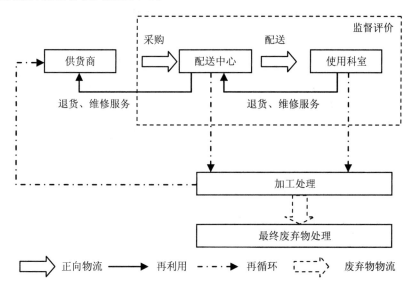

图 7-1 医院绿色物流系统运行模式

如图 7-1 所示，医院绿色物流系统运行模式细化了回收物流，明晰了再利用和再循环过程，并建立了监督评价机制。其中，再利用过程包括退货处理和维修服务。将所有具备存储配送功能的医院内物流站点均归纳到配送中心的范畴，并支持配送中心扩大规模，包括容量和业务范围。医院绿色物流在现代物流科技的支撑下，有条件进行整个医院物流的集约化管理，减少作业部门和作业流程，并形成一定的规模效应。物流业务应该从过去单纯的采购、储存保管和分发配送等作业延伸到设备维修、过程监督与绩效评价等方面，便于物流系统的统一管理和改进。

7.2.3.3 医院绿色物流管理组织设计

现代医院在国家政策和科技发展的大环境下，逐渐从直线职能型组织结构中走出来，迈向企业化管理，力求提高管理效率。在这样的背景下，医院物流流程需要进行不断重组，管理体系继续细化，使责权更加明确，各组织机构分工协作，人流、物流更加顺畅，物流制度更加完善。

医院绿色物流管理组织是医院绿色物流系统模式中的管理层级。在当前环境下，设计依旧着眼于改进直线职能型医院物流组织结构，使其适应并促进系统运行模式不断发展，发挥环境保护和资源节约的功能。医院绿色物流管理组织结构见图 7-2。

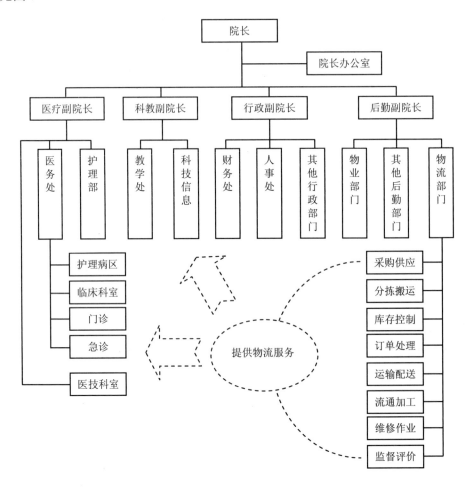

图 7-2　医院绿色物流管理组织结构

如图 7-2 所示，医院绿色物流管理组织以直线职能型组织结构为框架，基本不改变其原有的组织模式，但细化了物流部门的组织结构，强化了物流功能，并增加了监督评价环节。其中，通过细化物流作业，将所有物流作业归入物流部门管理范畴，药房、供应室、医用耗材等，原不属于物流管理范围的科室所涵盖的物流业务均集中到物流部门的统一管理下。监督评价环节由院长牵头，组成以各专业带头人为主的监督评价小组，长期监督，制定绩效评价方案，定期对各物流环节进行评价与改进。

　　总之，医院绿色物流系统建设要结合绿色物流和医院物流系统的优势，重视医院物流资源的整合、物流环节的绿色评价，逐步迈向物流资源集约化、能源消耗减量化、物流环境洁净化的医院可持续发展道路。目前，现代医院的物业管理部分已实现了外包，有了将非核心业务外包的经验，给物流业务的外包创造了条件。但是，医院物流业务规模小，难以形成规模效应，并且物流作业分工尚不明晰，责权难以界定。所以，医院物流业务外包还有待进一步探索实践。

7.3　安徽医科大学绿色医院管理的创新实践

　　国家通过公布节约型公共机构示范单位名单，旨在推动公共机构特别是党政机关在降低能源资源消耗、推动绿色发展方面发挥示范带头作用。日前，国家机关事务管理局会同发展改革委、财政部公布了第一批节约型公共机构示范单位名单。据统计核算，第一批节约型公共机构示范单位的单位建筑面积能耗和人均水耗明显低于所在地区的平均水平，日常管理扎实规范，节能技术产品、新能源和新机制应用广泛，节水措施成效明显。据介绍，按照国务院公布的《"十二五"节能减排综合性工作方案》《节能减排"十二五"规划》和《关于加快发展节能环保产业的意见》，经过申报、创建、初评、公示和复核等环节，全国共有 879 个单位为节约型公共机构示范单位。安徽省 25 家单位被评为示范单位，其中 8 家医院榜上有名，安徽医科大学第一附属医院和第二附属医院荣膺安徽省首批示范单位[24]。

7.3.1　第一附属医院绿色医院管理的创新成效

　　安徽医科大学第一附属医院是一所有近 90 年历史的老院，院内大都是有几十年历史的老建筑和老设备。如何在老医院开展节能？经过多次研究论证，医院找准节能重点：从病房管理入手，试行用电、用气、用水目标管理，控制支出，对全院老旧高耗能设备进行改造，并提出年节约标准煤 1 500 t 的目标。该院一期投入 54 万元，对 578 间住院病房卫生间的热水控制系统进行改造，采用流量计和电动阀、热水控制器、使用非接触式卡的方式，控制热水使用。改造后的病房热水使用量较改造前节省了近 80%。目前，二期 212 间病房的热水改造也已完成。2013 年，医院投入 42.5 万元，在病区房间安装了室内温度控制和中央空调风机盘管联网控制系统，在空调运行时，只要病人打开房间窗户，空调风机盘管联网系统就会停止运行，减少了冬夏季冷热源的外泄，节能率达 30%。

此外，医院主动报废了 3 台共 26 t 燃煤锅炉，改由市政集中供热，每年可节水5 000 余 t；分批次对 12 台燃灶炉实施燃气灶芯改造，节能率近 50%，并有效降低了环境污染；完成两项燃油改蒸汽工程，年节约标煤近百吨，节约油料 100 余万元；对全院 12 台电容补偿柜进行节能改造，院内灯具全部更换为 LED 节能灯具，节电率达 34%。单位建筑面积能耗由 2011 年的 39.07 kg 标煤/m^2 下降到 2013 年的 36.88 kg 标煤/m^2；住院病人年均能耗由 2011 年的 669.42 kg 标煤下降到 2013 年的 561.5 kg 标煤，用水由 2011 年的人均年 101.39 t 下降到 2013 年的人均年 58.91 t······ 前不久，国家有关部门在安徽省进行节能型公共机构示范单位评价验收时，安徽医科大学第一附属医院高分通过验收。

目前，医院正在新建 30 万 m^2、2 000 张床位的高新分院。在建设之初，医院就按照国家三级绿色医院标准设计实施，全面采用了太阳能光热利用、太阳能光伏发电利用、浅层地能利用、非传统水源利用等节能措施，获得了安徽省"绿色医院"称号[25]。

7.3.2　第二附属医院绿色医院管理的创新成效

安徽医科大学第二附属医院位于合肥市经济技术开发区芙蓉路 678 号，是一所集医疗、教学、科研、预防、保健、康复等多功能于一体的非营利性三级甲等现代化综合性医院，拥有床位 1 000 张，于 2008 年 10 月 18 日正式开诊，设施先进，环境优雅。日前，安徽省创建节能示范单位第二检查组对安徽医科大学第二附属医院"节约型公共机构示范单位"创建工作进行了复核，并书面反馈院"节约型公共机构示范单位"创建工作复核意见，检查组通过查阅有关文件，核查相关数据和现场考核，复核了分数，得分为 101 分，位居全省"节约型公共机构示范单位"创建工作的前列。

安徽医科大学第二附属医院在积极推进创建"节约型公共机构示范单位"工作中，注重加强组织领导，采取有效措施，各类能源管理制度完备，在实际工作中认真执行各项管理制度，取得较好成效。①积极实施节能技术改造，采用节能新技术，节约能源资源成效显著；②积极开展能源审计工作，并针对能源审计发现的问题及时加以整改；③广泛开展节能宣传，积极营造节约型公共机构示范单位创建工作氛围；④在节约用水方面，及时分析处理用水异常，全年节水成绩明显；⑤在绿色消费方面，医院严格执行国家有关采购能源产品的规定，优先采购节能成品；⑥建立奖惩制度。为合理节约能源，降低能源消耗，创建节约型医院，降低运行成本，增强广大职工的节能意识，医院大力开展节能降耗活动，建立起长效的奖惩机制，针对每个科室部门实行能源独立核算制度，有效推进节能型绿色医院持续健康发展。

第 **8** 章

马克思主义观点下的绿色医学发展

当今世界经济危机与医疗危机具有深刻的关联性。美国金融危机在相当程度上源于其医疗危机。当今世界，医疗危机正困扰着许多国家。全球医疗危机表现为医疗费用的恶性膨胀，使西方许多资本主义国家财政不堪重负。美国联邦储备检查小组副主任加侬和美国彼得森国际经济研究所学者因特希韦格预测，未来 25 年，政府债务将在大多数发达经济体和许多新兴经济体中增长到危险和不可持续的水平。而巨额的政府债务最重要来源是卫生保健成本的爆炸式增长。到 2035 年，在悲观假设下，卫生保健成本的年均增加将导致每个发达经济体卫生保健成本的净增加超过 4%的 GDP，而在新兴经济体则为 1.5%的 GDP [1]。医疗危机是资本主义福利国家矛盾的体现。德国著名的后马克思主义学者奥菲在《福利国家的矛盾》中提出"危机管理的危机"理论，认为资本主义"不能与福利国家共存，然而，资本主义又不能没有福利国家" [2]，在全球学术界产生重大影响。西方不少国家视图通过发展绿色医学与远程医疗克服日益严峻的医疗危机，一些学者高度肯定远程医疗在绿色医学发展中的潜力[3]。英国女王大学波特教授认为，马克思主义理论能够对当代国家与资本之间的关系做出令人信服的解释，并对英美新自由主义卫生保健经济发展进行了分析 [4]。因此，我们很有必要从马克思主义哲学视角对绿色医学发展及其对克服医疗危机的作用进行分析，对如何通过发挥马克思主义的指导作用促进绿色医学发展进行探讨。

8.1 医疗危机与绿色医学的发展

8.1.1 全球医疗危机的现状与趋势

当今世界几乎所有国家都在被医疗危机问题所困扰。以世界经济最发达、科技最先进、人均卫生投入最高的美国为例，1950—2011 年，人均实际 GDP 平均每年增长 2%，而国家医疗卫生支出人均每年增长 4.4%。两者之间的增长速度差距每年为 2.4%，导致相关医疗卫生支出在国内生产总值的份额从 1950 年的 4.4%增加至 2011 年的 17.9%，大多数专家认为，接近于这种规模的差距在未来许多年对联邦政府和美国经济将产生灾难性的影响[5]。此外，美国医疗危机还包括许多公民没有医疗保险，医疗费用增加的速度高于通货膨胀和工资增长，这些费用多从雇主转嫁给员工[6]。

2003—2010 年，我国国内消费支出虽然受到抑制，但医疗负担却在持续上升。我国 GDP 增长了 193%，医疗负担却增长了 197%[7]。我国曾就医疗改革进行过许多讨论甚至争论，却没有过多地涉及医疗供给本身增长的空间和合理性问题。然而，这一问题并非不重要[8]。正如《光明日报》头版文章指出的，现在"舌尖上的浪费"已引起全社会的关注。殊不知，医疗资源的浪费同样触目惊心。据有关部门估计，我国医疗资源浪费达到医疗总费用的 30%以上，严重地区可达 40%～50%。更有专家指出，医疗资源浪费已成为危害我国医疗行业的"恶性肿瘤"[9]。在我国医疗保障制度初步建立、医疗保障水平普遍不高的情况下，潜在的医疗危机不能不引起我们的重视，未雨绸缪是非常必要的。

医疗危机在当今世界各国几乎普遍存在，其成因主要有：①现代医疗卫生服务把注意力集中在某些少见病、疑难病的诊治上，医疗卫生投资虽然越来越大，但卫生资源分配不公和使用不当，造成效率低下。②在征服某些疑难病、慢性病方面抱有不切实际的幻想，试图找到根治这些疾病的方法，没有对这些疾病的患者提供真正有效的服务。③把力量集中于疾病的治疗，忽视了预防，造成预防医学与临床医学日益分离，而对于一些慢性疾病，预防才是最重要的。④只把医疗服务看成是使用药物、手术及其他物质手段的诊断和治疗，忽视了关心和照料等非物质手段的作用。⑤过分热衷于大医疗中心的建设，忽视了社区服务和初级卫生保健组织的作用，对家庭医疗和自我保健缺乏足够的重视[10]。⑥医疗异化消费：异化消费不是建立在人们真实需求的基础上，而是建立在被广告所支配的虚假需求的基础上[11]。医疗行业的不合理诱导如各种药品广告、医院宣传也刺激并助长了医疗异化消费。⑦医疗行业造成的环境污染：医疗服务行业作为能源消耗的密集型行业，在为能源消耗支付庞大开支的同时，各种污染也加重了人们的健康风险，并对周围环境产生负面的影响。

8.1.2 绿色发展与绿色医学的兴起

面对气候变化、环境污染、能源危机等问题，世界各国都开始对传统的发展模式进行反思，探索新的发展方式以减轻对自然的破坏，绿色发展模式应运而生。2002年，联合国开发计划署在《2002年中国人类发展报告：让绿色发展成为一种选择》中首先提出"绿色发展"的概念。绿色发展作为经济、社会、生态三位一体的新型发展模式，并不是简单地与自然环境保持和谐均衡，其最终目标是"经济—自然—社会"三大系统的整体绿色。具体地说，就是自然系统从生态赤字逐步转向生态盈余；经济系统从增长最大化逐步转向净福利最大化——扣除各类发展成本（如资源成本、生态成本、社会成本等）情况下的增长数量与质量的最大化；社会系统逐步由不公平转向公平，由部分人群社会福利最大化转向全体人口社会福利最大化[12]。

医疗服务提供及消费过程是资源消耗"大户"。随着社会经济的发展，人们愈加关注环境污染、生态不平衡给人们生活带来的问题，也更加关注药品毒性、医源性与药源性疾病等问题。顺应世界绿色发展的浪潮，绿色医学成为应对医疗危机的一个必然选择。根据绿色发展理论，为应对医疗危机，发展绿色医学旨在减少转诊和能耗、降低医疗费用，在现有条件下提高医疗服务绩效，其要求应包括安全、适宜、人性化、持续改进，是致力于实现医疗体系的全面绿色转型的关键技术措施，主要目标是优化医疗资源配置、增加医疗服务可及性和提升基层医疗机构服务能力，为人们提供便捷、舒适、安全的医疗环境，实现医疗服务的公益性，提高医疗服务的可及性、公平性以及适宜性。以患者为中心，是绿色远程医疗的基本原则。

因此，绿色医学是医学发展的一个新阶段，具有经济、社会、环境和生态内涵，它研究的内容是：①以自然的方法，在一般规律的基础上，按照个体生理或病理特点治病；②个体享有最长的寿命；③对健康的最大益处；④对资源的最少消耗；
⑤对环境的最小污染[13]。面对全球医疗危机，不少国家如德国等都提出了包括发
展绿色医学和远程医疗在内的各种应对措施。在德国，"绿色医院"项目为医疗卫
生行业设立了新标准，绿色医疗建筑标准已成为现有医疗设施改造与新建医疗设施
建设的原则，柏林还建立医院协同体系，显著提高了医疗服务的精准度与医院工作
效率[14]。

在应对医疗危机的新形势下，远程医学因其具有显著的绿色发展价值，随着信
息技术而迅猛发展，它改变或打破了传统医学在"时间""地点""环境"和"资源"
等方面的约束与"短板"，创新了医疗服务模式和服务理念，解决了老、少、边、
穷地区长期以来缺医少药的格局[15]，符合生态文明建设和绿色发展的要求。

8.2 绿色医学发展的马克思主义分析

从马克思主义观点看，要真正认识造成医疗危机的根源并找到从这一危机中走
出来的道路，必须深入研究医学与资本的关系。资本的"增殖原则"决定了它对医
学的利用是无止境的，因而企图通过发展绿色远程医学走出医疗危机，是难以达到
目的的。全球医疗危机说到底是一个社会制度问题。因此，医疗危机的解决，关键
是要构建一种基于"普遍自由"的社会制度，要对资本主义制度进行根本性变革，
积极推进和发展社会主义性质的医疗卫生事业。因此，绿色远程医学的发展，作为
一个化解医疗危机的重要路径，必须在马克思主义哲学指导下，以维护广大人民健
康为根本出发点和落脚点，注重从以下几方面推进方能真正取得实效：

（1）发展绿色医学，要防范技术与资本对医学的侵袭。杜治政教授指出，当前
医学技术主体化与资本主体化的负面后果，突出反映在 5 种负面医疗：过度医疗、
炫耀性医疗、开发性医疗、非治病性医疗、欺诈性医疗的泛滥。医学不能没有技术，
人类生命与健康的许多问题的解决，仍有待技术的进步，我们不应阻止也无法阻止
技术的发展[16]。但是，面对医学技术与资本主体化的趋势，应对其进行道德约束和
制度管制，控制资本逻辑的作用范围，为医疗技术的应用设置道德底线，削弱其消
极影响，防止资本与技术无序进入医学，严防资本挟持医生医院及病人和国家，在
资本与病人、医生、医院的利益之间谋求合理的平衡，保障医学朝着科学和人性的
方向发展。技术是中性的，医学不能拒绝资本和技术，但医学应当掌控资本，不能

让技术成为医学的主体[17]。

（2）发展绿色医学，要注重社会经济制度变革。陈学明教授指出，根本消除资本主义危机的唯一选择，就是直面资本逻辑[18]。从马克思主义的观点看，在不触动资本逻辑、制度前提下，任何企图消除医疗危机的举措，都不可能从根本上解决医疗危机问题。技术本身（在现行的生产方式的条件下）无助于从根本上摆脱医疗危机，因此，解决医疗危机的根本出路是改造社会经济制度本身，但这不意味着只是简单地改变该制度的特定的调节方式，而是要从根本上超越存在的资本积累体制，因为能够根本解决问题的不是技术，而是社会经济制度本身[19]。

（3）发展绿色医学，要正确认识医学的目的。正确认识医学的目的，可从根本上改善医疗危机。错误的医学目的，必然导致医学知识和技术的误用。要解决全球性的医疗危机，必须对医学的目的作根本性的调整，把医学发展的战略从"以治愈疾病为目的的高技术追求"转向"预防疾病和损伤，维持和促进健康"。只有以"预防疾病，促进健康"为首要目的的医学，"才是供得起，因而可持续的医学"[8]。医学科技要发展，但不能把有限的资源分配放在一味追求高科技方面，而忽略了公共卫生、初级卫生保健。在防治疾病方面，要以预防为主，通过加强社会措施，使人们避免得病，不能也不应该把目标定为治愈或消灭疾病[20]。

（4）发展绿色医学，要注重医疗消费教育。与其他行业一样，异化消费在医疗行业也存在。生态学马克思主义认为，异化消费使人们把商品消费看作满足和实现自我的唯一方式，并造成人们对经济增长的习惯性期待。生态危机使人们对经济增长的习惯性期待走向破灭，进而使人们反思消费主义生存方式的合理性，从异化消费中清醒过来，摆脱受广告操纵的异化消费的依赖，树立新的价值观和消费观[21]。树立科学的医疗消费观，应对患者进行必要的医疗消费教育，对人们进行传播医疗消费知识、传授医疗消费经验、培养医疗消费技能、提高医疗消费者素质。科学的医疗消费教育能帮助人们形成良好的、合理的医疗消费观，摆脱医疗异化消费，促进绿色远程医学的发展。

8.3　绿色医学发展展望

2008 年以来的经济、气候、能源和食品危机不仅损害了全球健康，还改变了全球卫生工作的政治、外交与治理形势。因此，全球健康面临着严峻的挑战。健康在全球化过程中的作用将决定全球卫生政策、外交与治理如何应对未来的世界事务。未来 20～25 年，如何使由全球经济危机引发的全球化过程尽可能实现"以健康为中心"的发展，是全球卫生界必须重视的一个关键问题[22]。

从马克思主义观点看，要真正找到走出医疗危机的道路，必须深入研究医学与资本的关系。绿色医学发展要造福于全体人民，医改要获得令人民群众满意的结果，关键看广大卫生管理干部和医务工作者是否能以马克思主义立场、观点和方法指导自己的工作。因此，绿色医学只有在马克思主义指导下，以维护广大人民健康为根本出发点和落脚点，方能实现医院与患者、政府、社会的多方共赢和绿色发展。

但是，马克思主义关于健康的思想从来没有被深入研究过[23]。而值得注意的是，在当今世界，马克思主义在医疗卫生事业发展中的指导地位却日益提升。美国总统奥巴马竭力推进医改，许多人指责他搞"社会主义"，并称他为"马克思主义者"，诺贝尔奖得主克鲁格曼劝他"别怕被称马克思主义者"，要相信医改从长远来说会节省费用，并不要低估了其长期的政治效应[24]。但由于美国社会政治制度的掣肘，几年来，尽管医改作为奥巴马政府的一项重要政绩而被竭力推进，但它还是"让多半民众失望"[25]。这表明，奥巴马不是真正的"马克思主义者"。

IMF 前首席经济学家、哈佛大学教授肯尼思·罗戈夫在著名的《外交政策》杂志上发表《一张马克思主义的药方》一文，明确指出："社会主义与资本主义的下一场大战，将在医疗卫生部门进行。""随着本世纪后期卫生部门逐步占整个经济活动的近 1/3，这场社会主义与资本主义的大战已经开始了。"[26]

面对这场大战，作为社会主义国家，我国不仅不必像奥巴马那样遮遮掩掩，而且可以光明正大地举起马克思主义的大旗，旗帜鲜明地开创社会主义卫生事业新局面，名正言顺地走中国特色社会主义医改道路。因此，我们应抓住世界经济危机和医疗危机带来的发展社会主义卫生事业新机遇，大力推进绿色医药与医院的创新发展，充分利用远程医学等信息化新手段，自觉抢占医疗卫生阵地制高点，实现人人享有基本医疗卫生服务的目标，促进人的自由全面发展。

8.4 结 语

继党的十八大提出"美丽中国"概念后，十八届五中全会提出推进"健康中国"建设战略，立即成为社会各界关注的焦点，对绿色医药与医院建设具有十分重要的意义与推动作用。

8.4.1 "健康中国"对绿色医药与医院建设的意义

"健康中国"战略在我国卫生部门已提出多年。早在 2007 年中国科协年会上,时任卫生部部长陈竺就公布了"健康护小康,小康看健康"的"三步走"发展战略。2008 年,由原卫生部牵头,"健康中国 2020"战略研究开始启动,公共政策、药物政策、公共卫生等 6 个研究组 400 多位专家学者参与研究工作。通过历时 3 年多的研究,研究组 2012 年 8 月正式发布"健康中国 2020"战略研究报告,提出到 2020年,完善覆盖城乡居民的基本医疗卫生制度,实现人人享有基本医疗卫生服务,医疗保障水平不断提高,卫生服务利用明显改善,地区间人群健康差异进一步缩小,国民健康水平达到中等发达国家水平。2015 年全国"两会"期间,李克强总理首次在政府工作报告中提出"健康中国"概念;2015 年 9 月初,国家卫计委全面启动《健康中国建设规划(2016—2020 年)》编制工作,党的十八届五中全会提出推进健康中国建设,"健康中国"由此正式上升为国家战略。

"健康中国"上升为国家战略,为我们提出了更高、更新的目标,为下一步医改与卫生计生工作指明了方向,对推进绿色医药与医院建设具有十分重要的意义。绿色医药和绿色医院是医学发展的新模式、新阶段,人们对其重要性的认识还很不足。然而,发展绿色医药和绿色医院,是促进我国经济社会全面协调可持续发展的必然要求,不仅有利于解决医药卫生事业改革发展出现的医疗费用急剧上涨、人民群众"看病贵、看病难"、抗生素等药物滥用、制药业污染与浪费等问题,增强医药卫生服务的公平性与正义性,解决因贫富差距过大而造成的医药卫生服务分配不均现象,还有利于解决自然生态恶化问题,减少医药消费,从而有助于扭转社会生态恶化的趋势,有利于"美丽中国"目标的实现。

8.4.2 "健康中国"对绿色医药与医院的推动作用

"健康中国"上升为国家战略,对绿色医药与医院建设具有十分重要的推动作用。医改是一道公认的世界性难题。医药与医疗服务作为一项重大民生问题,推进难度极大。如今,医改进入"深水区",改革路径至今不甚明朗。而在新的"健康中国"国家战略指导下，推进绿色医药与绿色医院建设发展，就可以据此提高认识、凝聚共识，消解绿色医药与绿色医院建设中的困难与障碍，并使其成为解决医改这一世界性难题的一个重要路径和方向，由此而要求未来卫生计生工作更加注重急性传染病和慢性病等群体疾病的防控；更加注重大众健康的水平和质量；更加注重提高生活质量，实现生活"绿色化"；更加注重制度、政策和机制在维护和促进健康方面的协同和配合，围绕"健康中国"，形成政府主动、卫生部门主导、社会各界协同的新格局和新局面。

8.4.3 "健康中国"对绿色医药与医院建设的要求

"健康中国"战略对绿色医药与医院建设提出了新要求。

（1）"健康中国"战略的提出，要求全社会从全面小康与全民健康的政治高度，认识和推进绿色医药与医院建设。习近平同志指出，没有全民健康，就没有全面小康。全面小康，一个也不能少。而要实现全民健康，切实解决人民群众"看病贵""看病难"问题，从根本上降低飞速增长、人民群众不堪重负的医疗费用，就必须切实推进绿色医药与医院建设，为人民群众提供安全、有效、方便、价廉的"绿色化"医药卫生服务，确保实现人人健康、全面小康宏伟目标。

（2）"健康中国"战略的提出，要求全社会从我国新时期经济发展与产业结构转型升级的角度，认识和推进绿色医药与医院建设。李克强总理指出，随着中国的发展，13 亿人对医疗卫生服务的要求日益提高。人的健康也是发展的动力。中国产业结构最大的调整是发展服务业，医药卫生事业完全可以先行。围绕提供更好的医疗卫生服务，一方面政府要加大投入，尽可能让人民群众少花钱、有效预防和治疗疾病。另一方面要增加优质医疗资源和公共产品，鼓励社会资本进入医药卫生领域，更好适应患者需求。中国医改将惠及全体人民，同时可以带动经济增长和更多就业，为中国经济发展与产业结构转型升级注入新活力。

（3）"健康中国"战略的提出，要求从医学模式转变角度认识和推进绿色医药与医院建设。医学模式是指以一定的思想观点和思维方式去研究健康问题，是对健康和疾病总体特征及其本质认识的高度概括。我国正处于生物医学模式向现代生物—心理—社会医学模式转变的过程中。生物医学模式对医学的发展起到了重要促进作用，但其缺陷在于从单一的生物学角度理解健康和疾病，在很大程度上忽视了人的社会性和心理、社会因素对健康和疾病的影响，从而限制了其对健康和疾病的认识，妨碍其对健康和疾病受到生物、心理和社会因素综合作用的全面认识。"健康中国"战略的提出，将使新的医学模式转变具体体现在绿色医药与医院建设过程之中。

（4）"健康中国"战略的提出，将要求"健康中国"与"美丽中国"共同建设、共同发展，加快建立或完善卫生计生事业绿色指标体系，把绿色、低碳、节能、节俭、环保等指标纳入卫生服务评价标准，提高医疗卫生人员环保意识、推进绿色医药与医院建设，转变卫生计生事业发展方式，推进卫生计生机构从规模扩张向内涵式发展转变。

8.4.4 绿色医药与医院建设对"健康中国"建设的意义与作用

我们一方面要认识到"健康中国"对绿色医药与医院建设的意义与作用，另一方面也应认识到，绿色医药与医院建设对"健康中国"建设所具有的重要意义与作用。

（1）绿色医药与医院建设是"健康中国"建设的微观基础。推进"健康中国"建设是"十三五"时期我国卫生计生事业发展的宏伟目标，而要实现这一宏伟目标，必须具有相应的着力点和载体。绿色医药是未来医药科学发展的必然趋向，绿色医院建设要求在注重可持续发展的过程中，优化医院环境，遵循当地自然气候、节约使用医药资源等方面，还涉及医院规划、管理与服务等方面的绿色发展问题。因此，只有切实推进绿色医药与医院建设，借助这一着力点和载体，解决好医疗费用急剧上涨、人民群众"看病贵、看病难"、抗生素等药物滥用等问题，全面提高人民健康水平，宏伟的"健康中国"建设目标和愿景才有坚实的发展根基和微观的具体实践。

（2）绿色医药与医院建设是"健康中国"建设的必由之路。据世界卫生组织报告，健康的决定因素包括遗传因素，占 15%；环境因素，占 17%；医疗服务，占8%；个人生活方式，占 60%。可见，生活环境和生活方式成为影响健康的最主要因素。建设"健康中国"，需要创造绿色的生活环境，首先就是要保障阳光、空气和水不受污染；要倡导绿色的生活方式；要保障食品安全。众多研究表明，影响健康的决定因素，进一步受到很多因素影响，甚至可以说社会经济的方方面面都可能影响健康，因此，建设"健康中国"，需要推动将健康融入所有政策，在经济发展中设健康评估，立健康红线，需要"健康中国"与"美丽中国"共同建设、共同发展，保障经济社会的"绿色化"发展。因此，从目前我国社会经济发展水平来看，"健康中国"战略的提出符合"预防为主"的卫生工作理念和实现医学模式转变的卫生工作目标。对于我国 13 亿人口大国而言，人民群众的健康问题不能仅靠打针吃药来解决，必须强调预防。医学模式从晚期治疗向预防为主转变，是近十年来世界逐步形成的一个基本共识。目前，我国慢性病发生呈逐年上升趋势，医疗保障水平仍然偏低，卫生服务利用率不高，医疗资源分配不尽合理。因此，为根本扭转重"治"轻"防"的现状，提出"健康中国"的战略可以说是恰逢其时。而要实现这一宏伟战略，就必须大力推进绿色医药与医院建设，促进人民群众从注重"有病求医"到注重"健康养生"转变，促进医疗机构从注重"疾病治疗"到注重"健康教育"转变，促进我国从"医药大国"向"健康中国"转变。

总之，"十三五"时期，推进"健康中国"建设、推进经济社会"绿色化"发展、推进医药卫生体制改革，要求我们在医药卫生服务全过程中坚持把预防为主、健康教育、节约优先作为医药卫生服务基本方针，把医学绿色发展、循环发展、低碳发展作为"健康中国"建设的基本途径，把深化医药卫生体制改革和创新驱动作为"健康中国"建设的基本动力，把培育绿色医药与医院作为"健康中国"建设的重要支撑，通过相关制度建设，使医学"绿色化"发展理念深入人心，并由此见之于广大医药卫生工作者和人民群众的自觉行动，确保全民健康、全面小康宏伟目标的实现。

参考文献

第1章 绪论

[1] 贺耀宗. 医药界的绿色革命[J]. 家庭医学, 1996 (24): 21.

[2] Green Hospital. WHO Calls for Study on Pharmaceutical Waste. http: //www. greenhospitals. biz/food-a-drug/pharmaceuticals/174-who-study-pharma-waste.

[3] 国际绿色经济协会. 成立绿色联盟——医药行业"新长征"的第一步. http: //www. igea-un. org/bencandy. php? fid=130&id=1267.

[4] 医药绿色联盟: 自发环保的诉求[EB/OL] http: //www. igea-un. org/news/bencandy. php? fid=130&id=1274.

[5] 王成业, 邹旭芳, 等. 药品营销[M]. 北京: 化学工业出版社, 2008: 18-19.

[6] 梅梦良. 绿色医药将是未来医学发展的趋势[J]. 国际中医中药杂志, 2007, 29 (6): 346.

[7] 张珩, 杨艺虹. 绿色制药技术[M]. 北京: 化学工业出版社, 2006: 1-3.

[8] 袁昌齐, 冯煦, 单宇, 等. 世界传统医药体系与草药的应用[J]. 中国野生植物资源, 2006, 25 (1): 9-11.

[9] 赵仁君. 绿色中药材: 中药资源可持续发展的希望[J]. 亚太传统医药, 2006 (1): 37-39.

[10] 张霁, 张福利. 绿色制药工艺的研究进展[J]. 中国医药工业杂志, 2013, 44 (8): 814-827.

[11] 孟繁盛, 关慧娴. 绿色营销 医药产业可持续发展之路[J]. 医药产业咨询, 2005 (1): 84-86.

[12] 叶奎英. 药品领域无序发展的现状分析及政策效果论证[D]. 上海: 复旦大学, 2010.

[13] 刘博. 临床合理用药关键流程建立及环节控制管理研究[D]. 重庆: 第三军医大学, 2010.

[14] 曾繁典. 临床合理用药——21世纪医药界面临的挑战[Z]. 2007年全国医药学术交流会 临床合药理学研究进展培训班资料, 2007: 6-9.

[15] 韩梅梅. 浅谈儿童合理用药应注意的几个问题[J]. 吉林医学, 2007, 28 (12): 1419.

[16] 张赤, 吴宁. 儿童合理用药研究进展[J]. 中国药房, 2009, 20 (17): 1353-1354.

[17] 柏爱华. 孕产妇的合理用药咨询策略与分析[J]. 中国医药指南, 2013, 11 (9): 15-157.

[18] 刘志雄. 中国绿色发展的条件与面临的挑战[J]. 新视野, 2013 (4): 24-27.

[19] 韩玲. 合肥地区医院建筑绿色化的被动式建筑设计[J]. 安徽建筑工业学院学报（自然科学

版），2010（4）：29-31.

[20] 刘霞. 绿色医院从"吃住行"开始[N]. 科技日报，2010-03-30（4）.

[21] 辛衍涛. 推进生态文明　建设绿色医院[J]. 中国医院管理，2013，33（04）：3-5.

[22] 辛衍涛. 绿色医院管理者面临的新挑战[N]. 健康报，2012-11-22（5）.

[23] 王树峰. "绿色医院"建设是现代医院发展的必然趋势[J]. 中国医院，2010，14（12）：2-6.

[24] 国佳. 绿色医院评价指标体系的研究[D]. 上海：第二军医大学，2012.

[25] What is "GoGreen Hospital"[EB/OL]. http：//hospital2020. org/Agreenhospital. html.

[26] Sittel，Wolfgang. Towards a Green Hospital[EB/OL]. [2011-09-08]http：//greenhospital-blog. com/? p=995.

[27] 罗运湖. "杏林"深处的绿色医院构想[J]. 建筑学报，1997（12）：51-53.

[28] 吕占秀，倪衡金，根田，等. 创建"绿色医院"的思考与实践[J]. 中华医院管理杂志，2003，19（12）：18-20.

[29] 朱永松，吴锦华，诸葛立荣，等. 绿色医院高效运行评价标准的研究[J]. 中国卫生资源，2012，15（2）：113-116.

[30] 张郁晖，陈夏中. 我们需要什么样的"绿色医院"[J]. 环境，2006（3）：42-43.

[31] 尚平，刘颜，田怀谷，等. 坚持科学发展观创建绿色医院[J]. 现代医院，2007，7（1）：95-97.

[32] 王树峰. "绿色医院"建设是现代医院发展的必然趋势[J]. 中国医院，2010，14（12）：2-6.

[33] 胡鞍钢. 中国创新绿色发展[M]. 北京：中国人民大学出版社，2012：33-49.

[34] 马立立，查丹. "绿色医院"建设的内涵研究[J]. 解放军医院管理杂志，2007，14（4）：279-280.

[35] 黎爱军，满晓波，李丽，等. 试论绿色医院的建管体系[J]. 中国医院，2010，14（12）：12-14.

[36] 中华人民共和国建设部. GB/T 50378—2006，绿色建筑评价标准[S]. 北京：中国建筑工业出版社.

[37] 李胜才，刘建荣. 建构兼具传统理念的绿色建筑技术体系[J]. 四川建筑科学研究，2005，31（1）：98-100.

[38] 易学明. 践行绿色医疗理念　推动服务质量提升[J]. 医学研究生学报，2012，25（1）：1-6.

[39] 吕力. 浅谈绿色医院的构建[J]. 民营科技，2009（9）：229.

[40] 中国城市科学研究会. 绿色建筑 2008[M]. 北京：中国建筑工业出版社，2008：30.

[41] 黎爱军，连斌. 创建绿色医院的探析[J]. 中国医院，2010，14（12）：7-8.

[42] 廉芬. 国内外绿色办公建筑评价体系对比研究[D]. 北京：清华大学，2012.

[43] 沃尔特·弗农. 从忽视到重视——美国绿色医院建筑演进过程[J]. 吕晓婧译. 中国医院建筑

与装备，2009（7）：26-29.

[44] 本刊记者. 正确认识和积极实践社会主义生态文明——访中南财经政法大学资深研究员刘思华[J]. 马克思主义研究，2011，5：13-17.

[45] 吴晓林. 抑制二氧化碳还是变革消费结构？——当前环保政策的困境与出路[J]. 马克思主义与现实，2012（1）：187-191.

第 2 章　绿色医药生产

[1] 张珩，杨艺虹. 绿色制药技术[M]. 北京：化学工业出版社，2006：163-164.

[2] 袁昌齐，冯煦，单宇，等. 世界传统医药体系与草药的应用[J]. 中国野生植物资源，2006，25（1）：7-11.

[3] 孙爱民. 中国工程院院士张伯礼：坚持中西并重推进医改[N]. 中国科学报，2014-03-18（1）.

[4] 方敬，张磊. 简析绿色中药的建立和发展[J]. 湖南中医药导报，2003（96）：20-21.

[5] 赵仁君. 绿色中药材：中药资源可持续发展的希望[J]. 亚太传统医药，2006（1）：37-39.

[6] 张珩，杨艺虹. 绿色制药技术[M]. 北京：化学工业出版社，2006：1-3.

[7] 张宁宁，孙利华，姜春环. 我国化学原料药出口存在的问题及对策研究[J]. 中国药业，2012，21（16）：19-20.

[8] 刘权红. 药品包装标准化的意义和作用[J]. 中国实用医药，2012，7（14）：245-247.

[9] 邹清河. 药品外包装乱象你怎么看？[J]. 中国食品药品监管，2012（1）：44-46.

[10] 李黎，马勇. 探讨国产药品包装存在的若干问题[J]. 中国民康医学，2010，22（14）：1815.

[11] 吴承健，胡军. 绿色采购管理[M]. 北京：中国物资出版社，2011：195-210.

[12] 杨定一. 真原医——21 世纪最完整的身心整体健康医学[M]. 长沙：湖南科学技术出版社，2013：8-12.

[13] 胡志. 卫生事业管理学教程[M]. 北京：人民卫生出版社，2013：331-343.

[14] 王宁. 中西医共融发展要找准切合点[N]. 健康报，2014-03-24（1）.

[15] 胡敬. 坚持中西医结合　创建新医药学理论[J]. 科学中国人，2010（8）：94-95.

第 3 章　绿色医药营销

[1] 王继东，李潮滨. 浅析我国药品营销现状及发展[J]. 黑龙江科技信息，2010（19）：88.

[2] 徐晓艳. 浅谈药品营销在市场经济条件下存在的问题[J]. 甘肃科技纵横，2007，36（4）：76.

[3] 李文山，谢纳泽，刘春霞. 药品营销学[M]. 开封：河南大学出版社，2009：239-240.

[4] 苗泽华, 刘静, 张春阁. 医药企业营销伦理的失范问题及其对策探析[J]. 中国市场, 2011 (9):
      44-45.

[5] 李文山, 谢纳泽, 刘春霞. 药品营销学[M]. 开封: 河南大学出版社, 2009: 241-242.

[6] 王成业, 邹旭芳. 药品营销[M]. 北京: 化学工业出版社, 2008: 21-23.

[7] 孟繁盛, 关慧娴. 绿色营销 医药产业可持续发展之路[J]. 医药产业资讯, 2005 (1): 84-86.

[8] 中国行业研究网. 老字号药企走绿色营销之道情况分析[EB/OL]. http: //www. yy. chinairn.
      com/doc/70270/280530. html.

[9] 国家食品药品监督局. 2012 年度统计年报[EB/OL]. http: //www. sfda. gov. cn/WS01/CL0108/
      93454. html.

[10] 李璐璐. 药品广告中存在的问题及改进措施[D]. 长春: 东北师范大学, 2012.

[11] 吴志明, 黄泰康. 我国违法药品广告的表现形式与危害[J]. 中国新药杂志, 2013, 22 (2):
      141-145.

[12] 李景东. 对绿色广告的几点认识[J]. 内蒙古科技与经济, 2000 (1): 222.

[13] 王丹. 世卫组织敦请修订《广告法》草案[N]. 健康报, 2014-03-31 (1).

[14] 白玉萍, 陈蕾, 张欣涛, 等. 试论完善我国违法药品广告公告制度[J]. 中国药事, 2010 (10):
      941-943.

[15] 许重阳. 医药行业绿色供应链模型构建及实施要点研究[D]. 南京: 南京理工大学, 2010.

[16] 许铭. 我国医药行业形势呈五大特点[N]. 医药经济报, 2010-03-09 (1).

[17] 杨昌. 中国医药供应链绩效评价体系研究[D]. 哈尔滨: 哈尔滨工业大学, 2007.

[18] 洪卫, 金志良. 春色满园绿意浓——写在海正药业获 "全国五一劳动奖状" 之际[N]. 浙江日
      报, 2009-050-6 (14).

[19] 石磊, 张天柱. 化学工业与循环经济[J]. 现代化工, 2004, 24 (7): 1-5.

[20] 佚名. 新华制药清洁生产获国家环保总局高度评价[J]. 中国医药, 2007 (4): 123.

[21] 王能民, 孙林岩, 汪应洛等. 绿色供应链管理[M]. 北京: 清华大学出版社, 2005: 1-9.

[22] 徐志斌. 基于利益相关者理论的绿色供应链管理研究[D]. 哈尔滨: 哈尔滨工业大学, 2008.

[23] 钮立红. 医药行业绿色供应链管理系统功能模型研究[J]. 武汉理工大学学报 (信息与管理工
      程版), 2010, 32 (6): 1007-1009.

[24] 黄培清, 张存禄, 揭晖. 基于 SCOR 模型的供应链再造[J]. 工业工程与管理, 2004 (1): 60-62.

[25] 蒙溟溟. 基于 SCOR 模型的医药行业供应链风险识别研究[D]. 成都: 西南交通大学, 2009.

第4章 绿色医药利用

[1] 叶奎英. 药品领域无序发展的现状分析及政策效果论证[D]. 上海，复旦大学，2010.

[2] 刘博. 临床合理用药关键流程建立及环节控制管理研究[D]. 重庆：第三军医大学，2010.

[3] 陈永法. 国际药事法规[M]. 北京：中国医药科技出版社，2011：8-9.

[4] 傅卫，孙奕，孙军安，等. 农村乡镇卫生院合理用药及其管理措施分析[J]. 中国卫生经济，2004，23（6）：25-27.

[5] Patel V，Vaidya R，Naik D. Irrational drug use in India：A prescription survey from Goa[J]. Journal of Postgraduate Medicine，2005，51（1）：9-13.

[6] 郑英丽，周子君. 抗生素滥用的根源、危害及合理使用的策略[J]. 医院管理论坛，2007，1（123）：23-27.

[7] 傅卫，孙奕，孙军安，等. 农村乡镇卫生院合理用药及其管理措施分析[J]. 中国卫生经济，2004，23（6）：25-27.

[8] 翟所迪，毛璐，刘芳，等. 多中心合理使用注射剂的对照干预研究[J]. 中国药学杂志，2005，40（2）：155-156.

[9] 白楠，郭海英，王晓虹，等. 对北京市大中型医院注射剂使用现状的调查[J]. 首都医药，2003（7）：5-6.

[10] 肖伟丽. 我国居民自我药疗现状分析及对策研究[J]. 医学与社会，2005，18（12）：16-23.

[11] World Health Organization. How to improve the use of medicines by consumers[R]. Geneva，2007.

[12] 王晶辉. 浅谈中药的毒性与用药规范[J]. 中国民康医学杂志，2003，15（4）：251-252.

[13] 修建军，李岩，彭天虞. 中草药使用中的不良反应与防治[J]. 黑龙江医药，2000，13（6）：369.

[14] McCarthy M. Prescription drug abuse up sharply in the USA[J]. The Lancet，2007，369：1505-1506.

[15] Sullivan S D，Kreling D H，Hazlet T K. Noncompliance with medication regimens and subsequent hospitalizations a literature analysis and of hospitalization estimate[J]. J Res PharmEcon，1990（2）：19.

[16] 张渺. 九成公众不懂合理用药[N]. 中国青年报，2013-12-04（11）.

[17] 张淑珍，郁秀梅. 浅析医院药师的现状与未来发展方向[J]. 中国医学研究与临床，2006，4（7）：44-45.

[18] 梁春广，赵东林，卢运超. 我国执业药师制度存在的问题及建议[J]. 中国中医药信息杂志，2008，15（1）：9-10.

[19] 李鲁. 社会医学[M]. 北京：人民卫生出版社，2003：157-160.

[20] 国食药监稽[2013]26 号. 国家食品药品监督管理局关于发布 2012 年第 4 期违法药品医疗器械保健食品广告公告汇总的通知. http：//www. sda. gov. cn/WS01/CL0085/78360. html.

[21] 巢勤华. 提高社区药学服务水平初探[J]. 药学进展，2011，35（3）：122-125.

[22] 沈爱宗，陈礼明，陈飞虎. 促进合理用药研究进展与若干建议[J]. 中国医院药学杂志，2008，28（12）：9，1020-1022.

[23] 孙志强，徐红梅，苏剑华，等. 合理用药策略是药学监护的良好开端[J]. 中国卫生资源杂志，2007，10（6）：306-308.

[24] 刘博. 临床合理用药关键流程建立及环节控制管理研究[D]. 重庆：第三军医大学，2010.

[25] 宋德辉. 我国家庭用药现状及对策展望[J]. 中国医药指南，2011，9（36）：224-225.

[26] 刘治军，王巧黎，李玮，等。2010 年中国城镇居民家庭药箱调查结果与药学服务应对分析[J]. 中国医院用药评价与分析，2011，11（9）：853-857.

[27] 白航. 市民家庭储药状况及用药安全性的调查[D]. 长沙：中南大学，2008.

[28] 杨训. 社会药房药品说明书服务的调查分析[J]. 中国药房，2004，15（8）：511.

[29] 肖纯，左雪莲. 我国药品逆向物流发展的障碍及对策分析[J]. 物流技术，2006，10：8-9.

[30] 赵益芳，吴静. 杭州废旧药品回收点成摆设，健康意识有待提高[N]. 杭州日报，2008-08-15.

[31] 姚冰，潘洁，王远光，等. 儿科用药现状与分析[J]. 中国医院用药评价与分析，2011，11（1）：41-44.

[32] Wilson J T. Pragmatic assessment of medicines available for young children and pregnant or breast- feeding women. Basic and Theraueptic　Aspects of Perinatal Pharmacology[M]. New York：Raven Press，1975：411.

[33] Gilman J T，Gal P. Pharmacokinetic and pharmacodynamic data collection in children and neonates[J]. Clin Pharmacokinet，1992，23：11.

[34] 成琳，林海. 儿童用药没有合适规格成安全隐患[N]. 医药经济报，2010-11-26（9）.

[35] 肖芳. 346 份药品说明书中儿童用药的调查分析[J]. 儿科药学杂志，2009，15（2）：37.

[36] 郑映，鲍仕惠，李箐. 儿童用药的现状与思考[J]. 医药导报，2008，27（5）：544-545.

[37] 游泽山. 孕产妇用药[J]. 新医学杂志，2002，33（2）：110-111.

[38] 蔡舒. 老人用药特点及用药原则[J]. 中国临床医生杂志，2010，38（10）：56-58.

[39] 塞在金. 老人用药遵循五大原则[N]. 当代健康报，2013-10-10（B6）.

第5章　绿色医院建设与发展

[1] 刘敏，张琳，廖佳丽，等. 绿色建筑发展与推广研究[M]. 北京：经济管理出版社，2012：51.

[2] 王烨. 综合医院改扩建总体规划浅析[D]. 上海：同济大学，2006.

[3] （美）理查德•L. 科布斯，罗纳德•L. 斯卡格斯，迈克尔•博布罗，等. 医疗建筑[M]. 北京：中国建筑工业出版社，2005：208.

[4] 范维. 现代医院建筑的生态文化设计理念及设计趋势研究[D]. 重庆：重庆大学，2007.

[5] 刘芳，潘迪. 绿色医院建筑设计概述[J]. 中国医院建筑与装备，2012（3）：76-78.

[6] 叶炯贤，廖素华，任陆华，等. 健康城市背景下绿色医院建设的探讨[J]. 中国医院，2012，16（2）：50-53.

[7] 胡希贤. 基于全寿命周期费用的医院建设项目前期投资控制[D]. 长沙：中南大学，2007.

[8] 谭西平，刘旭，杜鹏飞，等. 打造绿色医院建筑的要点[J]. 中国医院建筑与装备，2013（9）：87-90.

[9] 张峰. 没有绿色建筑，就没有绿色医院[J]. 中国医院建筑与装备，2010（6）：13-14.

[10] 施耐德电气. 绿色医院承载健康梦想[EB/OL]. http：//www. schneider-electric. cn/medias/solutions/downloads/SCDOC1665. pdf.

[11] 彭德建. 基于绿色医院建设的广东地区医院建筑布局设计研究[D]. 广州：华南理工大学，2012.

[12] 廖世游. 医疗建筑的绿色设计[D]. 武汉：武汉理工大学，2008.

[13] 范维. 现代医院建筑的生态文化设计理念及设计趋势研究[D]. 重庆：重庆大学，2007.

[14] 中国城市科学研究会绿色建筑与节能专业委员会，中国医院协会医院建筑系统研究分会. 绿色医院建筑评价标准（CSUS/GBC 2—2011）[S]. 2011.

[15] 许钟麟，张益昭，曹国庆，等. 用于污染控制的回风口净化装置的三个必要条件——空调净化系统污染控制与节能关系系列研讨之三[J]. 暖通空调，2010（2）：92-95.

[16] 韩新英. 基于环境行为学的医院庭院环境规划设计[D]. 泰安：山东农业大学，2007.

[17] 住房和城乡建设部建筑节能与科技司. 德国与瑞士绿色医院建筑考察报告[EB/OL]. [2013-04] http：//giz-lowcarbonurbandevelopment. org. cn/eepb/downnext. asp？id=19.

[18] "绿色医院建筑国际研讨会"圆满召开[EB/OL]. http：//www. cabr. com. cn/InfoViewer. aspx？

BizMainClass=2&BizSubClass=2&RowGuid=3844.

第6章　绿色医院服务

[1] 代谨. 绿色医院标准初成[J]. 中国医院院长，2010. （22）：34.

[2] 杜治政. 医学目的•服务模式与医疗危机[J]. 中国医学伦理学，1995（6）：3-7.

[3] 王雨辰. 生态批判与绿色乌托邦——生态学马克思主义理论研究[M]. 北京：人民出版社，2009，182.

[4] Victor R，Fuchs. The Gross Domestic Product and Health Care Spending [J]. The New England Journal of Medicine，2013，22（5）.

[5] David Singer. The Health Care Crisis in the United States [J]. Monthly Review. 2008.

[6] 李少鹏. 中国面临医疗危机？[J]. 财经界，2011（12）：84-87.

[7] 董伟. 临终治疗花掉一生大部分健康投入巨额开支倒逼各国反思医学目的[EB/OL]. http://article. cyol. com/health/content/2009-02/02/content_2523918. htm.

[8] Yanzhong Huang. The Sick Man of Asia：China's Health Crisis [J]. Foreign Affairs，2011；90：119-136.

[9] 胡鞍钢. 中国创新绿色发展[M]. 北京：中国人民大学出版社，2012：141-144.

[10] 蒋作君. 绿色医学[M]. 北京：人民卫生出版社，2006：1-3.

[11] 王吉善. 什么是绿色医疗[J]. 中国卫生质量管理，2011，18（2）：1-2.

[12] 易学明. 践行绿色医疗理念　推动服务质量提升[J]. 医学研究生学报，2012，25（1）：1-6.

[13] Centre for disease control and prevention（national centre for health statistics）. Death：final data for 1997[J]. National vital statistics report，1999，47（19）：27.

[14] 陈同监，赵萍. 患者安全与医疗系统的持续改进[J]. 中国医院，2005，9（2）：1-3.

[15] 毛静馥，吴国松，李会玲. 国内外病人安全问题现状及相关建议[J]. 中国医院管理，2009，27（9）：56-57.

[16] 曹荣桂. 以医院管理年为契机，提高医院服务水平[J]. 中国医院，2005，9（7）：1-5.

[17] 潘常青. 医疗的绿色流行元素[J]. 中国医院院长，2012（11）.

[18] 熊先军. 中国医保：下一步将如何更加公平和可持续[N]. 社会科学报，2014-03-13（2）.

[19] 封进. 医保改革更要关注低收入群体[N]. 中国社会科学报，2011-06-02（8）.

[20] 胡德荣. 建设绿色医院需后勤转型[N]. 健康报，2012-12-07（2）.

[21] 李元峰，宋平，张文远，等. 大型综合医院后勤保障质量考评体系的构建与运用[J]. 中国医

院管理，2010，30（11）：41-42.

[22] 弗雷德里克·温斯洛·泰罗. 科学管理原理[M]. 马风才，译. 北京：机械工业出版社，2007：27.

[23] 雷小林. 构建医院后勤社会化，顺畅高效运行机制[J]. 中医药管理杂志，2011，19（5）：479-481.

[24] 魏建军，朱永松，张建忠，等. 绿色医院高效后勤评价指标的探讨[J]. 中国卫生资源，2012，15（2）：116-118.

[25] 白诗德. 在首届社会主义国际论坛上的讲话[EB/OL]. http：//myy. cass. cn/news/687040. htm，2013-2-28.

[26] 毛相麟. 古巴：本土的可行的社会主义[M]. 北京：社会科学文献出版社，2012：109-110.

[27] 刘家海. 美国对古巴的封锁[J]. 国际论坛，2002，4（5）：39-44.

[28] 毛相麟. 古巴全民医疗制度的建立与完善[J]. 中国党政干部论坛，2007（6）：39-41.

[29] 陈久长. 看古巴如何破解看病难[J]. 2010（3）：84-87.

[30] 巴乔. 古巴奇迹：全民免费医疗[J]. 东西南北，2012（12）：54-56.

[31] 梅梦良. 绿色医药将是未来医学发展的趋势[J]. 国际中医中药杂志，2007，29（6）：346.

[32] Geoff D'Arcy. Green Medicine In CUBA[J]. The Journal of Chinese Medicine，2004（76）：30-32.

[33] Waitzkin H，Wald K，Kee R，et al. Primary care in Cuba：low- and high-technology developments pertinent to family medicine[J]. J Fam Pract，1997，45（3）：250-258.

[34] 蔡小鹏. 一支独秀的古巴生物医药专利[J]. 中国发明与专利，2012（5）：111.

[35] 世界卫生组织. 公共卫生、创新和知识产权[R]. 2006：156-161.

[36] 世界卫生组织. 2009 年世界卫生统计[R]. 2009：14-30.

[37] Spiegel J M，Yassi A. Lessons from the margins of globalization：appreciating the Cuban health paradox [J]. J Public Health Policy，2004，25（1）：85-110.

[38] 张登文. 古巴医疗卫生工作的基本经验及启示[J]. 中共石家庄市委党校学报，2011，13（9）：29-32.

[39] 毛相麟. 古巴：本土的可行的社会主义[M]. 北京：社会科学文献出版社，2012：109-110，104-100，48-49.

[40] 邹志鹏. 古巴免费医疗改革中[N]. 人民日报，2012-11-23（21）.

[41] 刘洋. 古巴："免费医改"势在必行[J]. 中国扶贫，2012（24）：72-73.

[42] 朱幸福. 古巴"医疗外交"政经双获益[N]. 文汇报，2012-04-12（6）.

[43] 杨善发. 古巴社会主义卫生事业发展历程与改革动向[J]. 中国农村卫生事业管理，2013，33（7）：763-765.

第7章　绿色医院管理

[1] 王春播. 论绿色管理及绿色管理金三角[J]. 经济与管理研究，2000（1）：55-58.

[2] 王霞，褚振海. 对"绿色医院"标准的再思考[J]. 医院管理论坛，2009，26（9）：8-10.

[3] 马安宁，蔡伟芹，张玉，等. 公立医院管理体制改革现状与展望[J]. 卫生经济研究，2012，300（5）：72-75.

[4] 罗永忠. 我国公立医院管理体制改革深度分析与对策研究[D]. 长沙：中南大学出版社，2010.

[5] 杨逸淇. 同济大学可持续发展与管理研究所所长诸大建：中国要善讲可持续发展的世界语[N]. 文汇报，2012-3-19：A.

[6] 托马斯•弗里德曼. 世界又热又平又挤[M]. 长沙：湖南科学技术出版社，2009：343.

[7] 顾昕. 公立医院改革"去行政化"无异与虎谋皮[J]. 医院领导决策参考，2010（8）：1-5.

[8] 马立，李一诺. 从国际视角看中国公立医院激励机制改革[J]. 中国卫生人才，20111（10）：33-36.

[9] Walter N Vernon. Trends in green hospital engineering[J]. World Hospitals and Health Services，2009，45（4）：5-9.

[10] 刘超，沈晋明，陆文. 绿色医疗建筑的评价[J]. 洁净与空调技术，2010（1）：4-7.

[11] 刘建平，陆骏骥，吴庆. 创建绿色医院应遵循的基本原则[J]. 中国医院，2010，14（7）：75-77.

[12] 刘建平，陆骏骥，吴庆. 创建绿色医院应遵循的基本原则[J]. 中国医院，2010，14（7）：75-77.

[13] 陈玲娣. 公立医院预算管理现状及改进建议[J]. 中国卫生经济，2012，31（9）：89-90.

[14] 张合礼. 新医改形势下提高医院经济效益的几点建议[J]. 中国卫生经济，2012，31（9）：80-81.

[15] 吴姝德，方鹏骞，刘向莉. 湖北省县级公立医院改革试点医院经济运行状况分析[J]. 中国卫生经济，2012，31（9）：75-77.

[16] 上海市经济和信息化委员会编委会. 上海市合同能源管理操作指南[Z]. 上海：上海市经济和信息化委员会，2008.

[17] 朱永松，魏建军，甘宁. 合同能源管理在绿色医院节能管理中的应用[J]. 中国卫生资源，2012，15（3）：208-210.

[18] 朱永松，吴锦华，诸葛立荣. 绿色医院高效运行评价标准的研究[J]. 中国卫生资源，2012，15（2）：113-116.

[19] 胡松. 对绿色医院的思考[J]. 华中建筑, 2011, 29 (1): 90-91.

[20] 周瑞, 陈仲强, 金昌晓. 公益性原则主导下公立医院良性运营的实践与思考[J]. 中国医院管理, 2011, 31 (7): 4-6.

[21] 高录涛, 姜福康. 医院全成本核算与管理的有效途径和方法[J]. 中国卫生经济, 2009, 28 (2): 63-66.

[22] 急诊绿色通道管理制度与流程[EB/OL]. http://www. hdsdyyy. com/index. php? mods-view_ tid-2193. html, 2014-01-17.

[23] 张璞, 陈庆刚. 医院绿色物流系统研究初探[J]. 现代医院管理, 2012 (2): 15-17.

[24] 新闻中心. 我校附属医院荣膺全国节约型公共机构示范单位称号[EB/OL]. http://www. ahmu. edu. cn/s/1/t/3/90/87/info36999. htm.

[25] 冯立中. 安徽医大一院多措并举降低能耗[N]. 健康报, 2014-02-21.

第 8 章　马克思主义观点下的绿色医学发展

[1] 约瑟夫•加侬, 马克•因特希韦格. 未来 25 年全球政府债务展望: 对经济和公共政策的影响[J]. 詹蓓译. 经济社会体制比较, 2012 (1): 1-21.

[2] 克劳斯•奥菲. 福利国家的矛盾[M]. 郭忠华, 译. 长春: 吉林人民出版社, 2006: 7.

[3] Audebert H J, Meyer T, Klostermann F. Potentials of Telemedicine for Green Health Care [J]. Front Neurol. 2010, 1: 10.

[4] Sam Porter. Capitalism, the state and health care in the age of austerity: a Marxist analysis[J]. Nurs Philos. 2013, 14 (1): 5-16.

[5] Victor R, Fuchs. The Gross Domestic Product and Health Care Spending [J]. The New England Journal of Medicine. 2013, 22 (5).

[6] David Singer. The Health Care Crisis in the United States [J]. Monthly Review. 2008.

[7] 李少鹏. 中国面临医疗危机? [J]. 财经界, 2011 (12): 84-87.

[8] 董伟. 临终治疗花掉一生大部分健康投入巨额开支倒逼各国反思医学目的[EB/OL]. http://article. cyol. com/health/content/2009-02/02/content_2523918. htm.

[9] 田雅婷. 医疗资源浪费触目惊心[N]. 光明日报, 2013-02-22 (1).

[10] 杜治政. 医学目的•服务模式与医疗危机[J]. 中国医学伦理学, 1995 (6): 3-7.

[11] 王雨辰. 生态批判与绿色乌托邦——生态学马克思主义理论研究[M]. 北京: 人民出版社, 2009: 182.

[12] 胡鞍钢. 中国创新绿色发展[M]. 北京：中国人民大学出版社，2012：141-144.

[13] 蒋作君. 绿色远程医学[M]. 北京：人民卫生出版社，2006：1-3.

[14] Connecting hospitals to improve patient care[EB/OL]. http：//www. ge-cities. com/files/projects/ GE_SustainableCities_Healthcare_PGDBerlin_EN_Nov09. pdf.

[15] 李华才. 远程医学是拓展医疗服务宽度和延伸患者生命长度的重要手段[J]. 中国数字医学，2013，8（10）：1.

[16] 杜治政. 论医学技术的主体化[J]. 医学与哲学（人文社会医学版），2011，32（1）：1-4.

[17] 杜治政. 技术资本的主体化与医学[J]. 中国医学伦理学，2011，24（3）：275-279.

[18] 陈学明. 资本逻辑与生态危机[J]. 中国社会科学，2012（11）：4-23.

[19] 周怀红. 生态危机与社会变革——福斯特对资本主义主流经济学家的批判[J]. 马克思主义与现实，2012（6）：197-203.

[20] 吕维柏. 医学的目的与医疗危机——医学的目的讨论会[J]. 医学与哲学，1994（5）：10-12.

[21] 王雨辰. 生态批判与绿色乌托邦——生态学马克思主义理论研究[M]. 北京：人民出版社，2009，202-203.

[22] David P. Fidler. After the Revolution：Global Health Politics in a Time of Economic Crisis and Threatening Future Trends[J]. Global Health Governance，2009，11（2）：1-21.

[23] Howard Waitzkin. A critical theory of medical discourse：ideology，social control，and the processing of social context in medical encounters[J]. Journal of health and social behavior，1989（30）：220-239.

[24] P. Krugman. What Obama Must Do：A Letter to the New President [J]. Rolling Stone Mag，2009（14）.

[25] 廖政军. "奥巴马医改"让多半民众失望[N]. 人民日报，2013-11-18（21）.

[26] Kenneth Rogoff. A Prescription for Marxism[J]. Foreign Policy，2005，5（146）：74-75.

后　记

全球健康由于其复杂性和传染病、疾病负担上升以及全球化等多重因素，正面临着人类历史上少有的治理挑战，医疗改革成为一道"世界性难题"。近年来，在应对国际金融危机过程中，不少国家都把改革完善医药卫生体制作为社会改革的重点，以解决长期积累的社会和经济问题。医药卫生改革成为国际软实力竞争的重要内容，成为体现一个国家公信力和执行力的重要标志。

我国政府 2009 年启动新一轮医改，并取得了一定成绩，但同时我们也应看到，医改中存在的很多问题，如医患矛盾冲突、医疗保障水平低与医疗资源浪费等问题都亟待解决；2003—2010 年，我国国内消费支出虽然受到抑制，但医疗费用负担却在持续上升。我国 GDP 增长了 193%，医疗费用负担却增长了 197%。我国曾就医改进行过许多讨论甚至争论，但却没有过多涉及医疗资源供给增长的空间和合理性问题。然而，这一问题并非不重要。2013 年初，《光明日报》曾在头版文章中指出，"舌尖上的浪费"已引起全社会的关注，殊不知，医疗资源的浪费同样触目惊心。据估计，我国医疗资源浪费达医疗总费用的 30% 以上，严重地区可达 40%～50%。医疗资源浪费已成为危害我国医疗行业的"恶性肿瘤"。在我国医保制度初步建立、医保水平普遍不高的情况下，潜在的医疗费用危机不能不引起我们的高度重视。推动绿色医药与医院建设，不仅关系到医院自身的可持续发展，也关系到人民群众的健康，关系到中华民族乃至整个人类的未来。医院管理者应认识到自己肩负的重大社会责任，把绿色医药与医院建设作为深化医改的一条重要路径，为全面建成小康社会、建设美丽中国作出贡献。

有鉴于此，本书编者在 2011 年 11 月 22 日《光明日报》上获知中南财经政法大学刘思华教授组织的"十二五"国家重点图书规划项目"绿色经济与绿色发展丛书"招标公告中，将《绿色医药与医院》作为其中唯一医药类书目的信息时，立即组织有关人员申报该书编写项目，并有幸获得批准立项。多年来，本人与安徽医科大学卫生管理学院院长江启成教授、安徽医科大学第一附属医院副院长周典教授和黄雅、桂成、崔汪汪等项目组成员一起，在系统研究国内外相关理论文献基础上，深入总结国内外绿色医药与绿色医院建设经验，分析绿色医药与绿色医院的概念、意义与发展过程及经验，对绿色医药的生产、营销和利用过程分章进行研究，阐述绿色医药理念和相关具体"绿色化"措施；然后再分章对绿色医院的环境、服务和管理方面加以探讨，对国内外绿色医院建设典型经验进行介绍总结。研究显示，绿色医药与医院的发展只有在马克思主义生态理论指导下，结合医药卫生体制改革实践，才能有效应对医疗危机、促进人民健康水平全面改善。医学的"绿色化"发展，是一个必然的趋势。

本书的编写得到了来自多方面的帮助，没有这些帮助，书稿是不能如期完成的。感谢著名马克思主义生态经济学家、中南财经政法大学刘思华教授的组织指导，感谢中南财经政法大学高红贵教授不厌其烦的协调指导，感谢中国环境出版社沈建副总编和陈金华副编审及宾银平编辑等，感谢黄雅、桂成、崔汪汪等项目组成员不辞辛苦地收集、复印、整理、校对，甚至翻译有关资料。最后，我还要感谢我的爱人谢春梅对我科研工作的支持，她对家庭的辛勤付出让我能全身心投入研究工作，如期完成研究任务。

绿色医药与医院的研究涉及医学、药学、管理学、经济学、生态学等多种学科，由于相关资料的局限及本书编者学科知识的不足等多种原因，本书中一定存在很多的瑕疵和缺陷，仅仅是绿色医药与医院这一新领域的"引玉之砖"。本书的编写与出版旨在能为破解医疗改革这一"世界性难题"提供一个新的思路，更希望随着相关研究的深入和绿色医药与医院建设实践的发展，有更多的人能够加入到深化对绿色医药与医院的研究之中，从而推动绿色医药与医院的发展，全面改善人民健康水平。

对于书中存在的诸多不足或疏忽之处，敬请学者、专家批评指正！

杨善发

2015 年 9 月 9 日